普通高等教育信息技术类系列教材

人工智能与大学计算机基础

主　编　何　鹍　刘光洁　孙明玉
副主编　赵秀涛　姚亦飞　刘　妍

科 学 出 版 社
北　京

内 容 简 介

本书参照教育部提出的非计算机专业三层次大学计算机基础教学的要求和全国计算机等级考试大纲编写。本书系统地介绍了基于计算思维的计算机基础知识以及人工智能等热门的计算机新技术，共包括 3 部分：第 1 部分为基础知识，共 9 章，包括计算思维与逻辑、计算机系统概述、计算机网络、计算机网络安全、人工智能概述、生成式人工智能、云计算、大数据、物联网等；第 2 部分为实验指导，共 10 个实验，每个实验都给出了详细的操作步骤以及实验结果；第 3 部分为综合练习，共 15 套综合练习题，包括 5 套 Word 综合练习题、5 套 Excel 综合练习题、5 套 PowerPoint 综合练习题。

本书可作为高等院校非计算机专业计算机通识课程的教材，也可作为全国计算机等级考试的参考书。

图书在版编目（CIP）数据

人工智能与大学计算机基础 / 何鹍, 刘光洁, 孙明玉主编. -- 北京 : 科学出版社, 2025. 8. --（普通高等教育信息技术类系列教材）.

ISBN 978-7-03-082369-4

Ⅰ. TP18；TP3

中国国家版本馆 CIP 数据核字第 2025F8H797 号

责任编辑：戴 薇 袁星星 / 责任校对：马英菊

责任印制：吕春珉 / 封面设计：东方人华平面设计部

科学出版社 出版

北京东黄城根北街 16 号

邮政编码：100717

http://www.sciencep.com

三河市中晟雅豪印务有限公司印刷

科学出版社发行　　各地新华书店经销

*

2025 年 8 月第 一 版　　开本：787×1092 1/16

2025 年 8 月第一次印刷　　印张：15 1/2

字数：363 000

定价：58.00 元

（如有印装质量问题，我社负责调换）

销售部电话 010-62136230　编辑部电话 010-62135397-2047

前　言

当前，计算机的应用已经渗透到大学所有的学科和专业，对非计算机专业的学生来说不仅应该掌握计算机的操作使用，还要具备计算思维并理解计算机中信息处理的知识、原理和方法，这样才能更好地将其应用于自己的专业学习和工作中。本书的编写指导思想是根据学生的特点，以人才培养的应用性、实践性为重点，调整学生的知识结构和能力素质；系统深入地介绍计算机基础及人工智能的相关概念，使学生具有较强的信息系统安全意识与社会责任意识，为后续课程的学习打下坚实的基础。

本书共包括 3 部分，具体内容如下：

第 1 部分为基础知识，共 9 章。第 1 章主要介绍计算思维与逻辑，包括计算思维的相关概念以及思维与逻辑的关系等。第 2 章主要介绍计算机系统，包括计算机体系结构、计算机工作原理、计算机硬件组成、计算机软件系统等。第 3 章主要介绍计算机网络，内容包括计算机网络概述、局域网、Internet 与“互联网+”、计算机网络协议、计算机网络应用。第 4 章主要介绍计算机网络安全，包括信息安全与网络安全的基本概念、网络安全与管理技术、计算机病毒、计算机安全法规与社会责任，以及“互联网+”时代个人信息安全防护等。第 5 章主要介绍人工智能，包括人工智能的概念及发展历史、研究内容、常见应用、发展趋势、伦理与安全等。第 6 章主要介绍生成式人工智能，包括生成式 AI 的概念、发展历程、主要技术、大语言模型、提示词工程、常用 AIGC 工具、检索增强生成与智能体技术。第 7 章主要介绍云计算，包括云计算的概念、特点，云计算的部署和服务模式，以及云计算的应用等。第 8 章主要介绍大数据，包括大数据的概念、特征及应用等。第 9 章主要介绍物联网技术，包括物联网的概念、物联网的特征与体系结构。

第 2 部分为实验指导，共计 10 个实验，根据教学目标设计，以帮助学生熟悉和掌握各章知识点的实践方法。每个实验都给出了详细的操作步骤以及实验结果。

第 3 部分为综合练习，结合各章所介绍的知识和操作，并参考全国计算机等级考试的需要而设计。每个题目都描述了具体的应用环境和功能要求，读者需利用所掌握的知识并加以综合运用，实现指定的功能，以强化分析问题、处理问题的综合能力。

本书由何鹍、刘光洁、孙明玉担任主编，赵秀涛、姚亦飞、刘妍担任副主编。同时，感谢吴登峰、陈然、晏愈光、孙英娟、姜艳、杨鑫、吴爽、贾学婷等在本书编写过程中给予的支持和帮助，使本书得以顺利出版。

由于编者水平所限，书中难免有不足之处，恳请广大读者批评指正。

目　　录

第 1 部分　基 础 知 识

第 2 部分　实验指导

第 3 部分　综合练习

第 1 部分
基 础 知 识

本部分内容系统地介绍了基于计算思维的计算机基础知识以及人工智能等热门的计算机新技术。本部分为理论内容，共 9 章，包括计算思维与逻辑、计算机系统概述、计算机网络、计算机网络安全、人工智能概述、生成式人工智能、云计算、大数据、物联网等。

第1章 计算思维与逻辑

计算思维、实证思维和逻辑思维，是人类认识世界和改造世界的3种基本科学思维方式。计算思维可通过计算机科学基本知识和应用能力的学习得以理解和掌握。本章将介绍计算思维的相关概念以及思维与逻辑的关系。

1.1 计算思维概述

科学思维（scientific thinking）是指理性认识及其过程，即经过感性阶段获取的大量材料，通过整理和改造，形成概念、判断和推理，以便反映事物的本质和规律。简而言之，科学思维是大脑对科学信息的加工活动。

如果从人类认识世界和改造世界的思维方式出发，科学思维可分为实证思维、逻辑思维和计算思维3种。

实证思维（positivism thinking）又称经验思维，是通过观察和实验获取自然规律法则的一种思维方法。它以实证和实验来检验结论正确性为特征，以物理学科为代表。与逻辑思维不同，实证思维需要借助某种特定的设备来获取客观世界的数据，以便进行分析。

逻辑思维（logical thinking）又称理论思维，是指通过抽象概括，建立描述事物本质的概念，应用逻辑的方法探寻概念之间联系的一种思维方法。它以推理和演绎为特征，以数学学科为代表。逻辑源于人类最早的思维活动，逻辑思维支撑着所有的学科领域。

计算思维（computational thinking）又称构造思维，是指从具体的算法设计规范入手，通过算法过程的构造与实施来解决给定问题的一种思维方法。它以设计和构造为特征，以计算机学科为代表。计算思维是运用计算机科学的基础概念去求解问题、设计系统和理解人类行为的一系列思维活动。

实证思维、逻辑思维和计算思维的一般过程都是对客观世界的现象进行分析和概括而得到认识论意义上的结论。根据分析与概括方式的不同，可以是观察和归纳、推理和演绎，也可以是设计和构造。计算思维与实证思维、逻辑思维的关系是相互补充、相互促进的。计算思维相对于实证思维和逻辑思维，在工程技术领域尤其具有独特的意义。

1.1.1 计算思维的核心概念与分类

1972 年，图灵奖得主艾兹格·狄克斯特拉（Edsger Dijkstra）说："我们所使用的工具影响着我们的思维方式和思维习惯，从而也将深刻地影响着我们的思维能力。"是的，计算工具的发展、计算环境的演变、计算科学的形成、计算文明的迭代中都蕴含着思维的火花。这种思维活动在发展、演化、形成的过程中不断闪现，它早已存在于人类科学思维中，并非一个全新概念。

例如，计算算筹的发明是受到了人们将复杂运算转换为简单计算的思维的启发，也就是把乘法变为加法来计算。

"计算理论之父"图灵（Turing）提出用机器来模拟人们用纸笔进行数学运算的过程，他把这样的过程看成两个简单的动作：①在纸上写上或擦除某个符号；②把注意力从纸的一个位置移动到另一个位置。图灵构造出这台假想的、被后人称为"图灵机"的机器，可用十分简单的装置模拟人类所能进行的任何计算过程。

这些思维活动虽然在人类科学思维中早已存在，但其研究却比较滞后。电子计算机的出现为其带来根本性的改变。回溯到 19 世纪中叶，布尔（Boole）发表了《思维规律研究》（An Investigation of the Laws of Thought），成功地将形式逻辑归结为一种代数运算，这就是布尔代数。但是当时布尔代数的产生被认为"既无明显的实际背景，也不可能考虑到它的实际应用"。可是一个世纪后这种特别的数学思维与工程思维互补融合，在计算机的理论和实践领域中放射出耀眼的光芒。可见，人通过计算机把人的科学思维和物质的计算工具合二为一，反过来计算机又大大拓展了人类认识世界和解决问题的能力和范围。或者说，计算思维帮助人们发明、改造、优化、延伸了计算机，同时，计算思维借助于计算机，其意义和作用进一步浮现。

美国卡内基梅隆大学的周以真（Jeannette M.Wing）教授于 2006 年在 *Communications of the ACM* 杂志提出，计算思维是（包括、涉及）运用计算机科学的基础概念进行问题求解、系统设计以及人类行为理解等涵盖计算机科学之广度的一系列思维活动（智力工具、技能、手段）。

周以真教授尽管没有明确地定义计算思维，但她从 6 个方面来界定计算思维。

1）计算思维是概念化思维，不是程序化思维。计算机科学不等于计算机编程，计算思维应该像计算机科学家那样去思维，远远不只是为计算机编写程序。它能够在抽象的多个层次上思考问题。计算机科学不只是关于计算机，就像通信科学不只是关于手机，音乐产业不只是关于传声器一样。

2）计算思维是人的基础能力，而不是机械的能力。基础的能力是每个人为了在现代社会中发挥应有的职能所必须掌握的。生搬硬套的机械技能意味着机械地重复。计算思维不是一种简单、机械的重复。

3）计算思维是人的思维，不是计算机的思维。计算思维是人类求解问题的方法和途径，但绝非试图使人类像计算机那样去思考。计算机枯燥且沉闷，人类聪颖且富有想象力。以语言和程序为例，它们必须严格按照语言的语法编写程序，错一个标点符号都会出问题，程序流程毫无灵活性可言。配置了计算设备，人类就能用自己的智慧去解决那些之前不敢尝试的问题，就能建造那些其功能仅仅受制于我们想象力的系统。

4）计算思维是思想，不是人造品。计算思维不只是将我们生产的软硬件等人造物到处呈现，更重要的是计算的概念被人们用来求解问题、管理日常生活，以及与他人进行交流和活动。

5）计算思维是数学思维和工程思维的互补与融合，不是数学性的思维。人类试图制造的能代替人完成计算任务的自动计算工具都是在工程实现技术和数学理论的结合下完成的，这种结合形成的思维才是计算思维。具体来说，计算思维是与形式化问题解决方案相关的一个思维过程。这样其解决问题的表达形式才能有效地转换为信息处理；而这个表达形式是可表述的、确定的、机械的（不因人而异的），解析基础构建于数学之上，因此数学思维是计算思维的基础。此外，计算思维不仅仅是为了问题解决的效率、速度、成本压缩等，它面向所有领域，对现实世界中的巨大复杂系统来进行设计与评估，甚至解决行业、社会、国民经济等宏观世界中的问题，因而工程思维（如合理建模）的高效实施也是计算思维不可或缺的部分。

6）计算思维面向所有人、所有领域。计算思维是面向所有人的思维，而不只是计算机科学家的思维。如同所有人都具备“读（reading）、写（writing）、算（arithmetic）”（简称 3R）能力一样，计算思维是人具备的思维能力。因而，计算思维不仅仅是计算机专业的学生要掌握的能力，也是所有受教育者应该掌握的能力。

周以真教授同时提出，计算思维的本质是抽象（abstraction）和自动化（automation）。那么，什么是抽象与自动化呢？卡普（Karp）提出自己的观点：任何自然系统和社会系统都可视为一个动态演化系统，演化伴随着物质、能量和信息的交换，这种交换可映射（也就是抽象）为符号变换，使之能用计算机进行离散的符号处理。当动态演化系统抽象为离散符号系统之后，就可采用形式化的规范描述，建立模型、设计算法、开发软件，来揭示演化的规律，并实时控制系统的演化，使之自动执行，这就是计算思维的自动化。

计算思维能力可通过熟练地掌握计算机科学的基础概念而得到提高。这些基础概念可用外延的形式给出，如约简、递归、并行、抽象、分解、建模、冗余、容错等。由国际计算机学会（Association of Computing Machinery，ACM）和电气电子工程师学会（Institute of Electrical and Electronics Engineers，IEEE）联合制定的 CC1991 也给出了计算机科学领域里重复出现的 12 个核心概念：绑定、大问题的复杂性、概念模型和形式模型、一致性和完备性、效率、演化、抽象层次、按空间排序、按时间排序、重用、安全性、折中与结论。CC1991 的这 12 个核心概念试图用罗列概念的方式来表述计算机学科领域中最基本的思想和方法。

ACM 前主席丹宁（Denning）教授则更系统地总结了计算的 7 类原理，即计算、通信、协调、记忆、自动化、评估和设计。每个类别都从一个独特的视角去看待计算本身，并且在计算领域里具有普遍性、复现性、广泛影响性，它们构建起一个理解计算内涵的框架。

在参考国内外已有研究成果的基础上，总结凝练了大学计算机基础教学涉及的计算学科的 42 个主要核心概念。同时，借鉴丹宁的分类方法，将这些核心概念进行分类，从而提出了基于 8 个类别的计算思维表达体系，即计算、抽象、自动化、设计、评估、通信、协调和记忆。

1）计算（computation）：是经过一系列状态转换的运算或信息处理的过程。可计算性、计算复杂性是计算的核心。

2）抽象（abstraction）：是计算的思维工具，也是计算思维的特征之一。抽象隐藏了计算过程的细节，抽取共同、本质性的特征。由于抽象最终要服务于计算，因此存在不同层次的抽象。

3）自动化（automation）：是计算在计算机系统中运行过程的表现形式。什么能被（有效地）自动化以及如何被自动化是计算机学科的根本问题。

4）设计（design）：是对一个系统、程序或者对象等利用抽象、模块化、复合、分解方法进行组织，一般包括体系结构设计和处理过程设计。一个系统的体系结构可以划分为组件以及组件之间的交互活动和它们的布局；处理过程意味着要根据一系列步骤来构建一个体系结构。

5）评估（evaluation）：是对计算系统的可用性、系统性能的分析和评价，以便确定最佳的设计方案，或者发现影响系统性能的问题以进行优化。

6）通信（communication）：是指信息从一个过程或者对象可靠地传输到另一个过程或者对象。

7）协调（coordination）：是为确保多方参与的计算过程最终能够得到确切的结果而对整个过程中各步骤序列先后顺序进行的时序与交互控制。

8）记忆（recollection）：是指对数据进行有效组织。

计算思维的本质是抽象和自动化，它虽然具有计算机科学的许多特征，但是计算思维本身并不是计算机科学的专属。实际上，即使没有计算机，计算思维也会逐步发展。但是，正是计算机的出现，给计算思维的研究和发展带来了根本性的变化。什么是计算？什么是可计算？什么是可行计算？计算的复杂性是对人类智力的巨大挑战。这些计算机科学的根本问题的研究不仅推进了计算机的发展，也推进了计算思维本身的发展。在这个研究过程中，一些属于计算思维的特点被逐步揭示出来，计算思维与实证思维、逻辑思维的差别也越来越清晰，计算思维的概念、结构和格式等变得越来越明确，计算思维的内容得到了不断的丰富和发展。计算机的出现丰富了人类改造世界的手段，同时也强化了原本存在于人类思维中的计算思维的意义和作用。

计算思维能力培养的意义和作用主要体现在以下几点。

1）计算思维能力是信息社会公民的基本素质。随着智能信息处理设备及网络的发展，当代社会的每个人正不知不觉地融入信息世界中。各种事务，无论是自然的、人工的、经济的，还是社会的，都被数字化而成为计算机处理的对象，信息处理已经成为人们日常工作和生活的基本手段。产生这种现象的根本原因是计算思维广泛地、客观地存在于自然界、人类社会及人自身。由于计算机对于信息和符号的快速处理能力，许多原本只是理论可以实现的过程变成了实际可以实现的过程。当计算思维真正融入人类活动的整体时，它作为一个解决问题的有效工具处处都会被使用，人人都应当掌握它。

2）计算思维能力培养是大学教育的重要组成部分。教育的目标是为了人的发展，而人的科学思维能力培养是教育的核心内容。虽然计算思维是无处不在的，但计算思维能力的培养需要系统化的学习和精心的设计。大学计算机基础课程培养大学生的计算思维能力，与大学数学、大学物理一起成为训练大学生三大基本科学思维的通识型（基础类）课程，从而在创新人才的全面素质教育和能力培养中承担起更重要的职责。

3）计算思维能力是学科融合与创新的需要。大学计算机基础课程除了独立的课程内容外，还与其他学科的专业课程有着密不可分的关系。多学科不同思维方式的交融对于学科的发展具有革命性的促进。例如，经济学和计算思维的结合可以对群体智能、博弈、决策、市场和社会模型进行定量分析和研究；将计算思维拓展到其他学科，从而形成基于计算思维的计算社会学、计算经济学和计算生物学等新兴学科。

1.1.2　狭义计算思维与广义计算思维

1. 狭义计算思维

随着计算机的出现，机器与人类有关的思维与实践活动反复交替、不断上升，从而极大促进了计算思维与实践活动向更高的层次迈进。计算思维的研究包含两层意思，即计算思维研究的内涵和计算思维推广与应用的外延。其中，立足计算机学科本身，研究该学科中涉及的构造性思维就是狭义计算思维。在实践活动中，特别是在构造高效的计算方法、研制高性能计算机取得计算成果的过程中，计算思维的重要性在不断凸显。

近年来，很多学者提出各种说法，如算法思维、协议思维、计算逻辑思维、计算系统思维以及互联网思维、三元计算思维，它们实质上都是狭义计算思维。

下面简单介绍在不同层面、不同视角下人们对狭义计算思维的一些认知观点。

计算思维强调用抽象和分解来处理庞大复杂的任务或者设计巨大的系统。计算思维关注分离，通过选择合适的方式去陈述一个问题，或者选择合适的方式对一个问题的相关方面进行建模使其易于处理。计算思维是利用不变量简明扼要且表述性地刻画系统的行为。计算思维是我们在不必理解每个细节的情况下就能够安全地使用、调整和影响一个大型复杂系统的信息。计算思维就是为预期的多个用户而进行的模块化，就是为预期的未来应用而进行的预置和缓存。

计算思维是通过冗余、堵错、纠错的方式，在最坏情况下进行预防、保护和恢复的一种思维，称堵塞为死结，称合同为界面。计算思维就是学习在协调同步相互会合时如何避免竞争的情形。

计算思维是利用启发式推理来寻求解答，即在不确定情况下的规划、学习和调度。计算思维是利用海量的数据来加快计算，在时间和空间之间、在处理能力和存储容量之间的权衡。

计算思维是通过约简、嵌入、转化和仿真等方法，把一个困难的问题阐释成如何求解它的思维方法。

计算思维是一种递归思维，是一种并行处理思维，是一种把代码译成数据，又能把数据译成代码，可以多维分析推广的类型检查方法。

2. 广义计算思维

我们已经知道，计算思维是人的思维，但不是所有人的思维都是计算思维。例如，一些我们觉得困难的事情，如累加和、连乘积、微积分等，用计算机来做就很简单；而我们觉得容易的事情，如视觉、移动、直觉、顿悟等，用计算机来做就比较难。

但是也许不久的将来，那些可计算的、难计算的甚至不可计算的问题也有“解”的方法。这些立足计算本身来解决问题，包括问题求解、系统设计以及人类行为理解等一系列的人的思维就是广义计算思维。

狭义计算思维基于计算机学科的基本概念，而广义计算思维基于计算科学的基本概念。广义计算思维显然是对狭义计算思维概念和外延的拓展、推广和应用。狭义计算思维更强调由计算机作为主体来完成，广义计算思维则拓展到由人或机器作为主体来完成。不过，它们虽然是涵盖所有人类活动的一系列思维活动，但都建立在当时的计算过程的能力和限制之上。

借用拜纳姆（Bynum）和摩尔（Moore）所说的：“哲学不是永恒的，哲学是与时俱进的”。不管是狭义计算思维，还是广义计算思维，计算思维作为一种哲学层面上的方法论，也是与时俱进的。

下面通过几个较简单的实例来说明。

（1）对函数定义的不同描述

定义 1 设 A、B 是两个非空的数集。集合 A 的任何一个元素在集合 B 中都有唯一的一个元素与之相对应，从集合 A 到集合 B 的这种对应关系称为函数。

定义 2 表示每个输入值对应唯一输出值的一种对应关系。

定义 1 就是计算思维的定义方式，定义 2 则不是计算思维的表述方式。原因在于，定义 1 的描述是确定的、形式化的，定义 2 的描述就比较含糊。

（2）菜谱材料准备

土豆烧鸡：土豆 2 个（约 250 克），跑山鸡半只，干香菇 8 朵；葱、姜、八角若干，食用油、蚝油、料酒、白砂糖适量。

水果沙拉：小番茄 60 克，苹果丁 65 克，加州葡萄 30 克，新鲜桃 20 克，草莓 15 克，酸奶 50 毫升。

对照菜谱烹调上述两个菜，在菜谱材料准备方面，“土豆烧鸡”就不符合计算思维的要求，而“水果沙拉”体现了计算思维的特点。麦当劳的菜谱能让全世界所有的人吃到的汉堡都是一个口味，而中国的名菜千厨千味，这就是计算思维方面的差异所致。

构造法也是方法论中的一种。构造原理为对于要解决的问题能根据条件或者结论的特征，从新的角度分析对象，抓住问题与结论之间的内在联系，构造出相关的对象，使问题在新构造的对象中更清晰地展现，从而借助新对象来解决问题。

对中国汉字的信息处理就蕴含了构造原理，可看成是一种典型的计算思维。

我们知道，计算机是西方人发明的，他们用了近 40 年的时间，发展了一整套技术来实现对西文的处理，而汉字是一种象形文字，字种繁多，字形复杂，汉字的信息处理与通用的西方简单的字母数字类信息处理有很大差异，一度成为棘手难题。1984 年的《参考消息》有这样的记载：“法新社洛杉矶 8 月 5 日电　新华社派了 22 名记者、4 名摄影记者和 4 名技术人员在奥运会采访和工作，在全世界报道奥运会的 7000 名记者中，只有中国人用手写他们的报道。”

在科技人员的努力下，汉字信息处理研究得到飞跃式的发展。其中，让计算机能表示并处理汉字要解决的首要问题就是对汉字进行编码，即确定每个汉字与一组通用代码集合的对应关系。这样，在输入设备通过输入法接收汉字信息后，即按对应关系将其转换为可由一般计算机处理的通用字符代码，再利用传统计算机的信息处理技术对这些代码信息的组合进行处理，如信息的比较、分类、合并、检索、存储、传输和交换等。处理后的代码组合通过汉字输出设备，按照同样的对应关系转换为汉字字形库中的相应字形序号，再由输出设备将处理后的汉字信息直观地显示或打印出来，从而较完美地解决了汉字的信息处理问题。

1.1.3　计算思维的应用

事实上，我们已经见证了计算思维对其他学科的影响。计算思维正在或已经渗透到各学科、各领域，并正在潜移默化地影响和推动着各学科、各领域的发展，已成为一种发展趋势。

在生物学中，霰弹枪算法极大提高了人类基因组测序的速度，不仅具有能从海量序列数据中搜索寻找模式规律的本领，还能用体现数据结构和算法自身的方式来表示蛋白质的结构。又如，生物燃料曾为人们描述了一幅美好的未来图景——许多人曾经认为，它们能很好地替代石油。但经过多年研究后并没有达到预期效果，反而遭遇瓶颈。近年来，突破这种屏障的一个灵感来自切叶蚁，在大湖生物能源研究中心，切叶蚁在塑料箱中乱转，弄出可以将树叶转换为油和氨基酸的真菌洞穴，蚂蚁们实际上是想吃些油和氨基酸，它们收集了一组微生物来将这些叶子碎屑转化为油滴。生物学家们以前都是想办法直接收集这些微生物，利用这些微生物本身，而现在则思考利用计算机将微生物所含的编码酶的基因分离出来，直接用于工业过程中分解植物细胞壁。试想一下，如果微生物所含各种酶的基因能被精确分析和控制，那么当你买下一串香蕉，你就可以让它按照自己的需要，周一熟一根，周二熟一根，让每一根香蕉以不同的速度成熟。

在物理学中，物理学家和工程师借鉴经典计算机处理信息的原理，对量子比特中所包含的信息进行操控，如控制一个电子或原子核自旋的上下取向。与现在的计算机进行比对，量子比特能同时处理两个状态，意味着它能同时进行两个计算过程，这将赋予量子计算机超凡的能力，远远超过今天的计算机。目前的研究主要集中在使量子比特始终保持相干，不受周围环境噪声的干扰，如周围原子的相互碰撞。随着物理学与计算机科学的融合发展，量子计算机走入寻常百姓家将不再是梦想。

在地质学中，“地球是一台模拟计算机”。人们用抽象边界和复杂性层次模拟地球和大气层，并且设置了越来越多的参数来进行测试，地球甚至可以被模拟成一个生理测试仪，跟踪测试不同地区人们的生活质量、出生和死亡率、气候影响等。

在数学中，发现了李群 E8（LieGroup E8），这是 18 名世界顶级数学家凭借他们不懈的努力，借助超级计算机，计算了 4 年零 77 小时，处理了 2000 亿个数据，完成的世界上较复杂的数学结构之一。如果在纸上列出整个计算过程所产生的数据，其所需用纸面积可以覆盖整个曼哈顿。

在工程（电子、土木、机械等）领域，利用计算机可以提高精度，进而保证质量、减少浪费并节省制造成本。在航空航天工程中，研究人员利用最新的成像技术，重新检测“阿波罗 11 号”从月球上带回来的类似玻璃的沙砾样本，模拟后的三维立体图像在放大几百倍后仍清晰可见，成为科学家进一步了解月球演化过程的重要环节。

在经济学中，自动设计机制在电子商务中被广泛采用（广告投放、在线拍卖等）。

另一个实例是很多计算机科学博士在投行做金融分析师。

在社会科学中，社交网络是微信和抖音等发展壮大的原因之一，统计机器学习被用于推荐和声誉排名系统，如联名信用卡等。

在医疗中，我们看到机器人医生能更好地陪伴、观察并治疗孤独症。我们也看到，在癌症研究者中，计算领域专家不留情面地指出：许多研究走入误区，只关注某一个问题出现的 DNA 片段，而不是把它们看成一个复杂的整体。这就好比，你本来是想管理某国的经济，结果着眼点却是某个城市中每种商品的每笔交易。因此，系统生物学被提上日程，癌症生物学家应该从全局考虑，并呼吁这些癌症生物学家要掌握非线性系统分析、网络理论，更新思维模式。

在环境学中，大气科学家用计算机模拟暴风云的形成来预报飓风及其强度。最近，计算机仿真模型表明空气中的污染物颗粒有利于减缓热带气旋。因此，与污染物颗粒相似但不影响环境的气溶胶被研发，并将成为阻止和减缓这种大风暴的有力手段。

在娱乐领域，裸眼 3D 技术正在研究，具体技术是让屏幕显示一个只有从特定角度才能看到的图像，通过调节光线强度，使得同一个屏幕上可以显示出两幅完全不同的画面，一幅传给左眼，另一幅传给右眼，左右眼同时看到这两幅画面就会产生一种深度感知，让大脑认为看到了 3D 影像，而不需要佩戴任何特殊的眼镜。美国卡内基梅隆大学研究人员杰西 • 谢尔（Jesse Schell）教授说：在未来，几乎生活的每个方面都会有游戏一般的体验，如当你站在浴室的镜子前刷牙时，你的电子牙刷会告诉你在过去的 6 个月中，你坚持一天两次高质量的刷牙得分是多少，以及在你周边方圆一千米内的邻居的排名中是第几位。人们生活中的很多事情在游戏中被快乐规划，如吃药了没有、能量消耗是多少。

在艺术领域，戏剧、音乐、摄影等方面通过借助计算思维，应用计算工具，会让艺术家们得到“从未有过的崭新体验”。

从以上各领域的应用可见，实验和理论思维无法解决问题的时候，我们可以使用计算思维来理解大规模序列。计算思维不仅仅为了解决效率问题，甚至可以延伸到经济问题、社会问题。大量复杂问题求解、宏大系统建立、大型工程组织都可通过计算来模拟，包括计算流体力学、物理、电气系统、电子系统。甚至同人类居住地联系在一起的社会和社会形态研究，当然还有核爆炸、蛋白质生成、大舰艇设计等，都可应用计算思维借助现代计算机进行模拟。

在日常生活中，当小朋友早晨去上学时，他把当天所需的物品放进背包，这就是“预置和缓存”；当小朋友弄丢了自己的物品，你建议他沿着走过的路线去寻找，这就叫“回推”；在超市付费时，去排哪一队才能最快，这就是“多服务器系统”的性能模型。中国人常讲“晴带雨伞，饱带饥粮”，这就是一种“预立”。

如果我们能不断追问，计算机科学家面临过什么样的问题？这些问题，他们是如何思考和解决的？从问题到解决问题的方案，其中蕴含着怎样的思想和方法？如果我们学会理解计算机科学家是如何分析问题、解决问题的，并借鉴到我们的工作、生活甚至发明创造中，那么我们就能真正体会到计算思维能力的意义了。

1.2　思维与逻辑

1.2.1　逻辑学

从逻辑学到逻辑电路，跨度非常大。但通过这样一个话题，可以让我们“触摸”到科学家们的野心和智慧——以一种可控的、物化的方式探索和模拟人类的思维规律。

逻辑学和计算科学具有完全相同的宗旨——扩展人类大脑的功能，帮助人脑正确、高效地思维。逻辑学试图找出构成人类思维或计算的最基础的机制，如推理中的“代换”“匹配”“分离”，计算中的“运算”“迭代”“递归”；而程序设计则是把问题的求解归结于程序设计语言的几条基本语句，或者说归结于一些极其简单的机器操作指令。逻辑学的形式化方法又与计算科学不谋而合。

1. 生活中的“逻辑问题”

《韩非子·难一》中有一个记载：楚国有个卖矛和盾的人，称赞他的盾坚固：“任何锋利的东西都穿不透它。”一会儿又赞美自己的矛，说：“我的矛锋利极了，什么坚固的东西都能刺穿。”有人问他：“用你的矛来刺你的盾，结果会怎么样？”那人便答不上话来了。刺不破的盾和什么都刺得破的矛，是不可能同时存在的，这就是“矛盾”一词的来历。

上面的例子说明，从古至今生活中有很多地方存在逻辑上的矛盾。只要细心观察，你会发现很多这样的事例。大学生们很喜欢“卧谈”，即晚上熄灯后，同宿舍的同学并不急于休息，而是天南地北地聊天，甚至经常就某些问题进行争论。争论的双方通常都想抓住对方的逻辑错误置对方于“死地”，实在争执不下了，就说对方“逻辑混乱”。有一个比较著名的例子——理发师悖论。某地有一位理发师，有一天他宣布：“只给不自己刮胡子的人刮胡子。”那么就产生了一个问题：理发师究竟给不给自己刮胡子？如果他给自己刮胡子，他就是自己刮胡子的人，按照他的原则，他又不该自己刮胡子；如果他不给自己刮胡子，那么他就是不自己刮胡子的人，按照他的原则，他又应该给自己刮胡子。这就产生了矛盾。

这样的例子，你也许觉得可笑，可生活中这样的例子却很多，而逻辑学的任务就是寻找获得真理的方法。无论什么时候，无论是谁，学习逻辑学知识永远都是必要的、有好处的。不管你是做律师、侦探，或者其他职业，都应具备科学的、严密的推理和论证能力。人们已经认识到，学习逻辑学有助于人们准确地表达思想，严格地论证思想；学习逻辑学有助于人们揭露和纠正谬误，批驳诡辩论。

2. 逻辑学的产生与发展

逻辑学最早是哲学的一个分支。哲学和逻辑学是人类很早就开始研究的学问。

哲学，常以深奥晦涩而著称，导致很多人对它没有兴趣，甚至误认为哲学就是政治的一部分。事实上，哲学是最高层次的科学。任何一个领域的认知，上升到最高层次就属于哲学的范畴了。因此，哲学常常给人一种高深莫测的感觉。例如，老子说，“人法地，地法天，天法道，道法自然”。再如，“任何事物都是相对静止状态和绝对运动状态的统一”，等等。

既然逻辑学是哲学的分支，自然也不那么容易被人们所接受。随着时间的推移，人们逐渐认识到逻辑学的重要性。在联合国教育、科学及文化组织（简称联合国教科文组织）的学科分类目录中，逻辑学是与数学、物理学等并列的七大基础学科之一。

逻辑学的产生和发展说明了一个基本事实，即人在抽象思维方面不是完美的，或者说经常是有缺陷的。逻辑学的任务是总结抽象思维的规律和特点，希望人们在学习之后能够在日常交流的过程中明辨是非，去伪存真。更重要的是，让我们自己在说话和思考问题的时候，从一开始就具有很强的思维能力和很高的思维品质。

谈到逻辑学的产生与发展，不能不说亚里士多德（公元前384—前322年），他是古希腊的一位哲学家，柏拉图的学生。公元前336年，他在雅典开设了吕克昂学校。在教学活动中，亚里士多德通常是在学生们的簇拥下沿竞技场的游廊边散步边讲授学问，所以后人一般称这里形成的学派为“逍遥学派”。“吾爱吾师，吾更爱真理”是亚里士多德一生人格特征的典型写照。亚里士多德留下了大量的著作，其中包括著名的《工具论》。《工具论》不是独立的一本著作，而是《范畴篇》《解释篇》《分析前篇》《分析后篇》《论辩篇》《辩谬篇》的总称。在这些著作里，他阐述了经典的“三段论”，即

人都是要死的，
苏格拉底是人，
所以，苏格拉底是要死的。

这几句话流传很广，很多人能背诵。尽管如此，大家还是不太明白什么是逻辑，什么是逻辑学。那么，逻辑究竟是什么呢？逻辑是思维的法则，思维则是各种客观事物变化规律在大脑中的映像。因此，逻辑无处不在。当我们把人类思维和客观规律的“语义内容”抽去后，留下的、共同遵循的“语法规则”就是逻辑。因此，逻辑就是思维的规律，逻辑学就是关于思维规律的学说，思维规律是思维内容与思维形式的统一。

遗憾的是，就现在人类对大脑机理的研究水平而言，尚无法从机理的角度来回答“什么是思维”，只能从功能分析角度出发，对思维的过程做一番揣摩和探讨。

逻辑是人的一种抽象思维，是人通过概念、判断、推理、论证来理解和区分客观世界的思维过程。有时逻辑和逻辑学两个概念可通用，这里也一样。就逻辑学而言，从狭义上讲，它是指研究推理形式的科学；从广义上讲，它是指研究思维形式及其规律以及一般方法的一门思维科学。思维形式是指思维在抽象掉具体内容之后所具有的共同结构，思维形式又称为思维的逻辑形式。不同的思维内容可以有相同的思维形式。逻辑学重点研究的是思维的逻辑形式。因此，逻辑学首先研究了概念和命题，并在此基础上形成了一些公认的准则。

1.2.2 思维与创新

1. 思维模式的形成

人形成固定思维模式主要来源于3个方面。

一是自然世界。这主要是从我们的感官体验而来。例如，你小时候被蛇咬了，你以

后会害怕蛇。

二是概念模式。这主要是来自我们从别人那里获得的信息或得到的教育，是社会与文化对我们作用的结果。例如，把狗、猫、兔子归为动物，把草、树、花归入植物。

三是逻辑推论和归纳。这一方面的思维定式，主要来源于我们的人生经历。例如，生活在和睦家庭里的孩子，容易得出一个所有家庭的孩子都是幸福美满的结论。又如，一个人只见过长两条腿的鸡就会得出世界上没有长三条腿的鸡的结论。

这些体验、经历、教育环境、生活环境决定了我们的思维模式，而我们的思维模式也就成为决定我们未来命运的重要因素。

这样说，并不是说既定的思维模式是错的，而是告诉我们一个真相，有时候，被我们奉为真理的思维模式也有其局限性。

2. 自然语言与形式语言

思维是通过可感知的语言（符号、文字等）来完善并得以显示的，否则，人们将无法使自己的思想清晰化，更无法进行交流和沟通。

（1）自然语言的定义

人类的语言（文字）是人类最普遍使用的符号系统，其最基本、最普遍的形式是自然语言符号系统。自然语言是某一社会发展中形成的一种民族语言，如汉语、英语、法语和俄语等。

（2）自然语言符号系统的基本特征

1）歧义性。

2）不够严格和不够统一的语法结构。

下面用语言学家吕叔湘先生给出的两个例子来说明自然语言的歧义性问题。

例如，他的发理得好。

这个例子至少有两种不同的解释：他的理发水平高。理发师理他的发理得好。

又如，他的小说看不完。

这个例子至少有 3 种不同的解释：他写的小说看不完。他收藏的小说看不完。他是一个小说迷。

（3）高级语言的歧义性问题

自然语言的语义有歧义性的问题，高级程序设计语言其实也有语义的歧义性问题，下面给出一个典型的关于语义问题的例子。

例如，IF(表达式 1)THEN IF(表达式 2)THEN 语句 1 ELSE 语句 2。

这个例子至少有两种不同的解释：

IF(表达式 1)THEN(IF(表达式 2)THEN 语句 1 ELSE 语句 2)。

IF(表达式 1)THEN(IF(表达式 2)THEN 语句 1)ELSE 语句 2。

显然，自然语言和高级程序设计语言都存在歧义性的问题，只不过，高级程序设计语言存在较少的歧义性而已。要用计算机对语言进行处理，则必须解决语言的歧义性问题，否则计算机就无法进行判定。

（4）形式语言的定义

随着科学的发展，人们在自然语言符号系统的基础上，逐步建立起了人工语言符号系统（也称科学语言系统），即各学科的专门科学术语（符号），使语言符号保持其单一性、无歧义性和明确性。

人工语言符号系统发展的第二阶段叫形式化语言，简称形式语言。形式语言是进行形式化工作的元语言，它是以数学和数理逻辑为基础的科学语言。

（5）形式语言的基本特点

1）有一组初始的、专门的符号集。

2）有一组精确定义的，由初始的、专门的符号组成的符号串转换成另一个符号串的规则。

3. 创新的本质是一种生存方式

我们从出生就和这个世界互动着，每个人都有一套自己与世界相处的运作程序和系统，慢慢地我们就形成了一套固定的思维模式。这个模式决定我们怎样看待问题，如何思考问题以及成为什么样的人。

创新的本质是一种生存方式——将自己投身未来。也就是说，真正具有创新能力的人，会形成一套非常好的运作程序。这些程序条理清晰、目标明确、运作灵活，并且具有极强的思维适应力，能迅速地格式掉落后而陈旧的思想并最快地接受新事物和新思想。

1.2.3 逻辑推理与人工智能

人类最早是从自己的抽象思维能力中认识到智能的存在。尽管学术界对“什么是智能”仍争论不休，但有一点是认同的，“人是有智能的，智能存在于人的思维活动中”。同样，人类也是最早从研究人的思维规律中发现并建立了逻辑。如果说智能表示的是思维的能力，逻辑则是思维的规律。

那么，智能到底是什么呢？国内知名学者史忠植给出的定义是：智能是个体有目的的行为、合理的思维，以及有效地适应环境的综合性能力。通俗地说，智能是个体认识客观事物和运用知识解决问题的能力，人类个体的智能是一种综合能力。具体地讲，可以包括：感知与认识客观事物、客观世界与自我的能力；通过学习取得经验、积累知识的能力；理解知识，运用知识和经验分析问题与解决问题的能力；联想、推理、判断、决策的能力；运用语言进行抽象、概括的能力；发现、发明、创造创新的能力；实时地、迅速地、合理地应对复杂环境的能力；预测、洞察事物发展变化的能力等。

人工智能（artificial intelligence，AI）是相对自然智能而言，即用人工的方法和技术，模仿、延伸和扩展人的智能，实现某些“机器思维”。作为一门学科，人工智能研究智能行为的计算模型，研制具有感知、推理、学习、联想、决策等思维活动的计算机系统，解决需要人类专家才能处理的复杂问题。

模拟人类思维是人工智能的研究核心。从最初实现问题求解，代替人类完成部分逻辑推理，到与环境交互的智能机器人的出现，继而开展具有类人思维和认知能力的智能系统的研制，几次技术飞跃使得当今对于思维和智能的研究呈现出利用哲学、数学、物理学、认知科学、生命科学、语言学、量子计算和生物计算的多学科交叉优势：从研究包括知觉、注意、记忆、语言、推理、思考、意识、情感在内的各层面的认知活动入手，把握人类认知和智能的本质，着重研究思维的创造性、形象性，并最终在人脑上得以模拟。

长期以来，人们从人脑思维的不同层次对人工智能进行研究，形成了符号主义、连接主义和行为主义三大学派。传统的人工智能是符号主义，以纽厄尔（Newell）和西蒙（Simon）提出的物理符号系统假设为基础。物理符号系统由一组符号实体组成，是智能行为的充分必要条件。连接主义研究非程序性的、适应性的、大脑风格的信息处理的本质能力（也称为神经计算）。行为主义认为，智能只是在与环境的交互作用中表现出来的，在许多方面是行为心理学观点在现代人工智能中的反映。

尽管存在着许多争议，但是事实上，逻辑方法一直是计算机科学尤其是人工智能的研究工具，其根源可以追溯到计算机科学和逻辑学所追求的目标在深层次上的一致性。从本质上来说，计算机科学就是要用计算机来模拟人脑的行为和功能，使计算机成为人脑的延伸。对于人脑的行为和功能的模拟实质上就是模拟人的思维过程。正是计算机科学所追求的这个目标，逻辑学这个研究人的思维规律和法则的学科，其研究方法和研究成果自然而然地成为计算机科学所选用的工具。由于人类智能行为在很大程度上是通过语言和文字表达出来的，因此，从技术上来说，计算机科学模拟人类思维也是从模拟人类的自然语言作为出发点的。围绕语言的概念进行的研究是人工智能的一个核心领域。

逻辑学研究人的思维是从研究人的自然语言入手的，计算机科学模拟人的思维同样是从语言开始的。与语言相关的论题是贯穿计算机科学的重要问题，许多领域与语言相关，如软件领域的程序设计语言、人工智能领域中的知识表示和推理等。

所谓推理，是指由一个或几个已知的判断推导出另外一个新的判断的思维形式。一切推理都必须由前提和结论两部分组成。一般来说，作为推理依据的已知判断称为前提，所推导出的新的判断则称为结论。

第2章 计算机系统概述

计算机（computer）也被称为电脑，是一种利用电子学原理，通过执行一系列指令来进行快速数据处理的运算机器，不仅可以进行数值计算，而且可以进行逻辑计算，还具有存储记忆功能。随着科学技术的飞速发展，计算机已经成为能够自动、高速处理海量数据的现代化智能电子设备。

计算机是 20 世纪伟大的科学技术发明之一，对人类的生产活动和社会活动产生了极其重要的影响，并以强大的生命力飞速发展。它的应用领域从最初的军事科研应用扩展到社会的各个领域，已经形成了规模巨大的计算机产业，带动了全球范围的技术进步，由此引发了深刻的社会变革。计算机已遍及一般学校、企事业单位，进入寻常百姓家，成为信息社会中必不可少的工具。

2.1 计算机体系结构

计算机体系结构是指计算机软、硬件的系统结构，有两方面的含义：首先，它把计算机的数据表示、寻址方式、数据运算、执行指令等看成是一台计算机的逻辑组成中最基本的软件；其次，通过计算机各功能部件的相互连接和相互作用，实现机器指令级的各种功能。这种结构设计对计算机的整体性能和效率有着决定性的影响，因为它直接关系到数据处理的速度和能力，以及系统资源的利用效率。随着技术的发展，计算机体系结构也在不断演进，以适应新的计算需求和挑战，比如多核处理器的设计、能源效率的优化及云计算和大数据的处理能力。同时，体系结构的优化和创新是推动计算机科学进步的关键因素，它们使得计算机能够处理更加复杂的任务，提供更高效的服务，并在各种应用领域中发挥关键作用。

从 1946 年世界上第一台电子数字积分计算机（electronic numerical integrator and computer，ENIAC）诞生至今，计算机在体系结构上一直沿用了冯•诺依曼（von Neumann）提出的体系结构（图 1-2-1），其特点如下：

1）程序和数据都以二进制数的形式存储在计算机的存储器中，通过使用标识来区分出哪些是程序，哪些是数据。

2）程序由指令构成。计算机在运行过程中，把要执行的程序和处理的数据首先放入内存，再按照顺序自动地从内存中逐条取出指令并执行，称作顺序执行程序。

3）计算机硬件由控制器、运算器、存储器、输入设备和输出设备五大核心部分组成。

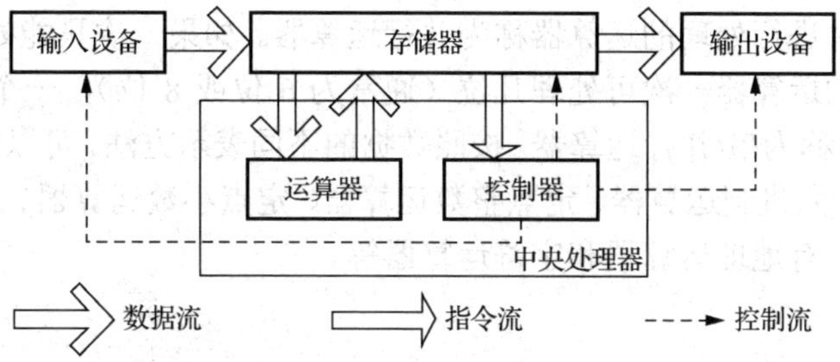

图 1-2-1　冯・诺依曼提出的体系结构

控制器、运算器、存储器、输入设备和输出设备间的相互连接和相互作用，得以实现机器指令级的各种功能。从最基本的功能和作用原理来说，计算机是在控制器的全面控制下，接收经数字化编码的程序和数据，把它存放在存储器中，根据程序的要求，由运算器对数据进行快速运算，产生结果数据再输出。因此，可以把控制器、运算器、存储器、输入设备和输出设备看成是一台计算机逻辑组成中的基本部件。

1. 控制器

控制器（controller）是整个计算机系统的神经中枢，用于指挥各部件之间协调有序地工作。在控制器的指挥下，计算机能够自动按照程序设定的步骤进行工作，以完成特定任务。控制器由程序计数器（program counter，PC）、指令寄存器（instruction register，IR）、指令译码器（instruction decoder，ID）、时序控制电路（timing control circuit，TCC）和微操作控制电路（micro-control circuit，MC）组成。

1）程序计数器：存放被执行指令的地址，使控制器每次都能根据程序计数器中存放的地址找到要执行的指令。

2）指令寄存器：暂时存放正在被执行的指令。

3）指令译码器：解析指令，将指令的功能解释为计算机能够识别的形式。

4）时序控制电路：制定指令的执行时机，使指令在规定的时段内有条不紊地执行。

5）微操作控制电路：建立数据通路任务，控制信号在各部件之间的传递。

在时序控制电路规定好的时段内，每执行一条指令，控制器就根据程序计数器内存放的指令地址，找到指令的存放位置，取出指令，暂存在指令寄存器中；然后，由指令译码器解析指令功能，确认指令功能后，再由微操作控制电路向实现该功能的部件发出控制信号，控制该部件的运转，从而指挥各个部件高速协调地工作。

2. 运算器

运算器是整个计算机系统的计算中心，主要由执行算术运算和逻辑运算的算术逻辑单元（arithmetic logic unit，ALU）、存放被操作数据和中间运算结果的寄存器以及连接各个部件的数据通路组成，用以完成对数据的各种算术运算和逻辑运算。

运算器的基本操作包括：加、减、乘、除四则运算，与、或、非、异或等逻辑运算，移位、比较运算，以及传送数据。

运算器的处理对象是数据，数据长度和计算机数据的表示方法对运算器的性能影响极大。大多数通用计算机以 16 位、32 位、64 位作为运算器处理数据的字长。能对一个数据的所有位同时进行处理的运算器称为并行运算器。如果一次只能处理一位，则称为串行运算器。有的运算器一次可处理几位（通常为6位或8位），一个完整的数据分成若干段进行计算，称为串/并行运算器。按照数据的不同表示方法，可以有二进制运算器、十进制运算器、十六进制运算器、定点整数运算器、定点小数运算器、浮点数运算器等。按照数据的性质，有地址运算器和字符运算器等。

3. 存储器

存储器是计算机系统中的记忆部件，主要用于存放程序和数据。计算机中的全部信息，包括输入的原始数据、计算机程序、中间运行结果和最终运行结果都要保存在存储器中。由于程序和数据都是以二进制形式表示的，因此，存储器作为“仓库”，必须使用具有两种稳定状态的物理器件来实现存储。这些物理器件包括磁芯、半导体器件、磁表面器件等。随着技术的进步，存储器的容量不断扩大，访问速度也在不断提升，以满足日益增长的数据存储和处理需求。此外，存储器的可靠性和耐用性也是设计时需要考虑的重要因素，以确保数据的安全性和系统的稳定性。

4. 输入设备

输入设备用于向计算机输入数据，包括数字、字符、文字、图形、图像、声音等各种数据。它是用户和计算机系统之间进行信息交换的主要装置之一，是用户与计算机系统实现通信的桥梁。用户可以使用不同类型的输入设备把数据输入到计算机，再进行存储、处理和输出。键盘、鼠标、摄像头、扫描仪、光笔、手写输入板、游戏杆、语音输入装置等都属于输入设备。随着技术的发展，输入设备变得越来越多样化和智能化，提供了更自然和直观的人机交互方式，如触摸屏技术和手势识别。这些先进的输入设备不仅提高了数据输入的效率和准确性，也为特殊需求的用户，如残障人士，提供了更多便利和可能。

5. 输出设备

输出设备是将处理结果返回给外部世界的设备的总称，它将计算机的处理结果或中间处理结果以人能识别的形式（如显示、打印、绘图等）表达出来。这些表达可能是作为使用者能够视觉上体验的，或是作为被计算机控制的其他设备的输入。常见的输出设备有显示器、打印机、绘图仪、音响设备等。输出设备的多样化和专业化使得它们能够满足不同行业和应用场景的需求，从日常办公到专业设计，再到娱乐和教育领域。此外，环保和节能也是现代输出设备设计时要重要考虑的因素，许多新型设备采用了节能减排的技术，以减少对环境的影响。

就各部分分工而言，通过控制器的控制，输入设备主要负责把信息（包括程序和数据）输入到存储器中，包括内存储器和外存储器；运算器负责对数据进行加工处理，即实现算术运算和逻辑运算；输出设备负责将信息传送到外部，供用户查看或保存。

2.2 计算机工作原理

按照冯·诺依曼体系结构，数据和程序存放在存储器中，控制器根据程序中的指令序列进行工作。概括地说，按照程序编排的顺序，一步一步地取出指令，自动地完成指令规定的操作是计算机最基本的工作原理。

2.2.1　指令系统

指令系统是计算机能够执行的全部指令的集合，是计算机硬件的语言系统，又称机器语言。它描述了计算机的控制信息和“逻辑判断”能力。不同计算机的指令系统包含的指令种类和数目不同，一般均包含算术运算型、逻辑运算型、数据传送型、判定和控制型、输入和输出型等指令。指令系统是表征一台计算机性能的重要因素，它的格式与功能不仅直接影响到机器的硬件结构，也直接影响到系统软件，影响到机器的适用范围。

一条指令由操作码和操作数构成。

1. 操作码

操作码是唯一区分系统中不同指令的编号。根据操作码，控制器能知道要执行的是指令系统中的哪条指令，实现何种功能，完成何种操作（如加、减、乘、除、与、或、非、异或、数据传送等）。操作码的长度取决于指令系统中指令的条数，换言之，对于长度为 n 的二进制编码，若每一个编码可表示指令系统中的一条指令，则最多可表示 2^n 条指令。一台计算机可能有几十条至几百条指令，每一条指令都有一个相应的操作码，计算机通过识别操作码来完成不同的操作。

2. 操作数

操作数描述指令的操作对象，是指令执行的参与者，指出操作对象（如数据）的来源。它或者直接给出操作数，或者指出存放操作数的存储器地址或寄存器名，根据存储器地址或寄存器名找到被操作的对象。指令中，内容不随指令的执行而改变的操作数称为源操作数；反之，内容随指令的执行而改变的操作数称为目标操作数。多数情况下，操作数可有一个或者多个。只有一个操作数的指令称为单操作数指令，有两个操作数的指令称为双操作数指令。双操作数分别被称为源操作数（source）和目的操作数（destination）。

在程序运行过程中，被执行的全部指令均来源于它的指令系统。例如，表 1-2-1 所示为某类型计算机的指令系统。

表 1-2-1　某类型计算机的指令系统

指令名称	操作码	操作数			功能
	D_1	D_2	D_3	D_4	
HALT	0000				终止程序执行
LOAD	0001	R_D	M_S		$R_D \leftarrow M_S$
STORE	0010	M_D		R_S	$M_D \leftarrow R_S$
ADDI	0011	R_D	R_{S1}	R_{S2}	$R_D \leftarrow R_{S1}+R_{S2}$
ADDF	0100	R_D	R_{S1}	R_{S2}	$R_D \leftarrow R_{S1}+R_{S2}$
MOVE	0101	R_D	R_S		$R_D \leftarrow R_S$

续表

指令名称	操作码	操作数			功能
	D_1	D_2	D_3	D_4	
NOT	0110	R_D	R_S		$R_D \leftarrow \overline{R_S}$
AND	0111	R_D	R_{S1}	R_{S2}	$R_D \leftarrow R_{S1}$ AND R_{S2}
OR	1000	R_D	R_{S1}	R_{S2}	$R_D \leftarrow R_{S1}$ OR R_{S2}
XOR	1001	R_D	R_{S1}	R_{S2}	$R_D \leftarrow R_{S1}$ XOR R_{S2}
INC	1010	R			$R \leftarrow R+1$
DEC	1011	R			$R \leftarrow R-1$
ROTATE	1100	R	n	0 或 1	$R \gg n$ 或 $R \ll n$
JUMP	1101	R	n		若 $R_0 \neq R$，则 PC=n，否则继续

注：R_S、R_{S1}、R_{S2} 为源寄存器地址；R_D 为目的寄存器地址；M_S 为源内存单元地址；M_D 为目标内存单元地址；D_1 为操作码；D_2～D_4 为操作数；← 为赋值。

在表 1-2-1 中，一条指令占用 2 字节，被划分为 4 个 4 位的域，左边 1 个为操作码域，最多可表示 2^4=16 条指令，总共设计 14 条指令，分别使用 0000～1101 表示；其余 3 个为操作数域，寄存器地址占用 1 个操作数域，内存地址作为 1 个操作数，占用 2 个操作数域。任何不被使用的操作数域均被置成 0000。例如，终止程序运行指令 HALT 不包含任何操作数，它的操作数域均被置成 0000；非运算指令 NOT 使用 2 个 4 位操作数，它的最后一个操作数域被置成 0000。

加法指令有 2 条，分别为 ADDI 和 ADDF。ADDI 用作整数相加，ADDF 用作浮点数相加。ROTATE 指令是循环移位指令，若它的第 3 个操作数为 0，则表示把寄存器 R 中的二进制数右循环移位 n 个位置；若为 1，则表示把寄存器 R 中的二进制数左循环移位 n 个位置；JUMP 是跳转指令，用于转去执行程序的第 n 条指令。

2.2.2 工作流程

计算机主要处理两种信息流：数据信息和指令控制信息。数据信息指的是原始数据、中间结果、结果数据等，这些信息从存储器进入运算器进行运算，所得的运算结果再存入存储器或传递到输出设备。指令控制信息是由控制器对指令进行分析、解释后向各部件发出的控制命令，指挥各部件协调工作。指令周期用来度量指令的执行时间。一个指令周期是指计算机执行一条指令所花费的时间。它被划分为 3 个阶段，分别是：取指阶段，从内存中取出要执行的指令；译码阶段，把指令翻译成计算机能够识别的指令；执行阶段，用于执行指令。每执行一条指令，就占用一个指令周期的时间。现代计算机系统中，指令周期的概念仍然至关重要，因为它直接影响处理器的性能和效率。优化指令周期的时间可以帮助提高程序的运行速度。此外，指令周期的概念也与计算机的时钟频率密切相关，时钟频率越高，每个指令周期的时间就越短，理论上处理器的执行速度也就越快。然而，实际性能还受到指令复杂性、缓存效率和系统总线速度等多种因素的影响。

在取指阶段，控制单元根据程序计数器给出的内存单元编号（即内存单元地址）到编号指定的内存单元中取出指令，再装入指令寄存器；然后，程序计数器自动加 1，指向下一条要执行的指令。在译码阶段，指令被翻译成计算机能够识别的形式，从而知道这条指令要执行的动作和要操作的对象。在执行阶段，指令被执行。当第三阶段执行结束，控制单元就重新开始新的指令周期，执行下一条指令。指令按照这样的方式一直执行下去，直到所有指令执行完毕。为了能够清楚地解释计算机是如何工作的，引入一台非真实的简单计算机来描述计算机的工作流程，简单计算机结构如图 1-2-2 所示。

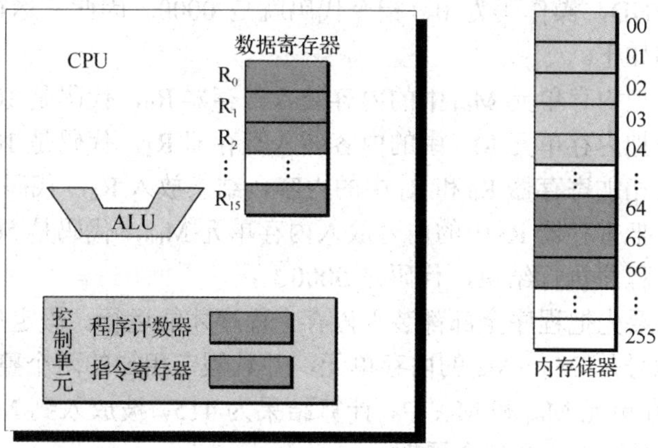

图 1-2-2 简单计算机结构

简单计算机由两部分组成，分别是中央处理器（central processing unit，CPU）和内存储器。它们一起构成了计算机的主机，即简单计算机是一台主机。CPU 又被划分为 3 个组成部分：数据寄存器，用于寄存数据；算术逻辑单元，用于执行算术运算和逻辑运算；控制单元，用于控制算术逻辑单元的操作和对内存储器中的数据进行存取。

每个数据寄存器设置存储 16 位的二进制数，总共 16 个数据寄存器，编号为 R_0～R_{15}。控制单元包含 2 个专用寄存器：一个是程序计数器，用于保存下一条被执行的指令在内存中的存放位置；另一个是指令寄存器，用于寄存当前正在执行的指令。当一条指令执行结束时，程序计数器就自动加 1，并指向下一条将被执行的指令。

内存储器共包含 256 个 16 位的二进制存储单元，编号为 M_0～M_{255}。前面的 64 个存储单元专门用于连续存放被执行的程序的指令，其余 192 个存储单元用于存放数据。

同时，简单计算机使用表 1-2-1 的指令系统。根据建立的简单计算机，通过一个实例来说明计算机是如何执行程序的。假设：程序的功能是让整数 A 和 B 相加，得到结果 C。

由于算术逻辑单元只能对放入数据寄存器中的数据进行处理，数据寄存器的数量又十分有限，而大多数计算机在运行程序的时候，处理的数据又很多，不可能一次把所有数据都放入到数据寄存器中。因此，比较好的做法如下：先把程序要处理的数据放入内存，当用到哪一个数据时，再把哪一个数据装入数据寄存器。

把数据从内存单元装入数据寄存器所使用的指令是 LOAD，操作码以十进制数字表示是 1。相加的两个整数分别装入编号为 M_{64} 和 M_{65} 的两个内存单元，那么，在把两数相加之前，要使用两条 LOAD 指令把存储在 M_{64} 和 M_{65} 这两个内存单元中的整数分别装入数据寄存器 R_0 和 R_1 中，指令代码分别是 1064 和 1165，其中，最高位的 1 表示操作数，次高位的 0 和 1 分别表示数据寄存器 R_0 和 R_1，低位的 64 和 65 分别表示内存单元 M_{64} 和 M_{65}。

相加两个整数之后，要把结果首先保存在数据寄存器中，使用的指令是 ADD，操作码为 3。两个整数分别位于数据寄存器 R_0 和 R_1 中，结果首先被保存于数据寄存器 R_2 中，指令代码就是 3201，其中的数字 2、0 和 1 分别表示数据寄存器 R_2、R_0 和 R_1。

接下来，还要把计算结果从数据寄存器存入内存，使用的指令是 STORE，操作码为 2。此时，结果位于寄存器 R_2，要存入内存单元 M_{66}，指令代码就是 5662。程序执行结束，使用指令 END，操作码为 0，指令代码就是 0000。因此，运行加法程序总共需要 5 条指令，分别如下。

第 1 条指令：把内存单元 M_{64} 中的内容装入寄存器 R_0，代码是 1064。

第 2 条指令：把内存单元 M_{65} 中的内容装入寄存器 R_1，代码是 1065。

第 3 条指令：相加寄存器 R_0 和 R_1 中的内容，结果放入 R_2，代码是 3201。

第 4 条指令：把寄存器 R_2 中的内容放入内存单元 M_{66}，代码是 5662。

第 5 条指令：程序执行结束，代码是 0000。

运行之前，需要先把程序全部都装入内存，程序才能运行。假定加法程序的 5 条指令分别被装入到编号是 M_0～M_4 的内存单元，并且假定相加的两个整数分别是 161 和 254，分别位于内存单元 M_{64} 和 M_{65} 中，计算结果为 415，被放入到 M_{66} 的内存单元中。5 条指令，总共需要经历 5 个指令周期。

1. 第 1 指令周期

在第 1 指令周期开始时，程序计数器指向运行程序的第 1 条指令，它位于内存单元 M_0 中。控制单元：首先，取出 M_0 中的指令 1064，并装入指令寄存器，程序计数器的值再增加 1；其次，将指令代码 1064 翻译为取出内存单元 M_{64} 中的整数 161，并把它放入数据寄存器 R_0；然后，执行指令，把保存在内存单元 M_{64} 中的整数 161 装入数据寄存器 R_0。此时，第 1 指令周期结束，第 1 条指令执行完毕，如图 1-2-3 所示。

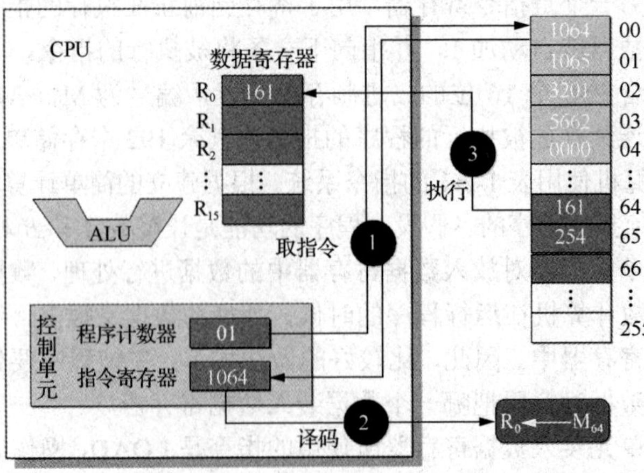

图 1-2-3 第 1 指令周期

2. 第 2 指令周期

在第 2 指令周期开始时，程序计数器指向运行程序的第 2 条指令，它位于内存单元 M_1 中。控制单元：首先，取出 M_1 中的指令 1065，并装入指令寄存器，程序计数器的值再增加 1；其次，将指令代码 1065 翻译为取出内存单元 M_{65} 中的整数 254，并把它放入数据寄存器 R_1；然后，执行指令，把保存在内存单元 M_{65} 中的整数 254 装入数据寄存器 R_1。此时，第 2 指令周期结束，第 2 条指令执行完毕，如图 1-2-4 所示。

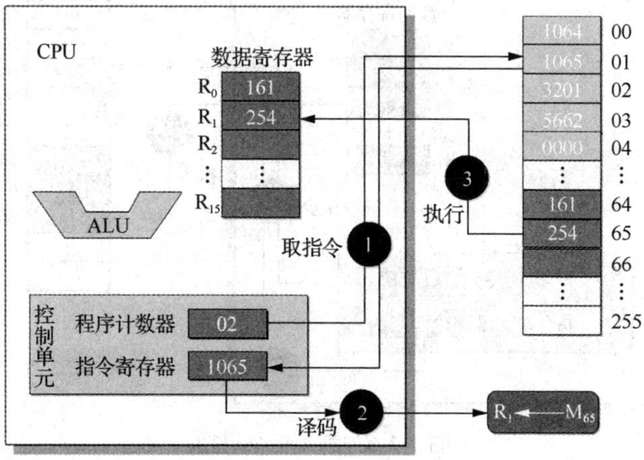

图 1-2-4　第 2 指令周期

3. 第 3 指令周期

在第 3 指令周期开始时，程序计数器指向运行程序的第 3 条指令，它位于内存单元 M_2 中，控制单元：首先，取出 M_2 中的指令 3201，并装入指令寄存器，程序计数器的值再增加 1；其次，将指令代码 3201 翻译为相加数据寄存器 R_0 和 R_1 中保存的整数，并把计算结果放入数据寄存器 R_2；然后，执行指令，将 R_0 和 R_1 中的整数相加，计算结果 415 装入 R_2。此时，第 3 指令周期结束，第 3 条指令执行完毕，如图 1-2-5 所示。

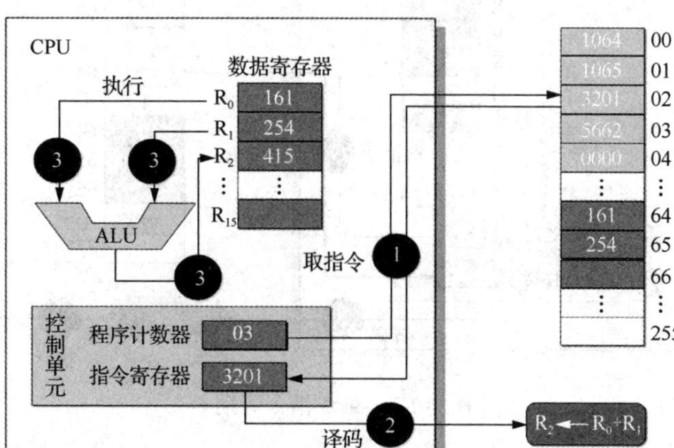

图 1-2-5　第 3 指令周期

4. 第 4 指令周期

在第 4 指令周期开始时，程序计数器指向运行程序的第 4 条指令，它位于内存单元 M_3 中，控制单元：首先，取出 M_3 中的指令 5662，并装入指令寄存器，程序计数器的值再增加 1；其次，将指令代码 5662 翻译为把数据寄存器 R_2 中的计算结果，存入内存单

元 M_{66}；然后，执行指令，将 R_2 中的结果 415 存入内存单元 M_{66}。此时，第 4 指令周期结束，第 4 条指令执行完毕，如图 1-2-6 所示。

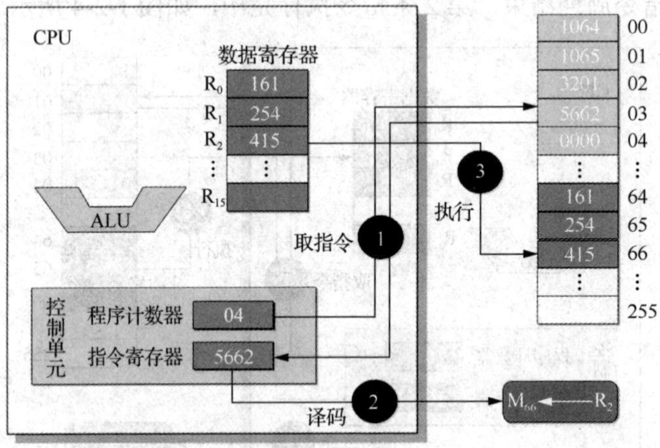

图 1-2-6　第 4 指令周期

5. 第 5 指令周期

在第 5 指令周期开始时，程序计数器指向运行程序的第 5 条指令，它位于内存单元 M_4 中，控制单元：首先，取出 M_4 中的指令 0000，并装入指令寄存器，程序计数器的值再增加 1；其次，将指令代码 0000 翻译为终止执行；然后，执行指令，意味着程序执行结束。此时，第 5 指令周期结束，第 5 条指令执行完毕，如图 1-2-7 所示。

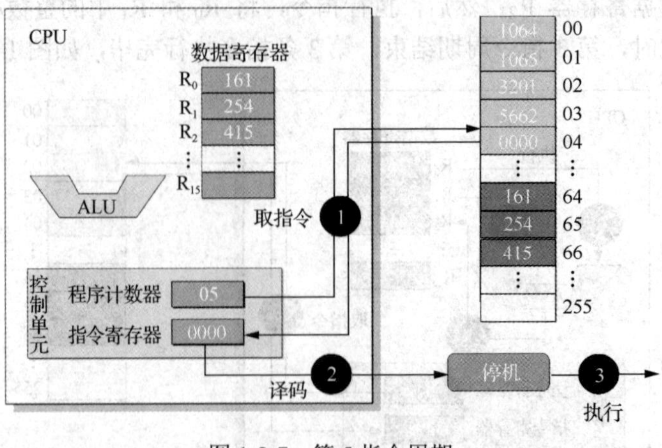

图 1-2-7　第 5 指令周期

由 CPU 和内存构成的主机承担执行程序的主要任务。程序运行前，须首先从外存装入内存，再由 CPU 从内存读取程序的每一条指令，才能运行。每一条指令在一个指令周期内执行，由 CPU 经过取指、译码和执行 3 个阶段来完成，直到所有指令执行结束。

2.3　计算机硬件组成

从外观上看，一套基本的计算机硬件主要由主机箱、显示器、键盘和鼠标组成。根据使用者自己的需要，还可增加一些外部设备，如打印机、扫描仪、U 盘、音箱等，如图 1-2-8 所示。

图 1-2-8　计算机和外部设备

计算机的主机箱内部主要包括主板、CPU、CPU 散热器、内存条、硬盘、光盘驱动器、声卡、网卡、显卡、电源等设备。除 CPU 与内存条构成主机外，其余的组成部分也均可被称为外部设备（简称外设）。

2.3.1　主板

主板是计算机的核心部件，其余全部组成部件都是直接或间接通过主板实现连接的。主板作为一块电路板，上面布满了各种电路，可以说它是计算机的神经系统，CPU、内存、显示卡、声卡、网卡等部件都是直接安装在主板上，而硬盘、光盘驱动器等部件需要通过接线和主板相连接。

计算机主板如图 1-2-9 所示，主要包含以下组成部分。

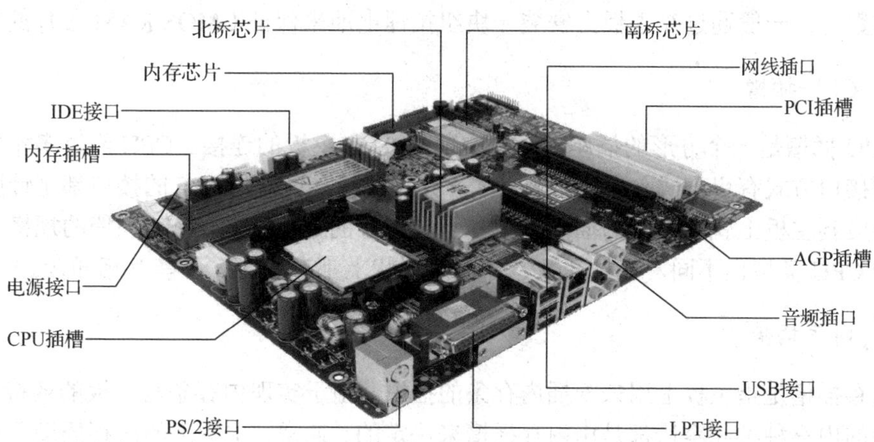

图 1-2-9　计算机主板

1. 北桥芯片

北桥芯片（north bridge）是主板芯片组中起主导作用的最重要的组成部分，也称为主桥（host bridge）。北桥芯片负责与CPU的联系并控制内存、AGP、PCI-E等数据在北桥内部的传输，提供CPU的类型和主频、系统的前端总线频率、内存类型和最大容量、AGP插槽、PCI-E插槽、ECC纠错等支持。整合型芯片组的北桥芯片还集成了显示核心。北桥芯片通常位于主板上靠近CPU插槽的位置，这主要是考虑到北桥芯片与处理器之间的通信最为密切，为提高通信性能而缩短传输距离。北桥芯片的数据处理频繁，发热量高，一般通过在芯片上覆盖散热片进行散热来保持北桥芯片工作的稳定性。有些北桥芯片还安装了风扇进行散热。

2. 南桥芯片

南桥芯片（south bridge）也是主板芯片组的重要组成部分。它主要负责I/O总线之间的通信、IDE设备的控制，提供对KBC（key broad control，键盘控制器）、RTC（real time clock，实时时钟）、USB（universal serial bus，通用串行总线）、Ultra DMA/33（66）EIDE数据传输方式和ACPI（advanced configuration and power interface，高级配置和电源接口）等支持。例如，Intel的P35芯片组所搭配的南桥芯片就是ICH9系列。根据不同的需要和定位，南桥芯片的规格略有不同。

3. 内存芯片

内存芯片是用于构成系统内部存储器的集成电路，主要包括ROM BIOS芯片和CMOS RAM芯片。其中，ROM BIOS芯片中存储了最基本的主板控制指令，用于实现各种设备的初始化、启动、关闭等操作。常见的ROM BIOS芯片品牌是WINBOND、SST、ATMEL、Intel等。CMOS RAM芯片（CMOS是一种制作工艺名称）用于存储不允许丢失的系统BIOS硬件配置信息，如硬盘驱动器类型、显示模式、内存大小和系统工作状态参数等。一般通过在主板上安装一块纽扣锂电池来保证CMOS RAM芯片的供电。

4. CPU插槽

CPU插槽是一个方形的插座，用于实现CPU与主板的连接。CPU经过多年发展，采用的接口方式有引脚式、卡式、触点式、针脚式等。目前，CPU的接口都是针脚式接口，对应到主板上就有相应的插槽类型。不同型号的主板，其CPU插槽的规格不同，接入的CPU类型也不同，在插孔数、体积、形状上都有变化，不能互相插接。

5. 内存插槽

内存插槽是指主板上用来安插内存条的插槽，用于实现内存条与主板的连接。主板所支持的内存种类和容量都是由内存插槽来决定的。通常，主板上的内存插槽至少会有两个，而有的主板也会根据需要设置4个、6个或8个内存插槽。每个内存插槽可连接一个内存条。目前，市面主流的内存插槽是DIMM（dual inline memory module，双列直插存储器模块）插槽。

6. PCI 插槽

主板上的 PCI 插槽是基于 PCI（peripheral component interconnect，周边元件扩展接口）局部总线的扩展插槽，其位宽为 32 位或 64 位，工作频率为 33MHz，最大数据传输率为 133Mb/s（32 位）和 266Mb/s（64 位）。PCI 插槽上可安插显卡、声卡、网卡、内置 modem、内置 ADSL modem、USB 2.0 卡、IEEE 1394 卡、IDE 接口卡、RAID 卡、电视卡、视频采集卡以及其他种类繁多的扩展卡。

7. AGP 插槽

AGP 是 accelerated graphics port（图形加速端口）的缩写，是显卡的专用扩展插槽，它是在 PCI 图形接口的基础上发展起来的一种新的接口方式。AGP 规范是 Intel 公司解决计算机处理（主要是显示）3D 图形能力差的问题而出台的。随着 3D 游戏的制作越来越复杂，使用了大量的 3D 特效和纹理，使原来传输速率为 133Mb/s 的 PCI 总线不堪重负，因此，Intel 才推出了拥有高带宽的 AGP 接口。这是一种与 PCI 总线迥然不同的图形接口，它完全独立于 PCI 总线之外，而直接把显卡与主板控制芯片连在一起，使得 3D 图形数据省略了越过 PCI 总线的过程，很好地解决了低带宽 PCI 接口造成的系统瓶颈问题。可以说，AGP 代替 PCI 成为新的图形端口是技术发展的必然。

8. IDE 接口

IDE（integrated drive electronics，电子集成驱动器）接口是现在普遍使用的外部接口，主要用于把硬盘驱动器和光驱接入系统。它采用 16 位并行数据传送方式，体积小，数据传输快。一个 IDE 接口只能连接两个外部设备。随着新一代串行接口 SATA 的迅速发展，IDE 设备逐渐被 SATA 设备所取代。

9. PS/2 接口

PS/2 接口仅能用于连接键盘和鼠标。PS/2 接口最大的好处就是不占用串口资源。一般情况下，主板都配有两个 PS/2 接口，上面为鼠标接口（绿色），下面为键盘接口（紫色）。PS/2 接口为键盘和鼠标提供了专用连接，简化了外部设备的管理。尽管现代计算机系统中 USB 接口已成为主流，PS/2 接口依然因其简单和兼容性而被部分用户所青睐。

10. USB 接口

USB 接口是如今较为流行的接口，最大可以支持 127 个外设，并且可以独立供电，其应用非常广泛。USB 接口可以从主板上获得 500mA 的电流，支持热插拔，真正做到了即插即用。一个 USB 接口可同时支持高速和低速 USB 外设的访问，由一条四芯电缆连接，其中两条是正负电源，另外两条是数据传输线。高速外设的传输速率为 12Mb/s，低速外设的传输速率为 1.5Mb/s。USB 2.0 标准最高传输速率可达 480Mb/s。USB 3.0 已经出现在主板中，并已开始普及应用。

11. LPT 接口

LPT 接口一般用来连接打印机或扫描仪，其默认的中断号是 IRQ7，采用 25 脚的 DB-25 接头。LPT 接口的工作模式主要有 3 种，分别为 SPP 标准工作模式、EPP 增强型工作模式和 ECP 扩充型工作模式，其差别主要在于数据传输方式和传输速率上的不同。

12. 电源接口

主板上一般只有一个电源接口，用来给全部设备供电，常见的是 20 针+4 针。20 针是主电源接口。多数 CPU 功率较大，导致发热量高，因此使用 4 针接口给 CPU 风扇进行辅助供电来达到降低 CPU 温度的目的。如果显卡功率高，也需要外界电源，显卡上也可有一个 4 针的电源接口，用于连接显卡风扇。主板上的接口，除风扇接口外，全部都由主板电源供电。

13. 音频插口

音频插口用于连接音频设备，包括音箱、耳机、传声器等，实现各种音频数据的输入和输出。

14. 网线插口

网线插口是网卡与网络之间的接口，用于安插网线，使计算机能够接入网络。常见的网线插口是 RJ-45，用于双绞线的连接。

2.3.2 中央处理器

中央处理器（CPU）是计算机必备的核心部件，其作用相当于大脑在人体中的作用。计算机中的程序和数据都是由 CPU 来运行和处理的。程序运行时，由 CPU 负责执行指令、运算数据、控制输入/输出系统等工作。不同的 CPU，它的设计技术、工艺标准和参数指标都存在差异，但都能满足计算机的运行需求。组装时，CPU 安插在主板的 CPU 插槽上。CPU 插槽是一个方形的插座。不同型号的主板，其 CPU 插槽的规格有所不同，安插的 CPU 类型也不同。图 1-2-10 所示为 CPU 的外观。

图 1-2-10 CPU 的外观

能够反映 CPU 性能的指标主要有主频、核心数量和数据传输位数。其中，主频是衡量 CPU 工作速度的重要指标。主频越高，CPU 的运算速度就越快。常用的 CPU 主频有 2.4GHz、3.3GHz、3.4GHz 和 4.0GHz 等。核心数量是衡量 CPU 工作速度的另一个重要指标。核心数量越多，CPU 能同时运行的程序就越多，运行效果就越好。常用 CPU 的核心数量有双核、四核、六核乃至八核。CPU 的数据传输位数是指计算机能够同时传送的二进制位的个数，同时传送的位数越多，运算速度就越快。计算机先后经历了 4 位机、8 位机、16 位机、32 位机和 64 位机，现阶段常用的 CPU 为 64 位。

2.3.3　CPU 散热器

CPU 散热器用于降低正在运转的 CPU 的温度。凡是电子产品都会在加电工作时产生热量，就这一点，CPU 也不例外。当 CPU 工作时，功率较大，如果产生的热量过多而无法散去，就会导致 CPU 温度过高，将会严重影响 CPU 的正常运转，甚至损毁 CPU。因此，需要在 CPU 表面上安置散热器，通过散热器上风扇的转动，及时散出 CPU 工作时产生的热量，降低 CPU 的温度，从而保证 CPU 的正常运转。一般来说，散热器的散热效果有 30%取决于风扇的转速，但并非转速越高越好。每分钟 3500 转到 5200 转之间的转速是比较合乎常规的。如果散热器功率过大，不但冷却效果没有多大增强，反而可能会加重计算机的工作负荷，最终缩短 CPU 和风扇的寿命。因此，在选择 CPU 功率大小的同时，也要合理选择与 CPU 功率相匹配的散热器。图 1-2-11 所示为 CPU 散热器。

图 1-2-11　CPU 散热器

2.3.4　内部存储器

内部存储器（memory，简称内存）作为计算机的重要部件之一，是 CPU 能够直接访问的计算机物理空间，是与 CPU 进行沟通的桥梁。内存的特点是存取速率快。常用软件，如 Windows 操作系统、打字软件、游戏软件等，一般保存在硬盘等外存设备上。要使用这些软件，必须把它们从外存装入内存才能运行。平时输入一段文字或玩一个游戏，其实都是在内存中进行的。这就好比在一个书房里面，存放书籍的书架和书柜相当于计算机的外存，而我们工作时使用的办公桌就是内存。通常，我们把正在运行的程序和正在处理的数据放入内存。一般内存可以分为随机存取存储器（random access memory，RAM）和只读存储器（read only memory，ROM）两种。

RAM 是一种可读写存储器，其内容可以随时根据需要读出，也可以随时重新写入新的信息。这种存储器又可进一步分为静态 RAM（static RAM，SRAM）和动态 RAM（dynamic RAM，DRAM）两种。SRAM 的特点是存取速度快，但价格也较高，一般用作高速缓存。DRAM 的特点是存取速度相对于 SRAM 较慢，但价格较为低廉，一般用作计算机的主存。不论是 SRAM 还是 DRAM，当关闭电源电压时，RAM 中保存的信息都将全部丢失。RAM 在计算机中主要用来存放正在执行的程序和临时数据。

ROM 是一种内容只能读出而不能写入和修改的存储器，其存储的信息是在制作该存储器时就被写入的。在计算机运行过程中，ROM 中的信息只能被读出，不能写入新的内容。计算机断电后，ROM 中的信息不会丢失，即在计算机重新加电后，其中保存的信息依然是断电前的信息，仍可被读出。ROM 常用来存放一些固定的程序、数据和系统软件等，如检测程序、BOOT ROM、BIOS 等，这些信息在 ROM 出厂时，就已经被写入，通常称为掩膜 ROM。只读存储器除了掩膜 ROM 外，还有可编程 ROM（programmable ROM，PROM）、可擦除可编程 ROM（erasable PROM，EPROM）和电可擦除可编程 ROM（electrically EPROM，EEPROM）等类型。PROM 在制造时并不写入程序和数据，而是由用户根据需要自行写入，一旦写入，就不能更改。与 PROM 相比，EPROM 的内容可以反复修改。但 EPROM 与 RAM 不同，虽然其内容可以通过擦除实现多次更新，但只要更新固化好以后，就只能读出，而不能像 RAM 那样可以随机读出和写入信息。EEPROM 也称 Flash 闪存，普遍用于可移动电子硬盘和数码照相机等设备的存储器中。不论是哪种 ROM，其中存储的信息均不受断电的影响，具有永久保存信息的特点。图 1-2-12 所示为内存的分类。

- 内部存储器
  - 随机存取存储器（RAM）
    - 静态RAM（SRAM）
    - 动态RAM（DRAM）
  - 只读存储器（ROM）
    - 掩膜ROM
    - 可编程ROM（PROM）
    - 可擦除可编程ROM（EPROM）
    - 电可擦除可编程ROM（EEPROM）

图 1-2-12　内存的分类

为了有效解决内存与 CPU 的速度不匹配问题，计算机引入了高速缓冲存储器（cache）。cache 一般用 SRAM 存储芯片实现，可以分为 CPU 内部的一级高速缓存和 CPU 外部的二级高速缓存。通常，内存条指的是 RAM，它们安插在主板的内存插槽上，与主板连接。内存条的好坏将直接影响计算机的运行速度。一般来讲，内存条的容量越大越好。市面上主流内存条的容量为 1GB、2GB、4GB、8GB 和 16GB 等。图 1-2-13 所示为内存条的外观。

图 1-2-13　内存条的外观

2.3.5　外部存储器

随着用户对信息处理数据量的增大和对数据长期存储的需求，外部存储器（简称外存）产生了。它是指除计算机内存及 CPU 缓存以外的存储器，无论系统断电与否，外存中的数据都能够被长期保存。常见的外部存储器有硬盘、光盘、U 盘等。外部存储器是计算机系统中不可或缺的组成部分，它们不仅提供了大容量的数据存储解决方案，还确保了数据的持久性。

1. 硬盘

硬盘（hard disk）是计算机上最主要的外部存储设备。它由磁盘片、读写控制电路和驱动机构成，如图 1-2-14 所示。其中，每一张盘片被划分为正反两面；每一个盘面以主轴为圆心，被划分为若干同心圆，称为磁道；每一个磁道又被划分为若干段等长的圆弧，称为扇区。信息就存储在一个一个的扇区中，而扇区是硬盘中存储信息的基本单元。每一个盘面都配备有一个读/写磁头，用于感应盘片的正反两面。读/写磁头被固定在移动臂上。当磁盘的盘片高速旋转时，通过移动臂移动磁头进行感应，把数据读出或写入。

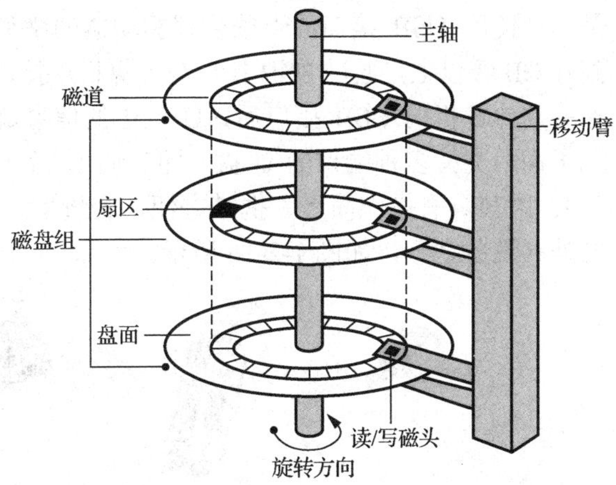

图 1-2-14　硬盘结构

通常，把不运行的程序和不处理的数据存储在硬盘上。在计算机系统重新启动或断电的情况下，存储在硬盘上的程序和数据也不会丢失，可长期保存。通过使用数据线和电源线来实现硬盘与主板的连接。硬盘的存储空间相对来说都比较大。目前，硬盘的存储容量一般都在 1000GB 以上。此外，为方便携带，将笔记本式计算机的硬盘装在密封盒里面，携带到目的地，再通过 USB 接口和计算机相连，此时的硬盘称为移动硬盘。

2. 光盘

随着多媒体技术的推广，光盘以其容量大、寿命长、成本低的特点而备受青睐，并迅速普及。目前，用于计算机的光盘按技术可分为 3 类：CD、DVD、蓝光（BD）。CD 光盘容量较小，已经逐渐退出市场；DVD 光盘容量有 4.7GB、9.4GB 等几种，且应用广泛；蓝光光盘容量大，有 25GB、50GB 等多种。

光盘驱动器是用来读/写光盘数据的设备，也是在台式计算机和笔记本式计算机中较常见的一种设备，仍使用数据线和电源线与主板相连接。与硬盘相比，读/写光盘数据是通过光盘驱动器中的光学头发射出激光束来感应光盘盘面进行的。图 1-2-15 所示为光盘驱动器。

（a）光盘　　（b）光盘驱动器

图 1-2-15　光盘与光盘驱动器

3. U 盘

U 盘的全称是 USB 闪存盘，英文名称是 USB flash disk，也被称为优盘、闪盘。它是一种使用 USB 接口的无须物理驱动器的微型高容量移动存储产品，存储量从几 MB 到几 GB 级以上，通过 USB 接口与计算机连接，可以带电热插拔，实现即插即用。U 盘连接到计算机的 USB 接口后，U 盘中的信息就可与计算机进行交换了。现在市面上出现了许多支持多种端口的 U 盘，即三通 U 盘（USB 电脑端口、iOS 苹果接口、安卓接口）。因其具有操作简单、携带方便、容量大、用途广泛的优点，U 盘已经成为较便携的外存设备之一，如图 1-2-16 所示。

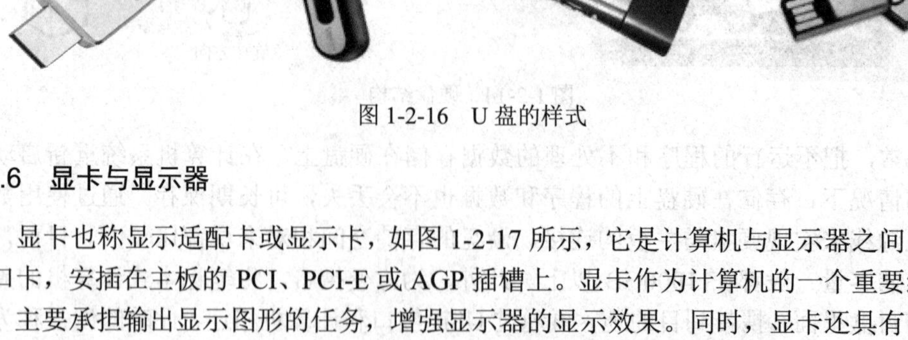

图 1-2-16　U 盘的样式

2.3.6　显卡与显示器

显卡也称显示适配卡或显示卡，如图 1-2-17 所示，它是计算机与显示器之间的一种接口卡，安插在主板的 PCI、PCI-E 或 AGP 插槽上。显卡作为计算机的一个重要组成部分，主要承担输出显示图形的任务，增强显示器的显示效果。同时，显卡还具有图像处理能力，可协助 CPU 工作，提高计算机的整体运行速度。显卡的性能决定了显示器的成像速度和成像效果。目前，主流的显卡是具有 2D、3D 图形处理功能的 PCI-E 接口的显卡，由图形加速芯片（又称图形处理单元，graphics processing unit，简称 GPU）、随机存取存储器（显存或显示卡内存）、数据转换器、时钟合成器以及基本输入/输出系统等五大部分组成。显卡对于从事专业图形设计的人员来说是非常重要的。同时，专业显卡在设计和影视制作领域发挥着重要作用，支持复杂的图形任务和高级渲染。

图 1-2-17　显卡的外观

显示器（图 1-2-18）是计算机系统最为常用的输出设备，其类型很多。根据显像管的不同可将显示器划分为 3 种类型，分别是阴极射线管（cathode ray tube，CRT）显示器、发光二极管（light emitting diode，LED）显示器和液晶显示器（liquid crystal display，LCD）。目前，最为常用的显示器为液晶显示器。衡量显示器的优劣有两个重要指标：一个是分辨率，是指显示器屏幕上能够显示的以行列计数的像素点数量。例如，1920×1080 的分辨率是指显示器屏幕上能够显示 1920 行×1080 列个像素点。分辨率越高，所能呈现的图像也就越精细。另一个指标是点距，点距是指两个像素中心点之间的距离。点距越小，表明像素点就越小，显示的图像就越细致。

图 1-2-18　显示器

2.3.7　声卡和音响

声卡（sound card 或 audio frequency interface），又称音频卡，是多媒体计算机的重要部件。它是计算机进行声音处理的一种接口卡，即声卡就是把计算机的数字信号转换成人们能听到的模拟信号。它把计算机中的声音数据经过处理，再通过音响播放出人能够听到的声音。它有 3 个基本功能：一是音乐合成发音功能；二是混音器（mixer）功能和数字声音效果处理器功能；三是模拟声音信号的输入和输出功能。声卡处理的声音信息在计算机中以文件的形式存储。声卡工作时需有相应的软件支持，包括驱动程序、混频程序和 CD 播放程序等。声卡安插在主板的 PCI 或 PCI-E 插槽上，实现与计算机的连接。现阶段的声卡，大部分是集成在主板上，而非独立的。

音响主要用于输出声音，使用户可以听到美妙动听的声音效果。将音响的数据线插头安插在主板的输出音频插口上，就可以实现音响与计算机的连接。作为计算机音频输出的重要设备，音响不仅能够提供清晰的音质体验，还能够有效增强多媒体内容的听觉效果。它们通过数据线与计算机的音频插口连接，使得用户可以享受到从简单提示音到复杂音乐和电影原声的全方位听觉盛宴。此外，随着技术的发展，音响设备也在不断集成更先进的音频技术，如环绕声和高分辨率音频，进一步提升用户的听觉体验。图 1-2-19 所示为声卡和音响。

（a）声卡

（b）音响

图 1-2-19　声卡和音响

2.3.8　键盘和鼠标

键盘是通过按键向计算机输入数据的设备。当用户按下某一键时，键盘内部的控制电路就会产生一个代表这个按键的代码，并把代码送入主机，系统就能够知道用户按下了哪一个按键。主流的键盘有两种类型：PS/2 型键盘和 USB 键盘。PS/2 键盘与主板上的紫色 PS/2 接口相连；USB 键盘与主板的 USB 接口相连。此外，键盘的人体工程学设计也在不断进步，提供了更舒适的打字体验和减少手部疲劳的特性，使用户能更轻松地使用键盘向计算机中输入数据和程序。

鼠标是一种流行的输入设备，它可以通过移动光标方便准确地进行定位，因其外形酷似老鼠而得名。根据结构不同，鼠标可分为机械鼠标和光电鼠标两种。现阶段，绝大多数用户使用的鼠标为光电鼠标。从系统内部来讲，主流的鼠标也有两种类型：PS/2 鼠标和 USB 鼠标。PS/2 鼠标与主板上的绿色 PS/2 接口相连；USB 鼠标与主板的 USB 接口相连。现代鼠标还经常配备额外的功能键和滚轮，以提高操作的灵活性和效率。更加方便用户操作计算机。图 1-2-20 所示为键盘和鼠标。

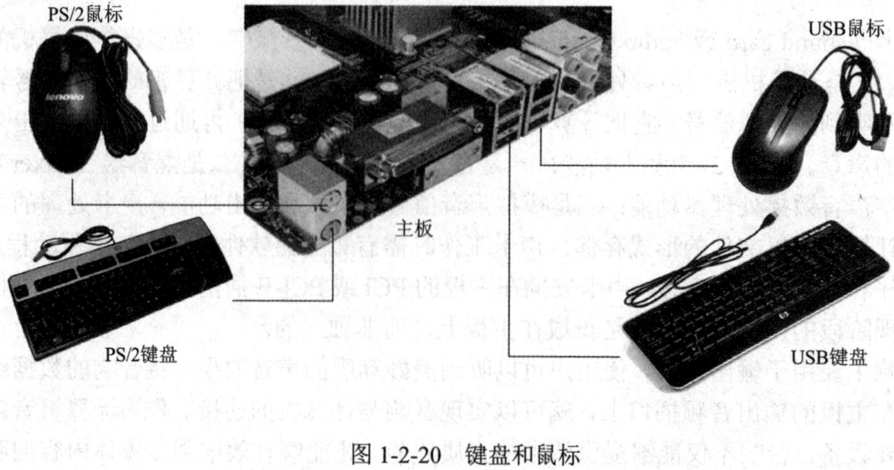

图 1-2-20　键盘和鼠标

2.3.9　打印机

打印机也是计算机系统中常用的输出设备，用于将输出数据打印在各种纸质材料上。打印机可以通过 LPT 接口或 USB 接口与主板相连。目前，常用的打印机有点阵式打印机、喷墨打印机和激光打印机 3 种，如图 1-2-21 所示。

（a）点阵式打印机　（b）喷墨打印机　（c）激光打印机

图 1-2-21　常用打印机类型

1. 点阵式打印机

点阵式打印机[图 1-2-21（a）]又称为针式打印机，有 9 针、12 针和 24 针 3 种。针数越多，针距越密，打印出来的字迹就越美观。目前，点阵式打印机主要应用于银行、税务、商店等的票据打印业务。点阵式打印机能够满足特殊纸张和高强度的打印需求，适合长时间连续作业。

2. 喷墨打印机

喷墨打印机[图 1-2-21（b）]，是通过喷墨管将墨水喷射到普通打印纸上，从而实现字符、汉字或图像等数据的输出。喷墨打印机的优点是打印精度较高、噪声低、价格便宜；缺点是打印速度慢，墨水消耗量大，日常维护费用较高。

3. 激光打印机

激光打印机[图 1-2-21（c）]具有精度高、打印速度快、噪声低等优点，正逐渐成为办公自动化的主流产品。激光打印机的一个重要性能指标是 DPI（dot per inch，每英寸点数），即分辨率。打印机的分辨率越高，其输出质量就越好。

2.3.10　机箱和电源

机箱作为计算机配件的一部分，一般包括外壳、用于固定软硬驱动器的支架、面板上必要的开关、指示灯和显示数码管等。外壳用钢板和塑料结合制成，硬度高，主要起保护机箱内部元件的作用；支架主要用于固定主板、电源和各种驱动器。此外，机箱还具有屏蔽电磁辐射的重要作用。从外观上看，机箱分为卧式和立式两种。目前，大多数计算机用户使用立式机箱。通常，机箱正面有 Power 按钮和 Reset 按钮，分别用于开关和重新启动计算机，并配有一个或多个光盘驱动器插口；机箱背面有电源接口和其他插口，分别用于固定电源和各类插口。

图 1-2-22 所示为计算机的机箱和电源。

图 1-2-22　计算机的机箱和电源

电源是为计算机中各个组成部件供电的重要设备。作为计算机电力的主要来源，它是计算机各部件的供电枢纽。为了能够及时散出电源工作时产生的热量，保证电源稳定工作，在电源上也配有风扇，用于散热。计算机属于弱电产品，各部件的工作电压较低，一般在±12V 以内，并且是直流电；而普通的市电电压为 220V（有些国家为 110V）交流电，不能直接在计算机部件上使用。因此，计算机和很多家电一样需要一个电源配件，负责将普通市电转换为计算机可以使用的电压。一般将电源安装在计算机内部。计算机核心部件的工作电压非常低，但计算机工作频率非常高，因此计算机对电源的要求比较高。目前，计算机电源为开关电路，将普通交流电转为直流电，再通过斩波控制电压，将不同的电压分别输出给主板、硬盘、光驱等计算机部件。计算机电源主要分为 AT 电源和 ATX 电源两种。在 ATX 电源未出现前，从 286 到 586 计算机一直是使用 AT 电源供电。随着 ATX 电源的普及，AT 电源已淡出市场。

2.4　计算机软件系统

计算机软件系统包括在计算机上运行的相关程序、数据和有关文档。通常把计算机软件系统分为系统软件和应用软件两大类。

2.4.1　系统软件

系统软件（system software）是控制和协调计算机及其外围设备，支持应用软件开发和运行的各种程序的集合。系统软件的主要功能是调度、监控和维护计算机系统；管理计算机系统中各种独立的硬件，使它们可以协调工作。有了系统软件，计算机用户和其他软件就可以将计算机看作一个整体，而不需要再顾及底层每个硬件是如何工作的。系统软件能够合理地调试计算机系统的各种资源，使之得到高效率的使用，能帮助用户调试程序、查找程序错误等，减轻用户管理计算机的负担。

系统软件一般包括操作系统、语言处理程序、支撑软件、数据库管理系统等。

1. 操作系统

操作系统（operating system，OS）是位于计算机的硬件层之上和其他所有应用软件层之下的一个系统软件，是一组用于管理计算机的软硬件资源、合理组织计算机的工作流程、方便用户使用计算机的程序集合。在安装了操作系统的计算机上，用户需要做的只是把命令发送给操作系统，具体工作由操作系统完成，至于工作如何进行，用户不必关心，这就极大地方便了用户使用计算机。操作系统需要处理如管理与配置内存、决定系统资源供需的优先次序、控制输入设备与输出设备、操作网络与管理文件系统等基本事务。操作系统提供了一个让用户与系统交互的操作界面。目前，被广泛使用的操作系统主要有 Windows、Linux 等。

（1）Windows

Microsoft Windows 操作系统问世于 1985 年。起初它仅仅是 Microsoft-DOS 模拟环境，随着它不断地更新升级，现在已经越来越易用，也逐渐成为人们最喜爱的操作系统。

Windows 是一种面向大众使用计算机的操作系统。Windows 采用图形化操作界面，与早期的磁盘操作系统（DOS）需要输入指令来使用计算机的方式相比更为人性化。Microsoft 公司一直在致力于 Windows 操作系统的开发和完善。随着计算机硬件和软件的不断升级，Microsoft 公司的 Windows 也在不断升级，从架构的 16 位、16+32 位混合版（Windows 9x）、32 位再到 64 位，系统版本从最初的 Windows 1.0 到人们熟知的 Windows 95、Windows 98、Windows ME、Windows 2000、Windows 2003、Windows XP、Windows Vista、Windows 7、Windows 8、Windows 8.1、Windows 10、Windows 11 和 Windows Server 服务器企业级操作系统，不断持续更新。

（2）Linux

Linux 是一个运行于 32 位或 64 位计算机上，可以免费使用和自由传播，支持多用户、多任务、多线程和多 CPU 的操作系统。Linux 操作系统诞生于 1991 年 10 月 5 日（首次正式向外公布的时间）。Linux 有许多不同版本，称为发行版，如 Red Hat Linux、Ubuntu Linux、CentOS Linux 等，但它们都共用相同的 Linux 内部核心程序，简称内核。Linux 作为操作系统，可安装在多种计算机设备上，如手机、平板电脑、路由器、视频游戏控制台、台式计算机、大型机和超级计算机等。相对于 Windows 而言，Linux 在处理事务方面有着更高的效率和可靠性，能够充分利用计算机资源。因此，Linux 经常用于网站服务器、科学计算等专业事务处理，是一种面向专业人群使用的计算机操作系统。

2. 语言处理程序

语言处理程序是为用户设计的编程服务软件，其作用是把使用汇编语言及高级语言编写的源程序翻译成计算机能识别的目标程序。语言处理程序是将程序设计语言编写的源程序转换成机器语言的形式，以便计算机能够运行。语言处理程序除了要完成语言间的转换外，还要进行语法、语义等方面的检查，语言处理程序总共包含 3 种：汇编程序、编译程序和解释程序。

3. 支撑软件

支撑软件又称为工具软件，包括系统诊断程序、调试程序、排错程序、编辑程序、查杀病毒程序，是为了维护计算机系统正常运行或支持系统开发所配置的软件。支撑软件是在系统软件和应用软件之间，提供应用软件设计、开发、测试、评估、运行检测等辅助功能的软件。随着计算机科学的发展，软件的开发和维护成本在计算机系统中占的比重越来越大，远远超过硬件。因此，支撑软件的研究具有重要意义，它直接促进软件的发展。

4. 数据库管理系统

数据库管理系统（database management system，DBMS）是一种操纵和管理数据库的软件，用于建立、使用和维护数据库。它对数据库进行统一的管理和控制，以保证数据库的安全性和完整性。用户通过 DBMS 访问数据库中的数据，数据库管理员也通过 DBMS 进行数据库的维护工作。DBMS 可使多个应用程序和用户用不同的方法在同时或不同时刻去建立、修改和询问数据库。DBMS 提供数据定义语言（data definition language，DDL）和数据操作语言（data manipulation language，DML），供用户定义数据库，实现对数据的添加、删除等操作。有了数据库管理系统，用户就可以在抽象意义下处理数据，而不必顾及这些数据在计算机中的布局和物理位置。常见的数据库管理系统有 SQL Server、Oracle、DB2、Visual FoxPro、Access、SYBASE、MySQL 等。

2.4.2 应用软件

应用软件（application software）是和系统软件相对应的，也称为应用程序，是专业软件公司针对应用领域的需求，为解决某些实际问题而研制开发的程序，或由用户根据需要编制的各种实用程序，它拓宽了计算机的应用领域。应用软件通常需要系统软件的支持，才能在计算机硬件上有效运行。典型的应用软件有文字处理软件（如 Word）、电子表格软件（如 Excel）、演示文稿软件（如 PowerPoint）、网页浏览软件（如 Internet Explorer、Chrome）、网页制作软件（如 Dreamweaver）、财务管理软件（如金蝶、用友）、视频播放软件（如暴风影音）、音频播放软件（如酷我音乐）、网络聊天（如 QQ）等。

第 3 章

计算机网络

计算机网络是计算机技术和通信技术密切结合的产物，是利用通信线路将地理位置分散、功能独立的多台计算机连接起来，并按照相关协议实现计算机间数据通信与资源共享的计算机系统。本章首先阐述计算机网络的发展史、功能、体系结构及分类等有关概念，然后对计算机局域网、Internet、互联网+等知识进行介绍，继而对计算机网络协议进行说明，最后介绍目前最为广泛的计算机网络应用技术。

3.1　计算机网络概述

3.1.1　计算机网络的发展史

计算机网络的发展经历了 4 个阶段：网络诞生阶段、网络发展阶段、网络标准化阶段和网络互联时代，如图 1-3-1 所示。

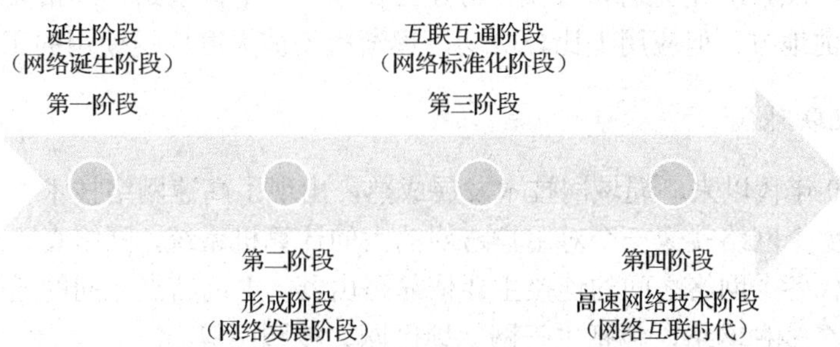

图 1-3-1　计算机网络发展的 4 个阶段

1. 网络诞生阶段

网络的诞生阶段始于 20 世纪五六十年代，以单个计算机为中心的远程联机系统为主要形式，其典型应用是由一台计算机和全美范围内 2000 多个终端组成的飞机订票系统。由于诞生阶段的网络以单个主机为中心，所有的通信都要经过中心结点的处理，因此主机负荷重、响应时间长、可靠性低，线路利用率低，一旦主机发生故障，整个系统就会陷入瘫痪。

2. 网络发展阶段

第二阶段的网络以能够相互共享资源为目的，是互联起来的具有独立功能的计算机集合体。主机间的通信任务构成了通信子网，并且互联的主机相互间能够提供资源的访问，从而组成了资源子网。相对于网络诞生阶段，第二阶段的网络由通信子网承担通信工作，使得资源共享范围更广、通信线路利用率更高。网络结构属于分布控制方式，其可靠性显著提高。

3. 网络标准化阶段

20 世纪 60 年代初期，美国国防部认为，仅有一个集中的军事指挥中心并不安全，万一被摧毁全国军事指挥将处于瘫痪状态，因此有必要设计一个分散的指挥系统——它由一个个分散的指挥点组成，当部分指挥点被摧毁后其他点仍然能够正常工作。因此，1969 年 11 月，美国国防部高级研究计划管理局开始建立一个命名为 ARPAnet 的网络。虽然它只有 4 个结点，但是标志了计算机网络开始迈进一个新的时代。ARPAnet 兴起后，计算机网络发展大幅加快，各大计算机公司相继推出自己的网络体系结构以及相应的软硬件产品。但是由于缺少统一的标准，不同厂商的产品很难实现互联，人们迫切需要一种开放性的标准化实用网络环境。

这样，应运而生了两种国际通用的两种重要体系结构：OSI 和 TCP/IP。TCP/IP 是一组用于实现网络互联的通信协议，基于 TCP/IP 的参考模型将协议分成 4 个层次：网络访问层、网际互联层、传输层和应用层。相对于 TCP/IP 模型，OSI 参考模型的抽象能力高，能够很好地描述各种网络。但由于没把握好时机，技术上不够成熟，实现上非常困难。相反，TCP/IP 是先有协议集，再建立模型。整个体系结构非常灵活，虽然有许多不尽如人意的地方，但应用上比较成功，逐渐成为被大家广泛使用的工业标准。

4. 网络互联时代

20 世纪 90 年代以来，局域网技术发展成熟，出现了高速网络技术、多媒体网络、智能网络等。整个网络就像一个对用户透明的大的计算机系统，网络真正进入了互联阶段。互联网时代各个网络之间的连接主要依靠路由器，主机结点之间的通信可能要经过多个路由，甚至多种网络，包括主干网、地区网、校园网等。

3.1.2 计算机网络的功能

信息交换、资源共享、协同工作是计算机网络的基本功能，从计算机网络应用角度来看，计算机网络的功能因网络规模和设计目的不同，往往有一定的差异。归纳起来有如下几个方面。

1. 资源共享

计算机资源主要是指计算机的硬件、软件和数据资源。共享资源是组建计算机网络的主要目的之一。网络用户可以共同分享分散在不同地理位置的计算机上的各种硬件、软件和数据资源，为用户提供了极大的方便。

2. 平衡负荷及分布处理

某台计算机负担过重时，或该计算机正在处理某项工作时，网络可将新任务转交给空闲的计算机来完成，这样处理能均衡各计算机的负载，提高处理问题的实时性。对大型综合性问题，可将问题各部分交给不同的计算机分别处理，充分利用网络资源，提高计算机的处理能力，即增强实用性。对解决复杂问题来讲，多台计算机联合使用并构成高性能的计算机体系，这种协同工作、并行处理要比单独购置高性能的大型计算机便宜得多。

3. 提高可靠性

一个较大的系统中，个别部件或计算机出现故障是不可避免的。计算机网络中的各台计算机可以通过网络互相设置为后备机，这样一旦某台计算机出现故障，网络中的后备机即可代替继续执行，保证任务正常完成，避免系统瘫痪，从而提高计算机的可靠性。

4. 信息快速传输与集中处理

国家宏观经济决策系统、企业办公自动化的信息管理系统、银行管理系统等一些大型信息管理系统，都是信息传输与集中处理系统，都要靠计算机网络来支持。

5. 综合信息服务

计算机网络将为政治、军事、文化、教育、卫生、新闻、金融、图书、办公自动化等各个领域提供全方位的服务，成为信息化社会中传送与处理信息的不可缺少的强有力的工具。目前，互联网（Internet）就是最好的实例。

1）电子邮件是应用较广泛的网络交流方式之一。发邮件时，收件人不一定要在网上，但他只要在以后任意时候打开邮箱，都能看到属于自己的来信。

2）网上交易就是通过网络做生意。其中有一些需要通过网络直接结算，这就会对网络的安全性有比较高的要求。

3）视频点播是一项娱乐或学习项目，在智能小区、酒店或学校应用较多。它的形式跟电视选台有些相似，不同的是节目内容是通过网络传递的。

4）联机会议也称视频会议，顾名思义，就是通过网络开会。它与视频点播的区别在于所有参与者都需主动向外发送图像。为实现数据、图像、声音实时同传，它对网络的处理速度提出了更高的要求。

3.1.3　计算机网络的体系结构

在网络系统中，由于计算机的类型、通信线路类型、连接方式、通信方式等的不同，导致网络结点的通信有很大的不便。为解决上述问题，必然涉及网络体系结构的设计和生产各网络设备的厂商共同遵守的标准等问题，也就是计算机网络的体系结构和协议问题。

1. 计算机网络的体系结构简介

为了完成计算机之间的通信合作，将每个计算机互联的功能划分为定义明确的层次，规定了不同层次进程通信的协议及相邻层之间的接口及服务。将这些不同层次进程间通信的协议以及相邻层接口统称为网络体系结构。现代计算机网络都采用了分层结构。

开放式系统互联参考模型是由 ISO 制定的标准化开放式的计算机网络层次结构模型，又称 OSI/RM，共有 7 个层次，如图 1-3-2 所示。

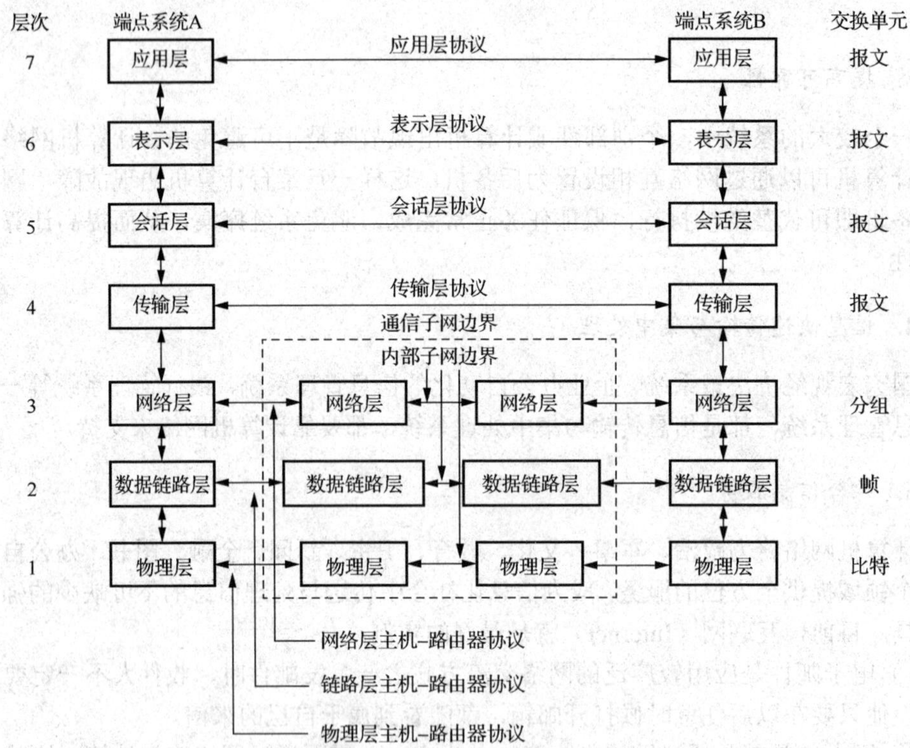

图 1-3-2 OSI/RM 七层参考模型

OSI/RM 模型从下到上依次为物理层（physical layer）、数据链路层（data link layer）、网络层（network layer）、传输层（transport layer）、会话层（session layer）、表示层（presentation layer）和应用层（application layer）。计算机网络层次结构模型将网络通信问题分解成若干个容易处理的子问题，然后各层“分而治之”，逐个加以解决。

在计算机网络体系结构层次中，各层的功能和作用可简单归纳如下。

（1）物理层

物理层定义了硬件接口的电气特性、机械特性以及应具备的功能等。例如，多少伏特的电压代表 1，多少伏特的电压代表 0，电缆线如何与网卡连接，采用哪种方式来传送数据并确保位（bit）数据能够被正确收送。它包括所有可用的组网方法。物理层正确利用传输介质，定义了物理设备之间的机械动作。

（2）数据链路层

数据链路层主要提供的服务包含如下：检查和改正在物理层可能发生的错误，负责将由物理层传来的未经处理的位数据转成数据帧（frame），正确地传送数据帧等。为了确保数据帧在网络电缆上传输时能够准确确定帧目标，该层在每个帧的开头添加帧头信息，包括帧大小、源物理地址和目标物理地址等。物理地址的作用在于将网络结点相互区分。数据链路层分为两个子层，MAC（media access control，介质访问控制）子层管理包到目标的传送过程，LLC（logic link control，逻辑链路控制）子层从上层接收包并发送到 MAC 层。数据链路层连通每个结点，解决数据的传送问题。

（3）网络层

对于由多个外部网络组成的网际网来说，网络中的计算机除了有一个物理地址外，还应有一个网络号。网络层主要用来解释网络层地址，并把数据引导至合适的网络上，即根据网络地址在实体之间建立网络连接、路由切换、交通堵塞的疏导与控制等。

（4）传输层

传输层负责错误的检查与修复，以确保传送的质量。网络层选择路由；传输层找到对方主机，保证信息传送的正确无误。

（5）会话层

两个用户之间的连接或者两端应用程序间的连接，可以把它称为一个会话。会话层的功能就是建立起两端之间的会话关系，并负责数据的传送。会话层指出对方是谁。

（6）表示层

表示层的主要目的是解决各种系统可能使用不同的数据格式、但无法相互通信的问题，使其可通过共同的格式来表示。它所提供的服务包含数据语法的转换、数据的传送等。表示层决定信息的表示形式，决定用什么语言交流。

（7）应用层

应用层主要用于提供给用户一个良好的应用环境，它主要是指网络操作系统和具体的应用程序。应用层规定用户应用的规则和做什么事。

通常把计算机网络分成通信子网和资源子网两大部分。OSI/RM 参考模型的低三层（物理层、数据链路层和网络层）属于通信子网的范畴；高三层（会话层、表示层和应用层）属于资源子网的范畴；传输层起着承上启下的作用。

2. 网络通信协议

计算机之间进行通信时，必须用一种双方都能理解的语言，这种语言被称为协议。例如，我们在寄信时和邮局的关系，必须正确书写收信人的地址和姓名、寄信人的地址和姓名，最后再贴一张邮票。也就是说，只有能够传达并且理解这些“语言”的计算机才能在计算机网络上与其他计算机进行通信。可见协议是计算机网络中一个重要的概念。

（1）网络通信协议的概念

协议（protocol）是指计算机之间通信时对传输信息内容的理解、信息表示形式以及各种情况下的应答信号都必须遵守的一个共同约定。目前，最常用的网络协议是 TCP/IP（传输控制协议/网际协议）。

在网络协议的控制下，网络上大小不同、结构不同、处理能力不同、厂商不同的产品才能连接起来，实现互相通信、资源共享。从这个意义上来说，协议是计算机网络的本质特征之一。

（2）网络通信协议的三要素

一般来说，通过协议可以解决三方面的问题，即协议的三要素。

1）语法（syntax）：涉及数据、控制信息格式、编码及信号电平等，即解决如何进行通信的问题，如报文中内容的顺序和形式。

2）语义（semantics）：涉及用于协调和差错处理的控制信息，即解决在哪个层次上定义的通信及其内容，如报文由哪些部分组成、哪些部分用于控制数据、哪些部分是通信内容。

3）定时（timing）：涉及速度匹配和排序等，即解决何时进行通信、通信内容的先后顺序及通信速度等。

协议必须解决语法（如何讲）、语义（讲什么）和定时（讲话顺序）这三部分问题，才能比较完整地完成数据通信的功能。

3.1.4 计算机网络的分类

计算机网络分类的标准有很多，如按覆盖的地理范围分类，按计算机网络传输速率分类，按传输介质分类，按拓扑结构分类，按网络交换方式分类，按逻辑形式分类，按通信方式分类，按服务类型分类，按计算机网络的用途分类等。

1. 按覆盖的地理范围分类

（1）局域网

局域网（local area network，LAN）地理范围一般是几百米到十千米之内，属于小范围内的联网，如一个建筑物内、一所学校内、一个工厂的厂区内等。局域网的组建简单、灵活，使用方便。

（2）城域网

城域网（metropolitan area network，MAN）地理范围可从几十千米到上百千米，覆盖一个城市或地区，是一种中等规模的网络。

（3）广域网

广域网（wide area network，WAN）地理范围一般在几千千米，属于大范围联网，如几个城市、一个或几个国家，是网络系统中最大型的网络，能实现大范围的资源共享，如 Internet 网络。

2. 按传输速率分类

网络的传输速率有快有慢，传输速率快的称为高速网，传输速率慢的称为低速网。传输速率的单位是 b/s（每秒比特数）。一般将传输速率在 Kb/s～Mb/s 范围内的网络称为低速网，在 Mb/s～Gb/s 范围内的网络称为高速网；也可以将 Kb/s 网称为低速网，将 Mb/s 网称为中速网，将 Gb/s 网称为高速网。

数据信号的传输速率通常用每秒比特数来表示，是指单位时间内所传送的信息量，即每秒传送多少个位信息，单位为比特/秒（b/s），又被称为比特率。

带宽是指传输信道的宽度，单位是 Hz（赫兹）。按照传输信道的宽度可分为窄带网和宽带网。一般将 kHz～MHz 带宽的网络称为窄带网，将 MHz～GHz 的网络称为宽带网；也可以将 kHz 带宽的网络称为窄带网，将 MHz 带宽的网络称为中带网，将 GHz 带宽的网络称为宽带网。通常情况下，高速网就是宽带网，低速网就是窄带网。

3. 按传输介质分类

传输介质是指数据传输系统中发送装置和接收装置间的物理媒体，按其物理形态可以划分为有线网和无线网两大类。

（1）有线网

传输介质采用有线介质连接的网络称为有线网。常用的有线传输介质有双绞线、同轴电缆和光导纤维。

局域网通常采用单一的传输介质，而城域网和广域网采用多种传输介质，如双绞线、同轴电缆和光缆的组合。

（2）无线网

采用无线介质连接的网络称为无线网。目前，无线网主要采用 3 种技术，即微波通信、红外线通信和激光通信。微波通信用途最广，目前的卫星网就是一种特殊形式的微波通信，它利用地球同步卫星作为中继站来转发微波信号。一个同步卫星可以覆盖地球三分之一以上的表面，3 个同步卫星就可以覆盖地球上的全部通信区域。

4. 按网络交换方式分类

1）线路交换（circuit switching）最早出现在电话系统中，早期的计算机网络就是采用此方式来传输数据的，数字信号经过变换，成为模拟信号后才能联机传输。

2）报文交换（message switching）是一种数字化网络。当通信开始时，源机发出的一个报文被存储在交换机里，交换机根据报文的目的地址选择合适的路径发送报文，这种方式称为存储—转发方式。

3）分组交换（packet switching）也采用报文传输，但它不是以不定长的报文作为传输的基本单位，而是将一个长的报文划分为许多定长的报文分组，以分组作为传输的基本单位。这不仅大大简化了对计算机存储器的管理，而且也加快了信息在网络中的传播速度。分组交换优于线路交换和报文交换，具有许多优点，因此，它已成为计算机网络中传输数据的主要方式。

随着通信技术和计算机网络技术的发展，出现了高速数据交换技术，例如：

① 数字语音插空技术（digital speech interpolation，DSI）：能提高线路交换的传输能力。该技术是一种能提高话音电路利用率的技术。大量统计数据表明：在电话通信中，由于每句话间的间隙、词汇间隙以及停顿思考等原因，平均有 40%～50%的时间间隔内是不传输话音信号的。若利用这些空隙时间来传输其他话路的信号，就能将电话线路的利用率提高近一倍。

② 帧中继（frame relay）：是目前广泛使用的 X.25 分组交换通信协议的简化和改进。这种高速分组交换技术可灵活设置信号的传输速率，充分利用资源，提高传输效率，可对分组呼叫进行带宽的动态分配，具有低延时、高吞吐量的网络特性。

③ 异步传输模式（asynchronous transfer mode，ATM）：是电路交换与分组交换技术的结合，能最大限度地发挥线路交换与分组交换技术的优点，具有从实时的语音信号

到高清晰电视图像等各种高速综合业务的传输能力。

5. 按服务方式分类

（1）客户机/服务器网络

服务器是指专门提供服务的高性能计算机或专用设备，客户机是指用户计算机。这是由客户机向服务器发出请求并获得服务的一种网络形式。多台客户机可以共享服务器提供的各种资源。这是最常用、最重要的一种网络类型，不仅适合于同类计算机联网，也适合于不同类型的计算机联网，如PC、MAC机的混合联网。这种网络的安全性容易得到保证，计算机的权限、优先级易于控制，监控容易实现，网络管理能够规范化。网络性能在很大程度上取决于服务器的性能和客户机的数量。目前，针对这类网络有很多优化性能的服务器，称为专用服务器。银行、证券公司都采用这种类型的网络。

（2）对等网

对等网不要求专用服务器。每台客户机都可以与其他每台客户机对话，共享彼此的信息资源和硬件资源。组网的计算机一般类型相同。这种组网方式灵活方便，但是较难实现集中管理与监控，安全性也低，较适合作为部门内部协同工作的小型网络。

6. 其他分类方法

1）按计算机网络的用途可分为公用网络和专用网络。

2）按通信方式分类可划分为点对点传输网络和广播式传输网络。点对点传输网络是数据以点到点的方式在计算机或通信设备中传输，可在星形网、环形网采用这种传输方式。广播式传输网络，数据在公用介质中传输，无线网和总线型网络属于这种类型。

3）按网络逻辑形式可分为通信子网和资源子网。通信子网是面向通信控制和通信处理的，主要包括通信控制处理机、网络控制中心、分组组装/拆卸设备、网关等。资源子网负责全网的面向应用的数据处理，实现网络资源的共享。它由各种拥有资源的用户主机和软件（网络操作系统和网络数据库等）所组成，主要包括主机（host）、终端设备、网络操作系统、网络数据库。

3.1.5 网络拓扑结构

另外，还有一种比较重要的网络分类方法是基于网络的拓扑结构的。抛开具体的主机和设备，网络的组成元素可以抽象地分为网络结点与通信线路。以“点”和“线”的方式表示网络结点和通信线路，将具体的网络抽象和记录形成一张几何图形，称为网络的拓扑结构图。网络的拓扑结构影响着整个网络的设计、功能、可靠性和通信费用等重要指标。不同网络拓扑的网络具有不同的应用特点。

计算机网络中常用的拓扑结构有总线型、星形、树形、环形和网状等。

1. 总线型拓扑

总线型（bus）拓扑结构是目前使用最广泛的结构，也是最传统的一种主流网络结构，适合于信息管理系统、办公自动化系统领域的应用。在这种结构中，总线具有信息的双向传输功能，普遍用于局域网的连接，总线一般采用同轴电缆或双绞线。总线型拓扑结构网络采用广播方式进行通信（网上所有结点都可以接收同一信息），无须路由选择功能。图 1-3-3 所示为总线型拓扑结构示意图。

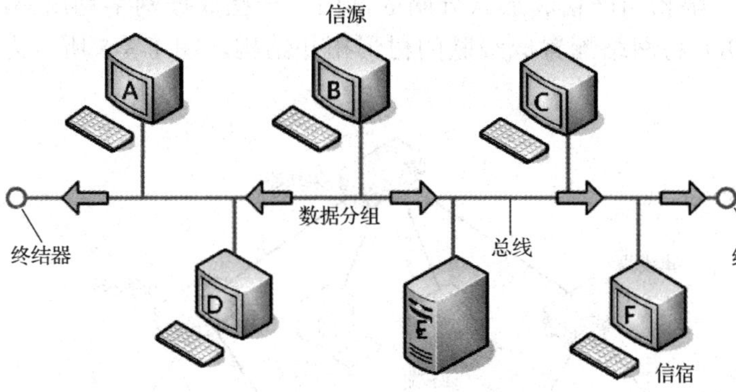

图 1-3-3　总线型拓扑结构示意图

总线型拓扑结构主要用于局域网。它的特点是安装简单，所需通信器材、线缆的成本低，扩展方便（即在网络工作时增减站点方便）。由于各个结点共用一个总线作为数据通路，因此信道的利用率高。由于采用竞争方式传送信息，故在重负荷下效率明显降低。另外，总线的某一接头接触不良时，会影响网络的通信，使整个网络瘫痪。

小型局域网或中大型局域网的主干网常采用总线型拓扑结构。

2. 星形拓扑结构

星形（star）拓扑结构是由一个结点作为中心结点，其他结点直接与中心结点相连构成的网络。中心结点可以是文件服务器，也可以是连接设备。星形拓扑结构的优点是可靠性高、方便管理、易于扩展、传输效率高；但也存在着线路利用率低、中心结点需要很高的可靠性和冗余度等缺点。这种结构适用于局域网，特别是近年来连接的局域网大多采用这种连接方式。这种连接方式以双绞线或同轴电缆作为连接线路。图 1-3-4 所示为星形拓扑结构示意图。

星形拓扑结构虽有许多优点，但也有以下缺点：

1）扩展困难、安装费用高。增加网络新结点时，无论有多远，都需要与中心结点直接连接，布线困难且费用高。

2）对中心结点的依赖性强。星形拓扑结构网络中的外围结点对中心结点的依赖性强，如果中心结点出现故障，则全部网络不能正常工作。

星形拓扑结构是小型局域网常采用的一种拓扑结构。

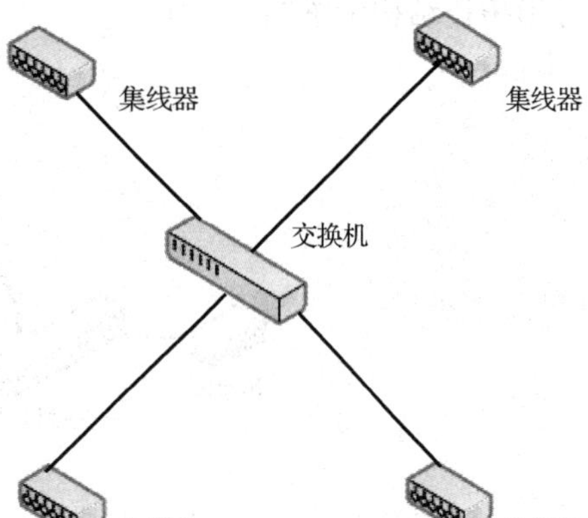

图 1-3-4　星形拓扑结构示意图

3. 树形拓扑结构

树形（tree）拓扑结构是一种分级的集中控制式网络。与星形拓扑结构相比，它的通信线路总长度短，成本较低，结点易于扩充，寻找路径比较方便，但除了叶结点及其相连的线路外，任一结点或其相连的线路故障都会使系统受到影响。这种拓扑结构的网络一般采用同轴电缆，用于军事单位、政府部门等上下界限相当严格和层次分明的部门。一些局域网络利用集线器（hub）或交换机（switch）将网络配置成级联的树形拓扑结构。图 1-3-5 所示为树形拓扑结构示意图。

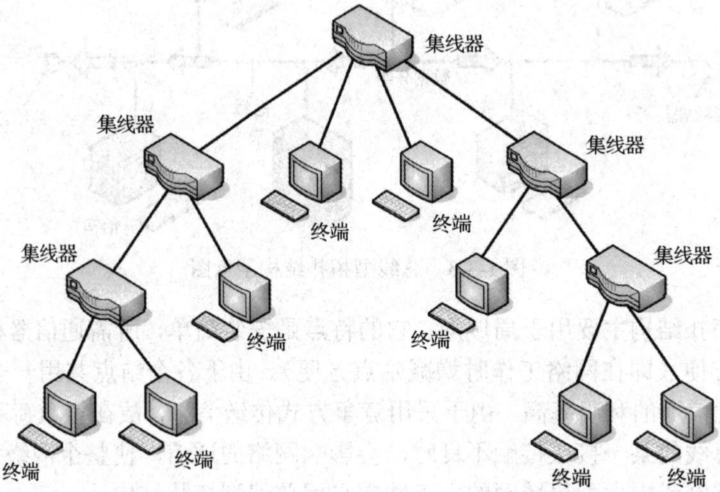

图 1-3-5 树形拓扑结构示意图

4. 环形拓扑结构

环形（ring）拓扑结构是由网络中若干结点通过点到点的链路首尾相连形成一个闭合的环。这种结构的网络形式主要应用于令牌网中。环中的信息单方向地绕环传送，途经环中的所有结点再回到始发结点。仅当信息中所含的接收方地址与途经结点的地址相同时，该信息才被接收，否则不予理睬。在环形拓扑结构的网络上，任意结点发出的信息都可以被其他结点收到，因此它采用的传输信道又称广播式信道。图 1-3-6 所示为环形拓扑结构示意图。

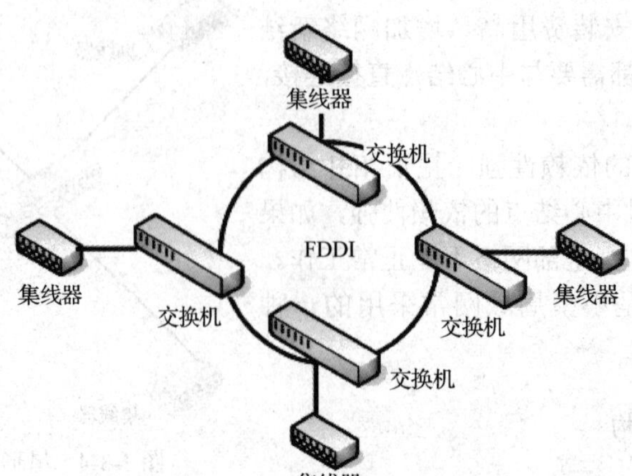

图 1-3-6 环形拓扑结构示意图

环形拓扑结构网络的优点在于结构比较简单、安装方便，传输率较高。但单环结构的可靠性较差，当某一结点出现故障时，会引起通信中断。有些网络系统为了提高通信效率和可靠性，采用了双环结构，即在原有的单环上再套一个环，使每个结点都具有两个接收通道。

环形拓扑结构是组建大型、高速局域网的主干网常采用的拓扑结构，如光纤主干环网。

5. 网状拓扑结构

网状（mesh）拓扑结构实际上是不规则形式，它主要用于广域网。网状拓扑结构中任意两个结点之间的通信线路不是唯一的。若某条通路出现故障或拥挤阻塞，可绕道其他通路传输信息。因此，它的可靠性较高，但成本也较高。图 1-3-7 所示是网状拓扑结构示意图。

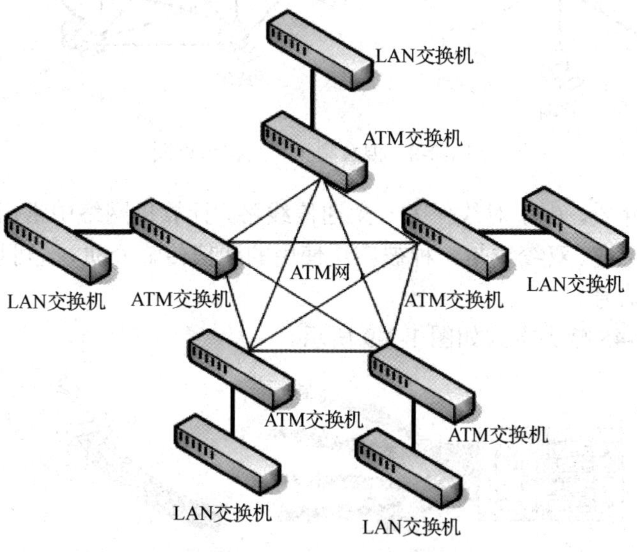

图 1-3-7　网状拓扑结构示意图

网状拓扑结构常用于广域网的主干网中，如中国教育和科研计算机网（CERNET）、中国公用计算机互联网（ChinaNet）等。

还有一种网状拓扑是全互联型的。这种拓扑的特点是每一个结点都有一条链路与其他结点相连，所以它的可靠性非常高，但成本太高，除了特殊场合，一般较少使用。

在实际的使用过程中，可以根据成本、通信需求、可靠度要求等多方面去衡量，采用不同的混合型结构来搭建所需要的网络环境。实际上，复杂的网络拓扑结构往往是星形、总线型和环形 3 种基本结构的组合，即混合型拓扑结构，其示意图如图 1-3-8 所示。

3.1.6 网络传输介质

常用的网络传输介质包括双绞线、同轴电缆、光纤网线，以及无线传输介质。

1. 双绞线

双绞线（twisted pair cable）是把两根绝缘的铜导线按一定密度互相绞在一起，形成

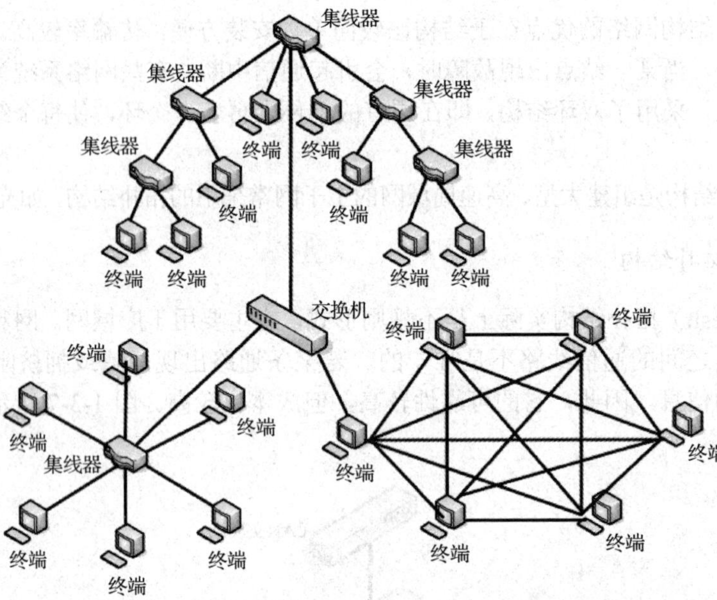

图 1-3-8 混合型拓扑结构示意图

有规则的螺旋形介质，由 1 对线作为一条通信线路。计算机网络中常用的是由 4 对双绞线构成的双绞线电缆。双绞线是一种被广泛使用的通信传输介质，既可以传输模拟信号，也可以传输数字信号。

双绞线与 RJ-45 接头方式如图 1-3-9 所示。

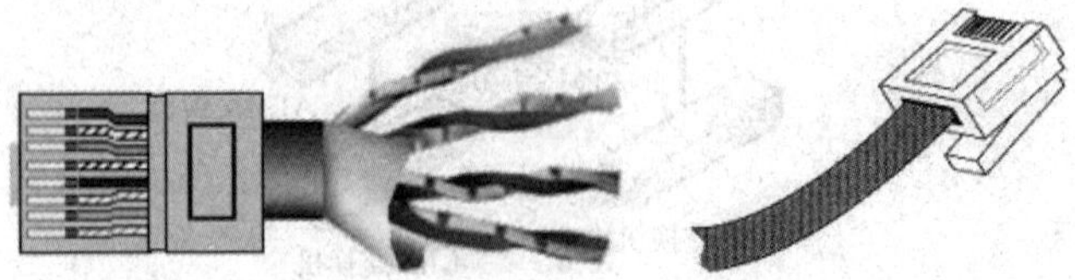

图 1-3-9 双绞线与 RJ-45 接头方式

2. 同轴电缆

同轴电缆（coaxial cable）是由一根空心的圆柱形导体围绕着单根内导体构成的。内导体为实心或多芯硬质铜线电缆，外导体为硬金属或金属网，内外导体之间有绝缘材料，如图 1-3-10 所示。

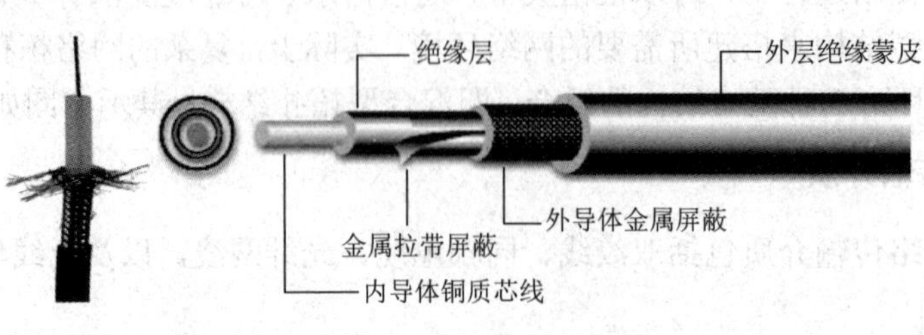

（a）实物　　（b）剖面

图 1-3-10 同轴电缆实物与剖面示意图

3. 光纤网线

光纤网线（fiber optic cable）是以光为传递方式的介质，完全不受电波干扰。在这种网线上，光只在塑料或玻璃纤维里面传导，其外面则由一层薄薄的被称为 cladding 的外衣保护着，然后整根或多根导线则隔着一层绝缘材料被包裹在塑料外套里面，如图 1-3-11 所示。

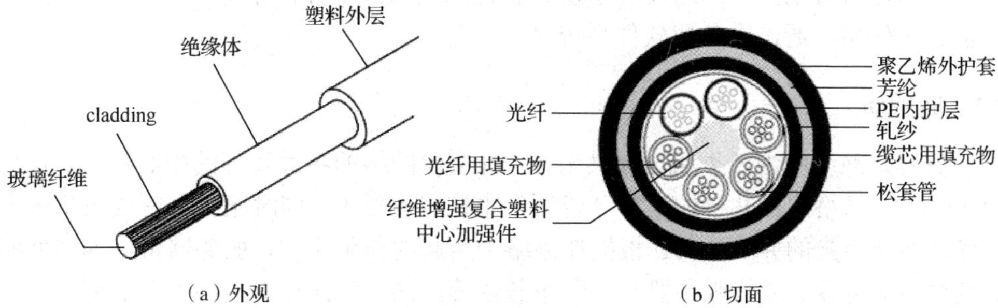

图 1-3-11　光纤外观及切面示意图

光纤是数据传输中最有效的一种传输介质，具有以下几个优点：

1）频带较少干扰，不容易被窃听，通信容量大。

2）电磁绝缘性能好。光纤电缆中传输的是光束，由于光束不受外界电磁干扰与影响，而且本身也不向外辐射信号，因此，它适用于长距离的信息传输以及要求高度安全的场合。

3）衰减较小。可以说在较长距离和范围内，光纤内的信号是一个常数。

4）中继器的间隔较大，因此可以减少整个通道中继器的数目，可降低成本。

5）光纤无串音干扰，不易被窃听和截取数据，因而安全保密性好。

4. 无线传输介质

当通信距离很远时，铺设电缆既昂贵又费时，就需要用到无线传输。无线传输主要有地面微波接力通信和卫星通信两种，如图 1-3-12 所示。

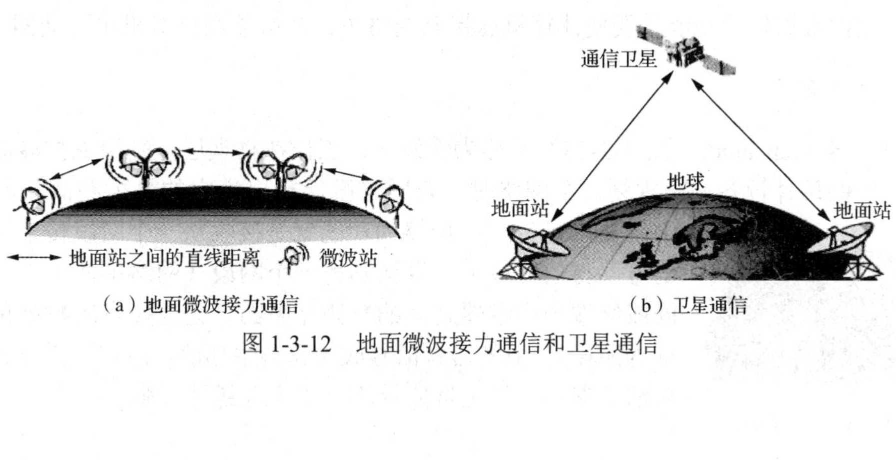

图 1-3-12　地面微波接力通信和卫星通信

3.2 局 域 网

局域网是目前应用最为广泛的计算机网络系统。组建一个局域网，需要从网络拓扑结构、网络硬件系统和网络软件系统等方面进行综合考虑。事实上，采用不同的技术所组成的局域网，其特征是不同的，网络的性能也存在巨大的差异。

局域网通常可划分为网络硬件系统和软件系统两大部分，所涉及的网络组件主要有服务器、工作站、通信设备和软件系统等。

3.2.1 服务器

服务器是网络中为各类用户提供服务，并实现网络的各种管理的中心单元，也称为主机（host）。网络中可共享的大部分资源集中在服务器中，同时服务器还要负责管理资源，管理多个用户的并发访问。根据在网络中所起的作用不同，服务器可分为文件服务器、数据库服务器、通信服务器及打印服务器等。在一个计算机网络中至少要有一个文件服务器。服务器可以是专用的，也可以是非专用的，一般使用高性能的服务器，特别是内存和外存容量较大、运算速度较快的计算机。在基于 PC 的局域网中，也可以使用高档微型计算机。

3.2.2 工作站

网络工作站是可以共享网络资源的用户计算机，也可以称为网络终端设备，通常是一台微型计算机。一般情况下，一个工作站在退出网络后，可作为一台普通微型计算机使用，用于处理本地事务。工作站一旦联网就可以使用服务器提供的各种共享资源。

3.2.3 通信设备

1. 网络适配器

网络适配器简称为网卡，是计算机与网络之间的物理链路，其作用是在计算机与网络之间提供数据传输功能。要使计算机连接到网络中，就必须在计算机中安装网卡。

2. 中继器

中继器（repeater）（图 1-3-13）又称为转发器，工作在物理层，是用来扩展局域网覆盖范围的硬件设备。当规划一个网络时，若网络段已超出规定的最大距离，就要用中继器来延伸。中继器的功能就是接收从一个网段传来的所有信号，将信号放大后发送到另一个网段（网络中两个中继器之间或终端与中继器之间的一段完整的、无连接点的数据传输段称为网段）。中继器有信号放大和再生功能，但它不需要智能和算法的支持，只是将信号从一端传送到另一端。

图 1-3-13 中继器

3. 集线器

集线器（hub）（图 1-3-14）是一种集中连接线缆的网络组件。有时认为集线器是一个多端口的中继器，二者的区别在于集线器能够提供多端口服务，也称为多口中继器。它使一个端口接收的所有信号向所有端口分发出去，每个输出端口相互独立，当某个输出端口出现故障时，其他输出端口不受其影响。网络用户可通过集线器的端口用双绞线与网络服务器连接在一起。

图 1-3-14 集线器

4. 交换机

交换机（switch）（图 1-3-15）可以称作智能型集线器，采用交换技术，为连接的设备同时建立多条专用线路，当两个终端互相通信时并不影响其他终端的工作，网络的性能得到大大提高。

在具体的组网过程中，通常使用第二层（数据链路层）交换机和具有路由功能的第三层（网络层）交换机。第二层交换机主要用在小型局域网中，具有快速交换、多个接入端和价格低廉的特点。第三层交换机，也称为路由交换机，是传统交换机与路由器的智能结合，这种方式使得路由模块可以与需要路由的其他模块间高速交换数据，从而突破了传统的外接路由器接口速率的限制，并且接口类型简单，价格比相同速率的路由器低，适用于大规模局域网。

图 1-3-15 交换机

5. 路由器

路由器（router）（图 1-3-16）是一种可以在不同网络之间进行信号转换的互联设备。网络与网络之间互相连接时，必须用路由器不定期完成。它的主要功能包括过滤、存储转发、路径选择、流量管理、介质转换等，即在不同的多个网络之间存储和转发分组，实现网络层上的协议转换，将在网络中传输的数据正确传送到下一网段上。

图 1-3-16 路由器

6. 网关

网关（gateway）（图 1-3-17）又称网间连接器、协议转换器。网关在传输层实现网络互联，用于两个高层协议不同的网络互联，它可以用于广域网互联，也可用于局域网互联。

图 1-3-17 网关

3.2.4 计算机网络软件系统

计算机系统是在计算机软件的控制和管理下进行工作的。同样，计算机网络系统也要在网络软件的控制和管理下才能进行工作。计算机网络软件系统主要是指网络操作系统和网络应用软件。

1. 网络操作系统

网络操作系统是指能够控制和管理网络资源的软件系统。它的主要功能是控制和管理网络的运行、资源管理、文件管理、通信管理、用户管理和系统管理等。网络服务器必须安装网络操作系统，以便对网络资源进行管理，并为用户机提供各种网络服务，目前，常用的网络操作系统有 UNIX、Linux、Windows Server 2003/2008 和 Novell NetWare 等。

2. 网络应用软件

网络应用软件是根据用户的需要开发出来的。网络应用软件能够为用户提供各种服务。网络应用软件随着计算机网络的发展和普及也越来越丰富，如浏览器软件、传输软件、电子邮件管理软件、游戏软件、聊天软件等。

3.3 Internet 与“互联网+”

从信息资源的角度来看，Internet 是一个集各个部门、各个领域的各种信息资源为一体的，供网上用户共享的信息资源网。它将全球数万个计算机网络、数千万台主机连接起来，包含了海量的信息资源，可以向全世界提供信息服务。

从网络通信的角度来看，Internet 是一个基于 TCP/IP 的连接各个国家、各个地区、各个机构计算机网络的数据通信网。今天的 Internet 已经远远超过了一个网络的含义，它是一个信息社会的缩影。

3.3.1 Internet 的产生与发展

Internet 起源于美国。1969 年，美国国防部高级计划研究署建立了一个称为 ARPAnet

的计算机网络，将美国重要的军事基地与研究单位用通信线路连接起来。首批联网的计算机只有 4 台，1977 年扩充到 100 余台。为了在不同计算机之间实现正常的通信，他们还制定了一个称为 TCP/IP 的通信协议，供联网用户共同遵守。

1981 年从 ARPA 网中分裂出一个供军用的 MILnet 网，但 ARPA 网与 MILnet 仍互有联系。1986 年，美国国家科学基金会组成了 NSFnet 网，之后它又与美国当时最大的另外 5 个主干网连接，从而取代了 ARPA 网。到了 1989 年，与 NSFnet 相连的网络已达 500 个。除美国国内的网络外，加拿大、英国、法国、德国等国家的网络也相继加入，并继续共同遵守 TCP/IP，于是形成了一个覆盖全球的网络——Internet。Internet 于 20 世纪 80 年代后期开始向商务开放，从而吸引了一批又一批的商业用户，联网计算机数量迅速增长，受到人们的欢迎。

目前，人们对信息资源的开发和使用越来越重视。随着计算机网络技术的发展，Internet 已经成为一个开发和使用信息资源的覆盖全球的信息海洋。

中国早在 1987 年就由中国科学院高能物理研究所首先通过 X.25 租用线实现了国际远程联网。1994 年 5 月，高能物理研究所的计算机正式接入 Internet，与此同时，以清华大学为网络中心的中国教育和科研计算机网也于 1994 年 6 月正式接入 Internet。1996 年 6 月，中国最大的 Internet 互联子网 ChinaNet 正式开通并投入运营，至此在中国掀起了一股研究、学习和使用 Internet 的浪潮。

3.3.2 Internet 的特点

Internet 具有以下特点。

1. 开放性

Internet 不属于任何一个国家、部门、单位、个人，并没有一个专门的管理机构对整个网络进行维护。任何用户或计算机只要遵守 TCP/IP 都可以连入 Internet。

2. 共享性

Internet 用户在网络上可以随时查阅共享的信息和资料。若网络上的主机提供共享型数据库，则可供查询的信息会更多。

3. 资源的丰富性

Internet 中有数以万计的计算机，形成了巨大的计算机资源，可以为全球用户提供极其丰富的信息资源，涉及自然、社会、科技、政治、历史、商业、金融、卫生、娱乐等领域。

4. 平等性

Internet 是不分等级的，个人、企业、政府组织之间可以是平等的、无等级的。

5. 交互性

Internet 是平等自由的信息沟通平台。其中，信息的流动和交互是双向的，信息沟通双方可以平等地与另一方进行交互，及时获得所需信息。

另外，Internet 还具有技术的先进性、合作性、虚拟性、个性化和全球化等特点。人们利用这些特点，丰富了人类交流的途径，加快了交流速度，缩短了全世界范围内人与人之间的距离。

3.3.3 “互联网+”概述

2015 年 3 月 5 日，十二届全国人民代表大会第三次会议上的政府工作报告中提出制订“互联网+”计划，强调“推动移动互联网、云计算、大数据、物联网等与现代制造业结合，促进电子商务、工业互联网和互联网金融健康发展，引导互联网企业拓展国际市场”。自此，“互联网+”作为一项国家战略，为未来国家各领域的发展指明了方向。现如今，“互联网+”已经改造并影响了众多行业，电子商务、互联网金融、在线旅游、在线影视、在线房产等都是“互联网+”的杰作。

“互联网+”是创新 2.0 下的互联网发展的新业态，是知识社会创新 2.0 推动下的互联网形态演进及其催生的经济社会发展新形态。“互联网+”是互联网思维的进一步实践成果，推动经济形态不断地发生演变，从而带动社会经济实体的生命力，为改革、创新、发展提供广阔的网络平台。

通俗地说，“互联网+”就是“互联网+各个传统行业”，但这并不是简单的两者相加，而是利用信息通信技术以及互联网平台，让互联网与传统行业进行深度融合，创造新的发展生态。它代表一种新的社会形态，即充分发挥互联网在社会资源配置中的优化和集成作用，将互联网的创新成果深度融合于经济、社会各域之中，提升全社会的创新力和生产力，形成更广泛的以互联网为基础设施和实现工具的经济发展新形态。

“互联网+”具有以下特征。

（1）跨界融合

“+”就是跨界，就是变革，就是开放，就是重塑融合。敢于跨界了，创新的基础就更坚实；融合协同了，群体智能才会实现，从研发到产业化的路径才会更垂直。融合本身也指身份的融合、客户消费转化为投资、伙伴参与创新等，不一而足。

（2）创新驱动

中国粗放的资源驱动型增长方式早就难以为继，必须转变到创新驱动发展这条正确的道路上来。这正是互联网的特质，用所谓的互联网思维来求变。自我革命也更能发挥创新的力量。

（3）重塑结构

信息革命、全球化、互联网业已打破了原有的社会结构、经济结构、地缘结构、文化结构。权力、议事规则、话语权在不断发生变化。“互联网+”社会治理、虚拟社会治理会有很大的不同。

（4）尊重人性

人性的光辉是推动科技进步、经济增长、社会进步、文化繁荣的最根本的力量。互联网的力量之强大最根本地也来源于对人性的最大限度的尊重、对人体验的敬畏、对人的创造性发挥的重视。

（5）开放生态

关于“互联网+”，生态是非常重要的特征，而生态的本身就是开放的。我们推进“互联网+”，其中一个重要的方向就是要把过去制约创新的环节化解掉，把孤岛式创新连接起来，让研发由市场驱动决定，让创业者有机会实现价值。

（6）连接一切

连接是有层次的，可连接性是有差异的，连接的价值是相差很大的，但是连接一切是“互联网+”的目标。

3.4　计算机网络协议

为了使不同网络之间的计算机都能够在各自的环境中实现相互通信，必须有一套通信协议。TCP/IP 协议集帮助 Internet 成功地解决了不同网络之间的互联问题，实现了异网互联通信。

3.4.1　网络分层结构

网络分层来源于服务分层的需要。例如，我们要给好朋友写一封信，这时我们会把信写好装入信封，并在封面上写好收件人的邮编、地址和姓名。邮局从信封上读取信息后，按照区域将很多封信打包再交给运输部门运送。到达目的地区后，运输部门按照包裹上的信息提示将包裹送到指定的目标邮局。目标邮局拆开包裹分拣出每一封信，再按照信封地址进行分发。在这个过程中，写信人和收信人负责读/写信件，邮局负责收取和分发信件，运输部门负责运送信件，这就是运用了服务分层的方法，通过明确的分工使整个邮寄件系统高效、准确地运行。图 1-3-18 所示为邮局服务分层示意图。

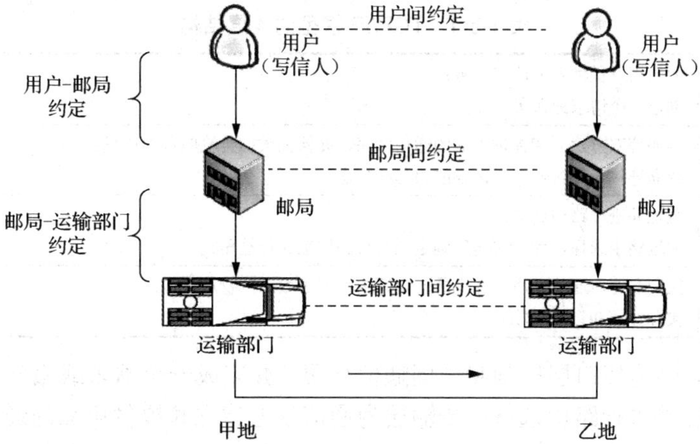

图 1-3-18　邮局服务分层示意图

可以说，网络分层的结果是将一个复杂的服务系统，按一定的原则分解成为一个具有层次结构的逻辑模型。

3.4.2 网络通信协议

类似地，将网络提供的服务进行分层管理和控制，将计算机网络及其提供的服务抽象成为具有层次结构的逻辑框架，便是网络的逻辑模型。在此基础上，按不同层次的服务功能，组织各层相应的服务规则和服务方式，这些规则和方式统称为网络通信协议。图 1-3-19 所示为网络服务分层。前文介绍过的两种网络体系结构，分别是 OSI 和 TCP/IP，它们都具有层次结构。

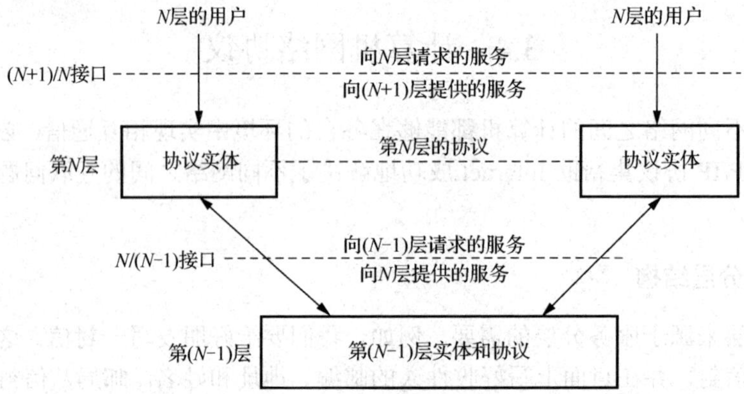

图 1-3-19 网络服务分层

3.4.3 TCP/IP 模型

作为 Internet 实际使用标准的 TCP/IP 模型将网络通信分为 4 个层次，如表 1-3-1 所示。

表 1-3-1 TCP/IP 模型的 4 层结构

应用层	面向用户提供各种应用服务； 创建一个请求或服务
传输层	为通信双方建立和提供可靠的通信联系，并保证数据传输服务的质量； 建立连接，并管理一个请求或服务的传送
网络层	编址并进行路由选择； 通过路由选择，为“传送”确定一个目的地址和传输路径
网络接口层	控制和访问通信介质，并完成一个请求或服务数据的物理传送； 实际传送 0/1 的数据流

自下而上，网络接口层控制和访问通信介质，并完成一个请求或服务数据的物理传送；网络层编址并进行路由选择；传输层为通信双方建立和提供可靠的通信联系，并保证数据传输服务的质量；应用层面向用户提供各种网络应用服务。

3.4.4 TCP/IP 集合

通常所说的 TCP/IP 其实是一个协议集合（表 1-3-2），由主要的两个协议，即传输层协议——传输控制协议（transmission control protocol，TCP）和网络层协议——网际协议（internet protocol，IP）来命名，其应用层协议包括超文本传输协议（hypertext transfer protocol，HTTP）、邮局协议（post office protocol-version3，POP3）、简单邮件传输协议（simple mail transfer protocol，SMTP）、文件传输协议（file transfer protocol，FTP）、域名系统（domain name system，DNS）等。

表 1-3-2　TCP/IP 集合

应用层协议	HTTP、POP3、SMTP、FTP、DNS 等应用协议
传输层协议	TCP
网络层协议	IP
网络接口层	为实现数据在不同底层物理网络上传送，支持各种物理网络的硬件设备驱动和介质访问控制协议；协议与具体的物理网络有关，并不在 TCP/IP 的定义之列

1. 传输控制协议 TCP

TCP 对应于开放式系统互联模型 OSI/RM 7 层中的传输层协议，它是面向“连接”的。在进行数据通信之前，通信双方必须建立连接后才能进行通信。在通信结束后，还要终止它们的连接。

TCP 的主要功能是对网络中的计算机和通信设备进行管理。它规定了信息包应该怎样分层、分组，如何在收到信息包后重新组合数据，以及以何种方式在线路上传输信号。

2. 网际协议 IP

IP 对应于开放式系统互联模型 OSI/RM 7 层中的网络层协议。它制定了所有在网上流通的数据包标准，提供跨越多个网络的单一数据包传送服务。IP 的功能是无连接数据报传送、数据报路由选择及差错处理等。

3.4.5　地址和域名

Internet 的核心协议是 IP，目的是将数据从源结点传送到目的结点。为了正确传送数据，每一个网络设备（如主机、路由器）都有一个唯一的标识，即 IP 地址。

1. IP 地址

就像通信地址一样，任何连入 Internet 的计算机都要给它编上一个地址，以便快捷地实现计算机之间的相互通信。Internet 是根据网络地址识别计算机的，此地址称为 IP 地址。

在计算机网络中，一个 IP 地址由 32 位二进制数字组成，共占 4 个字节，每个字节之间用“.”作为分隔符，值是 0～255。例如，某校园网中一台计算机的 IP 地址为

11001010.00100110.01000000.00000001

该地址可表示成如图 1-3-20 所示的样式。

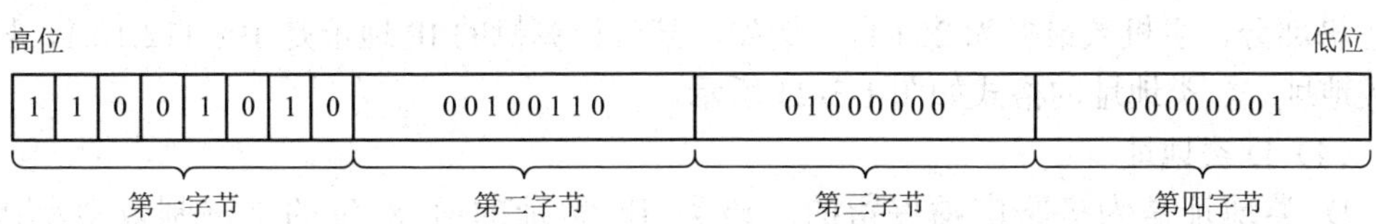

图 1-3-20　IP 地址二进制表示法

通信时要用 IP 地址来指定目的地的计算机地址。

为了便于记忆和书写，一个 IP 地址通常可用 4 组十进制数表示，每组十进制数用“.”隔开。上面表示的 IP 地址可用十进制数表示为 202.38.64.1。

IP 地址不能任意使用。在需要使用 IP 地址时，需向管理本地区的网络中心申请。

IP 地址包括网络部分和主机部分，即该计算机是属于哪个网络组织，它在该网络中的地址是什么。网络部分指出 IP 地址所属的网络，主机部分指出这台计算机在网络中的位置。这种 IP 地址结构使得在 Internet 上进行寻址很容易，先按 IP 地址中的网络号找到网络，然后在该网络中按主机号便可找到主机。

IP 地址可分为 A、B、C、D、E 5 类。

（1）A 类地址

A 类地址被分配给主要的服务提供商。IP 地址的前 8 位二进制代表网络部分，取值 00000000～01111111（十进制数 0～127），后 24 位代表主机部分。A 类地址的格式如图 1-3-21 所示。

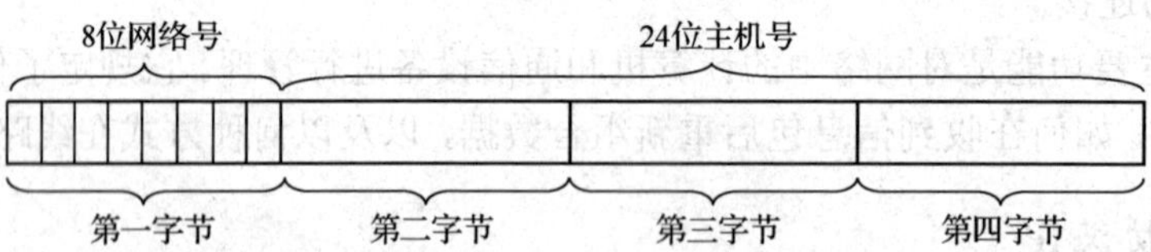

图 1-3-21　A 类地址

A 类地址网络号的最高位必须为 0，其余任取。例如，121.110.10.8 属于 A 类地址。

（2）B 类地址

B 类地址分配给拥有大型网络的机构。该类 IP 地址的前 16 位二进制代表网络部分，其中，前 8 位的二进制取值范围是 10000000～10111111（十进制数是 128～191）；后 16 位代表主机部分。例如，某台计算机的 IP 地址是 138.131.21.56，属于 B 类地址。B 类地址的格式如图 1-3-22 所示。

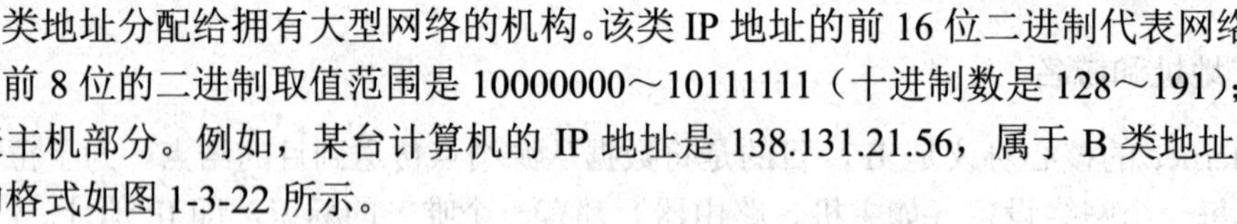

图 1-3-22　B 类地址

（3）C 类地址

C 类地址分配给小型网络的机构。该类 IP 地址的前 24 位二进制代表网络部分，其中前 8 位的二进制取值范围是 11000000～11011111（十进制数是 192～223）；后 8 位代表主机部分，主机数最多为 254 台。例如，某台计算机的 IP 地址是 198.112.10.1，属于 C 类地址。C 类地址的格式如图 1-3-23 所示。

（4）D 类地址

D 类地址是为多路广播保留的。该类 IP 地址的前 8 位的二进制取值范围是 11100000～11101111（十进制数是 224～239）。

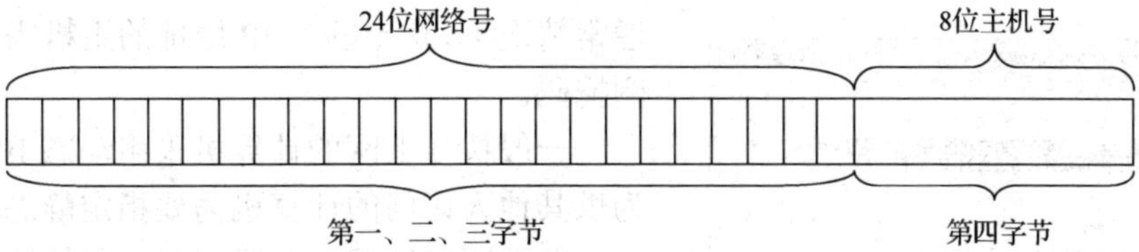

图 1-3-23 C 类地址

（5）E 类地址

E 类地址是实验性地址，保留未用。该类 IP 地址的前 8 位的二进制取值范围是 11110000～11110111（十进制数是 240～247）。

目前，IP 地址的版本简称为 IPv4 版。随着 Internet 的快速增长，32 位 IP 地址空间越来越紧张，网络号很快用完，迫切需要新版本的 IP，于是产生了 IPv6。IPv6 使用 128 位地址，它支持的地址数是 IPv4 的 296 倍，这个地址空间足够大，以至于号称地球上的每一粒沙子都有一个 IP 地址。IPv6 在设计时，保留了 IPv4 的一些基本特征，这使采用新老技术的各种网络系统在 Internet 上都能够互联。

2. 子网掩码

在给网络分配 IP 地址时，有时为了便于管理和维护，可以将网络分成几个部分，每个部分称为子网，即在网络内部分成多个部分，但对外仍像任何一个单独网络一样运作。

一个被子网化的 IP 地址包含网络号、子网号、主机号 3 个部分，如图 1-3-24 所示。

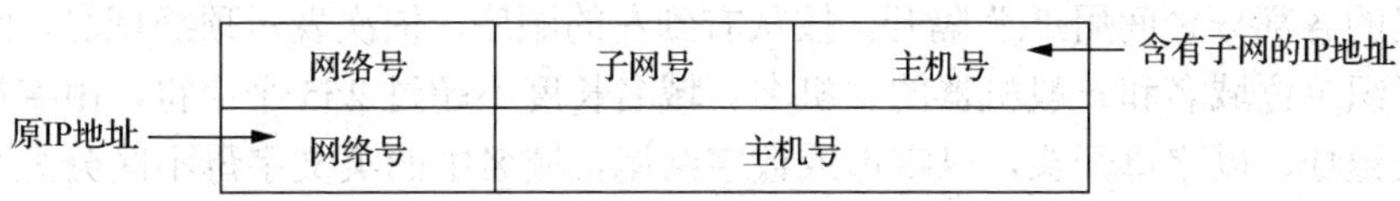

图 1-3-24 子网化的 IP 地址

划分子网的方法是用主机号的最高位来标识子网号，其余表示主机号。例如，一个 B 类网 168.166.0.0，如果选取第三个字节的最高两位用于标识子网号，则有 4 个子网。这 4 个子网分别为 168.166.0.0、168.166.64.0、168.166.128.0 和 168.166.192.0。由于子网的划分无统一的算法，单从 IP 地址无法判断一台计算机处于哪个子网，为此引入了子网掩码。

子网掩码也是一个 32 位的数字，其构成规则是：所有标识网络号和子网号的部分用 1 表示，主机地址用 0 表示。那么，上面分成 4 个子网的 168.166.0.0 网络的子网掩码为 255.255.192.0。将子网掩码和 IP 地址进行“与”运算，得到的结果表明该 IP 地址所属的子网。如果 2 个 IP 地址分别和同一个子网掩码进行“与”运算，结果相同则表明它们处于同一个子网，否则处于不同的子网。

如果一个网络没有划分子网，子网掩码的网络号各位全为 1，主机号各位全为 0，这样得到的子网掩码为缺省子网掩码。A 类地址的缺省子网掩码为 255.0.0.0；B 类网络的缺省子网掩码为 255.255.0.0；C 类网络的缺省子网掩码为 255.255.255.0。

在 Windows 的网络对话框中可对网络上的主机设置子网掩码，如图 1-3-25 所示。

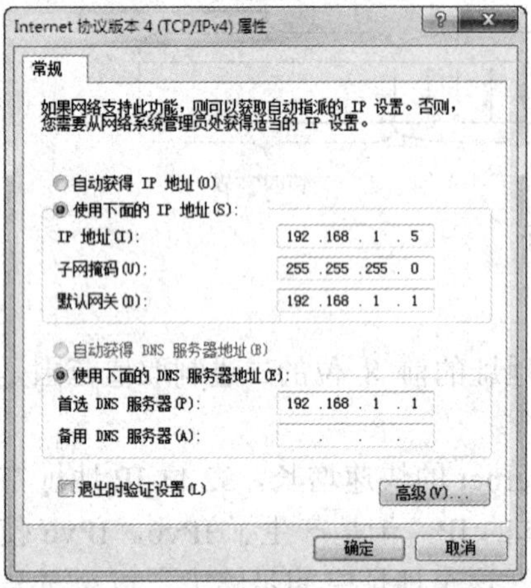

图 1-3-25 配置 IP 地址和子网掩码

通常情况下，指定静态 IP 地址的主机需要设置子网掩码。

一般拨号上网的计算机采用动态 IP 地址，作为供其他人访问的计算机需要指定静态 IP 地址。为了便于网络管理，在局域网上网的计算机通常也分配有静态 IP 地址。

3. 域名（domain name）

由于 IP 地址是由一串数字组成的，因此记住一组无任何特征的 IP 地址编码是非常困难的。为了易于维护和管理，Internet 网络上建立了所谓的域名（主机）管理系统（domain name system，DNS），简称域名 DNS 系统，即可以对网络上的计算机赋予一个直观的唯一标识名（英文或中文名），即域名。DNS 主要提供了一种层次型命名方案，就像家庭住址所采用的城市、街道、门牌号表示的一种层次型地址。主机或机构有层次结构的名字在 Internet 中称为域名。DNS 提供主机域名和 IP 地址之间的转换服务。例如，www.163.com 是网易的域名地址。

凡是能使用域名的地方，都可使用 IP 地址。

域名命名的一般格式为

计算机名.组织机构名.网络名.最高层域名

域名的各部分之间用“.”隔开，按从右到左的顺序，依次表示顶级域名、网络机构域名、组织单位域名和一般机器的主机名。域名长度不超过 255 个字符，由字母、数字或下划线组成，以字母开头，以字母或数字结尾，域名中的英文字母不区分大小写。常用的顶级域名如表 1-3-3 和表 1-3-4 所示。

表 1-3-3 常用机构顶级域名

域名	机构类型	域名	机构类型
com	商业实体	firm	商业或公司
edu	教育机构	store	提供购买商品的业务部门
gov	政府机构	web	主要活动与 WWW 有关的实体
mil	军队机构	arts	以文化活动为主的实体
net	网络服务提供商	rec	以消遣性娱乐活动为主的实体
org	非营利性组织	info	提供信息服务的实体
nom	有针对性的人员或个人的命令	int	国际组织

表 1-3-4 常用国家顶级域名

域名	国家	域名	国家
cn	中国	ca	加拿大
au	澳大利亚	ch	瑞士

续表

域名	国家	域名	国家
de	德国	dk	丹麦
fr	法国	es	西班牙
it	意大利	ru	俄罗斯
jp	日本	nz	新西兰
uk	英国	us	美国（或不写）

例如，某台计算机的域名是 www.tsinghua.edu.cn，这表明该台计算机对应的网络主机属于中国（cn）、教育机构（edu）。“tsinghua”为组织名。“www”说明这是一个服务网站，一般表示该主机是基于 HTTP 的 Web 服务器。

Internet 主机的 IP 地址和域名具有相同地位。在通信时，通常使用的是域名，计算机经由 DNS 自动将域名翻译成 IP 地址。

3.5　计算机网络应用

Internet 为公众提供了各种接入方式，以满足用户的不同需要，包括电话拨号上网、利用调制解调器接入、利用数字用户线路（digital subscriber line，DSL）、无线接入、高速局域网接入等。

人们使用 Internet 的目的就是利用 Internet 为人们提供的服务，如万维网 WWW（world wide web）、电子邮件（E-mail）、远程登录（Telnet）、文件传输协议（file transfer protocol，FTP）、专题讨论（UseNet）、电子公告板（bulletin board system，BBS）服务、信息浏览服务（gopher）、广域信息服务（wide area information service，WAIS），为生产、生活、工作和交流提供帮助。

3.5.1　Internet 接入技术

在接入 Internet 之前，用户首先要选择一个网络服务提供商（Internet service provider，ISP）和一种适合自己的接入方式。国内大多数用户选择的 ISP 为 ChinaNet 或 ChinaGBN。

1. ADSL 接入技术

ADSL 的全名是非对称数字用户线路（asymmetric digital subscriber line），它是基于公众电话网提供宽带数据业务的技术，也是目前极具发展前景的一种接入技术，有“网络快车”的美称。ADSL 是在铜线上分别传输数据和语音信号，数据信号并不通过电话交换机设备，减轻了电话交换机的负载。ADSL 属于一种专线上网方式，其支持的上行速率为 640Kb/s～1Mb/s，下行速率为 1Mb/s～8Mb/s，具有下行速率高、频带宽、性能好、安装方便、不需要交纳电话费等特点，所以受到广大用户的欢迎，成为继 modem、ISDN 之后的又一种全新的、更快捷、更高效的接入方式。

接入 Internet 时，用户需要配置一个网卡及专用的 modem，可采用专线上网方式（即拥有固定的静态 IP）或虚拟拨号方式（不是真正的电话拨号，而是用户输入账号、密码，通过身份验证，获得一个动态的 IP 地址）。

2. 无线接入

用户不仅可以通过有线设备接入 Internet，也可以通过无线设备接入 Internet。采用无线接入方式一般适合接入距离较近、布线难度大、布线成本较高的地区。目前，常见的接入技术有蓝牙技术、全球移动通信系统（global system for mobile communication，GSM）、通用分组无线业务（general packet radio service，GPRS）、码分多址（code division multiple access，CDMA）、第三代数字通信（3rd generation，3G）、第四代数字通信（4th generation，4G）、第五代数字通信（5th generation，5G）等。其中，蓝牙技术一般适用于范围在 10m 以内的多设备之间的信息交换，如手机与计算机相连，实现 Internet 接入；GPRS、3G、4G、5G 技术目前主要用于个人移动电话通信及上网；5G 通信技术正在成为主流。3G 技术规定移动终端以车速移动时，其传输速度为 144Kb/s，室外静止或步行时速率为 384Kb/s，室内为 2Mb/s；4G 技术能够以 100Mb/s 的速度下载，比拨号上网快 2000 倍，上传的速度也能达到 20Mb/s，并能满足几乎所有用户对于无线服务的要求；而第五代数字通信（5G）技术将真正意义上实现网络的融合。

此外，Internet 接入技术还有综合业务数字网（integrator services digital network，ISDN）、数字数据网（digital data network，DDN）、VDSL、Cable Modem（线缆调制解调器）、高速局域网接入技术、LMDS（社区宽带无线接入技术）等。

3.5.2 WWW 服务

WWW 被称为环球信息网，简称 Web，即万维网。万维网将世界各地的信息资源以特有的含有“链接”的超文本形式组织成一个巨大的信息网络。用户只需单击相关单词、图形或图标，就可从一个网站进入另一个网站，浏览或获取所需的东西、声音、视频及图像内容。

WWW 基于超文本传输协议，采用超文本、超媒体的方式进行信息的存储和传递，并能将各种信息资源有机地结合起来，具有图文并茂的信息集成能力及超文本链接能力。这种信息检索服务程序起源于 1992 年欧洲粒子研究中心推出的一个超文本方式的信息查询工具。超文本含有许多相关文件的接口，称为超链接（hyperlink）。用户只需单击文件中的超链接词汇、图片等，便可即时链接到该词汇或图片等相关的文件上，无论该文件存放在何地的何种网络主机上。

WWW 以非常友好的图形界面，简单方便的操作方法，以及图文并茂的显示方式，使用户可以轻松地在 Internet 各站点之间漫游，浏览从文本、图像到声音，乃至动画等各种不同形式的信息。

Internet 中 WWW 的规模以每年上百倍的速度在增长，远远超过了其他 Internet 服务。每天都有新出现的提供 WWW 商业或非商业服务的站点。WWW 的普及已开始改变各企事业单位的经营和工作方式。

3.5.3 Web 浏览器及 IE 9.0

Web 浏览器能够帮助人们方便而直观地从网上获取信息，是大多数人上网的首要选择。Microsoft Internet Explorer（微软互联网探险家，简称 IE）是 Internet 上使用最为广泛的 Web 浏览器软件。在与 Internet 连接之后，用户就可以使用 Web 浏览器"IE"浏览网页了。浏览功能是借助于超级链接实现的。超级链接将多个相关的 Web 页连接在一起，方便用户查看信息。

3.5.4　资源检索与下载

在 WWW 网上进行信息资源检索的方法有以下两种：在 IE 的 URL 地址栏中直接输入要搜索的关键词；使用百度等搜索工具，并在搜索框中输入要搜索的关键词。

搜索引擎是一种搜索其他目录和网站的检索系统。搜索引擎网站可以将查询结果以统一的清单形式返回。目前，在 WWW 网上，具有代表性的中文搜索引擎有百度（http://www.baidu.com）、360 搜索（http://hao.360.cn）、搜狗（http://www.sogou.com）、必应 Bing（http://cn.bing.com）。另外，用户还可以在搜狐（http://www.sohu.com）、新浪（http://www.sina.com.cn）、网易（http://www.163.net）等网站上进行相关的搜索。

3.5.5　电子邮件

电子邮件（E-mail）是 Internet 上最受欢迎的一种通信方式，不但能传送文字，还能传送图像、声音等。与普通信件一样，要发送电子邮件，必须知道发送者的地址和接收者的地址。电子邮件的格式为

用户名@主机域名

其中，符号"@"读作英文"at"。"@"左侧的字符串是用户的信箱名，右侧是邮件服务器的主机名。例如，用户在网易网站上申请的电子邮箱地址为 zyydxcd@163.com。用户打开信箱时，所有收到的邮件都会出现在邮件列表中，并且列表中只显示邮件主题（邮件主题是邮件发送者对邮件主要内容的概括）。

电子邮件有两个基本的组成部分：信头和信体。信头相当于信封，信体相当于信件内容。

（1）信头

信头中通常包括如下几项。

1）收件人的 E-mail 地址：多个收件人地址之间用半角分号"；"隔开。

2）抄送：表示同时可以接收到此信的其他人的 E-mail 地址。

3）主题：和一本书的章节标题类似，概括描述邮件的关键字，可以是一句话或一个词。

（2）信体

信体是收件人所看到的正文内容，有时还可包含有附件，如一幅图形、音频文件、一个文档等都可成为邮件的附件进行发送。

在电子邮件系统中有两种服务器：一个是发信服务器，将电子邮件发送出去；另一个是收信服务器，接收来信并保存，即简单邮件传输协议服务器和邮局协议服务器。SMTP 服务器是邮件发送服务器，采用 SMTP 传递；POP 服务器是邮件接收服务器，即从邮件服务器到个人计算机使用 POP3 传递。若用户数量较少，则 SMTP 服务器和 POP 服务器可由同一台计算机担任。

3.5.6 远程登录

用户将计算机连接到远程计算机的操作方式称为登录。远程登录（remote login）是用户通过使用 Telnet 等有关软件使自己的计算机暂时成为远程计算机的终端的过程。一旦用户成功实现了远程登录，用户使用的计算机就好像一台与对方计算机直接连接的本地计算机终端那样进行工作，使用远程计算机上的信息资源，享受远程计算机与本地终端同样的权力。

Telnet 是 Internet 的远程登录协议。用户在使用 Telnet 进行远程登录时，首先应该输入要登录的服务器的域名或 IP 地址，然后根据服务器系统的询问，正确地输入用户名和口令后，远程登录成功。

远程登录的典型应用就是电子公告板 BBS，它是利用计算机通过远程访问得到的一个信息源及报文传递系统。用户只要连接到 Internet 上，就可以直接利用 Telnet 进入 BBS，阅读其他用户的留言，发表自己的意见。BBS 一般包括信件讨论区、文件交流区、信息布告区、交流讨论区和多线交谈等几部分，大多以技术服务或专业讨论为主。它的界面一般是文本。

另外，还有一种 WWW 形式的 BBS，不需要用远程登录的方式。它与一般的网站（网页）一样，用户可通过浏览器直接登录，这种形式的 BBS 除了仍然保持传统 BBS 的基本内容和功能外，其界面及操作都有很大的变化。不仅可以有文字信息，还可以加入图片等多媒体信息，如常见的论坛、留言板等。显然，这种 BBS 操作更为方便快捷，并且具有更强的即时性和交互性。例如，天在人大（http://www.tdrd.org/nForum/）论坛就是一种基于 WWW 形式的 BBS。

3.5.7 文件传输服务

文件传输是 Internet 的主要用途之一，使用基于 FTP 的文件传输程序，用户可以登录到一台远程计算机，把其中的文件传回自己的计算机，或反向进行。与远程登录类似的是，文件传输是一种实时的联机服务。在进行工作时，用户首先要登录到双方的计算机中。与远程登录不同的是，用户在登录后仅可以进行与文件搜索和文件传送有关的操作，如改变当前的工作目录、列文件清单、设置传输参数、传送文件等。使用文件传输协议可以传送多种类型的文件，如图像文件、声音文件、数据压缩文件等。

FTP 是 Internet 文件传输的基础。通过该协议，用户可以从一个 Internet 主机向另一个 Internet 主机“下载”或“上传”文件。“下载”文件就是从远程主机中将文件复制到自己的计算机中；“上传”文件则是将文件从自己的计算机中复制到远程主机中。用户可通过匿名（anonymous）FTP 或身份验证（通过用户名及密码验证）连接到远程主机上，并下载或上传文件。

3.5.8 其他常见服务

在 Internet 中，除了上述网络信息服务外，Internet 还为用户提供以下几方面的服务。

1. 信息浏览服务（gopher）

gopher 是基于菜单驱动的 Internet 信息查询工具，用户可以对远程联机信息进行远程登录、信息查询、电话号码查询、多媒体信息查询及格式文件查询等实时访问。

2. 专题讨论（usenet）

Internet 遍布众多的专题论坛服务器（通常称为 news server），用户通过它可以和世界各地的人们共同讨论任何主题。usenet 是由多个讨论组组成的一个大集合，含有全世界数以百万计的用户。每个讨论组都可围绕某一特定的主题，如数学、哲学、计算机等。任何能够想到的主题都可以作为讨论组的主题。

3. 广域信息服务（WAIS）

WAIS 是查询整个 Internet 信息的另一种方法。在 WAIS 查询中，用户输入一个或多个要检索的关键字后，WAIS 将在指定的所有数据库中检索包含该关键字的文章。

此外，Internet 所提供的服务还包括电子商务、电子政务、IP 电话、收发传真、视频会议、网络聊天与游戏等快捷的商务应用。

4. 其他信息交流方式

在 Internet 中，还有许多种方式能够把信息通过适当的渠道传播出去，供他人分享，借此实现人与人之间的交流。以下是几种较流行的信息交流方式。

1）即时通信工具：如 QQ、网络会议（NETmeeting）、MSN、微信等，可以实行一对一、一对多或多对多在线视频或语音交流，也可传递文件。

2）博客（blog）：即网络日志，是一种表达个人思想（主要以文字和图片的形式）的网络链接，内容按照时间顺序排列，并且不断更新的信息发布方式。

3）微博：即微博客（microblog）的简称，是一个基于用户关系的信息分享、传播以及获取平台。用户可以通过 Web、Wap 以及各种客户端组建个人社区，以 140 字左右的文字更新信息，并实现即时分享。与博客的长篇大论相比，微博的字数限制恰恰使用户更易于成为一个多产的博客发布者。

4）播客（podcast）：是一种在互联网上发布文件并允许用户订阅以便自动接收新文件的方法，或用此方法来制作的电台节目。播客传递的是音频和视频信息。

5）维客（wiki）：wiki 一词来源于夏威夷语“wee kee wee kee”，意思是“快点快点”。它是一种以“知识库文档”为中心、以“共同创作”为手段，靠“众人不停地更新修改”从而借助互联网创建、积累、完善和分享知识的全新模式。与其他超文本系统相比，wiki 有使用方便及开放的特点，它可以帮助我们在一个社群内共享某领域的知识。

6）Facebook（又称“脸书”或“脸谱网”）：是一个社交网络服务网站，和博客等类似。每个用户在 Facebook 上有自己的档案和个人页面。用户之间可以通过各种方式发生互动：留言、发站内信，评论日志。Facebook 还提供方便快捷的聚合功能，帮用户找到和自己有共同点的人，同时还提供其他特色栏目。

第4章 计算机网络安全

信息安全与网络安全涉及计算机系统的硬件、软件和数据等方面，它包括物理安全、操作系统安全、数据安全等。随着网络经济和信息社会的到来，信息与网络将会进入一个无所不在、无所不有的境地，因而信息安全与网络安全已成为每个用户必须面对的一个问题。

本章主要阐述了信息安全与网络安全的有关概念，介绍了常用的几种信息安全与网络安全技术，描述了计算机病毒及其防治的有关知识，对网络安全以及信息安全的法律、法规进行了介绍，最后对互联网时代个人信息安全的防护给出了建议。

4.1 信息安全与网络安全

信息安全与网络安全是一个关系到国家安全和主权、社会稳定、民族文化继承和发扬的重要问题，其重要性正随着全球信息化步伐的加快而变得越来越重要。目前，威胁信息与网络安全的主要因素有自然威胁，如地震、火灾、电磁干扰、各种故障等；人为破坏，其特点是人为地故意破坏，当造成的后果构成违犯法律时，又叫计算机犯罪；敌对的威胁，这是强度最大的一种信息安全威胁，即国家间的电子信息对抗或者说“信息战”。信息安全与网络安全是近20年来发展起来的新兴学科，有人以人体来比喻，即芯片是细胞，计算机是大脑，网络是神经系统，智能是营养，信息是血浆，信息安全是免疫系统；也有人形象地指出，如果没有信息安全作基础，那么信息化就像是建立在沙滩上的美丽大厦，随时可能轰然倒塌！正因为信息安全具有如此重要的战略地位，各国都给以极大的关注与投入。

4.1.1 信息安全与网络安全的基本概念

信息安全是一门涉及计算机科学、网络技术、通信技术、密码技术、信息安全技术，应用数学、数论、信息论等多种学科的综合性学科。

信息安全是指采用一些信息安全的保证技术使得信息网络的硬件、软件及其系统中的数据受到保护，不因偶然的或者恶意的原因而遭到破坏、更改、泄露，保证系统连续、可靠、正常地运行，信息服务不中断。网络安全从其本质上来讲就是网络上的信息安全。

从广义来说，凡是涉及网络上信息的保密性、完整性、可用性、真实性和可控性的相关技术和理论都是网络安全的研究领域。

1. 信息安全的基本概念

信息安全主要是指防止信息被故意的或偶然的非授权泄露、更改、破坏，或使信息被非法的系统辨识、控制，避免攻击者利用系统的安全漏洞进行窃听、冒充、诈骗等有损于合法用户的行为，主要内容如下。

1）信息的保密性：保证信息不泄露给未授权的人。

2）信息的可靠性：确保信道、消息源、发信人的真实性以及核对信息获取者的合法性。

3）信息的完整性：包括操作系统的正确性和可靠性，硬件和软件的逻辑完整性，数据结构和当前值的一致性，即防止信息被未授权者篡改。

4）信息的可用性：保证信息及信息系统确实为授权使用者所用，防止由于计算机病毒或其他人为因素造成系统拒绝服务，或未授权者可用却对授权者拒用。

5）信息的可控性：对信息及信息系统实施安全监控管理。

6）信息的不可否认性：保证信息行为人不能否认自己的行为。

2. 网络安全的基本概念

以 Internet 为代表的全球性信息化浪潮日益高涨，信息网络技术的应用正日益普及和广泛，应用层次正在深入，应用领域从传统的、小型业务系统逐渐向大型、关键业务系统扩展，如党政部门信息系统、金融业务系统、企业商务系统等。伴随网络的普及，安全性逐渐成为影响网络效能的重要问题，而 Internet 所具有的开放性、国际性和自由性在增加应用自由度的同时，对安全提出了更高的要求。

网络的安全属性主要表现在以下几个方面。

1）保密性（secrecy）：信息不泄露给非授权的用户、实体或进程。

2）完整性（integrity）：信息在存储或传输过程中保持不被修改、不被破坏和丢失的特性。

3）可用性（available）：可被授权实体访问并按需求使用的特性。

4）真实性（authenticity）：也称认证性、不可抵赖性。在信息交互过程中，确保参与者的真实同一性，所有参与者都不能否认和抵赖曾经完成的操作和承诺。

5）可控性（controllable）：对信息的传播路径、范围及其内容所具有的控制能力。

3. 网络与信息安全的关系

网络与信息安全的关系如下：

1）网络为信息安全提供了更大的用武之地。

2）信息安全是进行网络应用及电子商务的基础。

3）网络技术与信息安全共同发展。

4. 网络信息安全现状

1）普遍受到重视。网络为信息安全提供了更大的用武之地，保证网络和信息安全是进行网络应用及电子商务的基础。

2）国际网络与信息安全产业界发展迅速，如防火墙行业发展非常迅速。

3）政府大力扶持。各国政府都非常扶持信息安全的技术。我国进口的信息技术没有密码技术。美国政府严格控制密码技术出口。我国严禁进口，甚至禁止国外密码产品在中国展览。

4）标准化、国际化。很多电信安全协议（如通信协议）有安全标准，但密码技术还没有国际标准。

5）学术活跃。学术界关于安全密码的研究非常活跃。

6）媒体热情关注。但仅仅关注到黑客攻击，还没有关注到密码层次。

4.1.2 常见的网络安全威胁

信息与网络安全面临的威胁来自很多方面，并且随着时间的变化而变化。这些威胁可以宏观地分为人为威胁（无意失误和恶意攻击）、非人为威胁（自然灾害、设备老化、断电、电磁泄漏、意外事故等）以及不明或综合因素（安全漏洞、后门、复杂事件）。在此，主要讨论人为的、恶意攻击的、有目的的破坏，可以分为主动攻击和被动攻击。

主动攻击是指以各种手段破坏信息的完整性、可用性，直至侵入和摧毁系统。被动攻击是指截获、窃取和破译网络重要的机密信息。

人为的恶意攻击主要有下列几种手段。

1）窃取：非法用户通过数据窃听的手段获得敏感信息。

2）截取：非法用户首先获得信息，再将此信息发送给真实接收者。

3）伪造：将伪造的信息发送给接收者。

4）篡改：非法用户对合法用户之间的通信信息进行修改，再发送给接收者。

5）拒绝服务攻击：攻击服务系统，造成系统瘫痪，阻止合法用户获得服务。

6）行为否认：合法用户否认已经发生的行为。

7）非授权访问：未经系统授权而使用网络或计算机资源。

8）传播病毒：通过网络传播计算机病毒，其破坏性非常高，而且用户很难防范。

人为的恶意攻击具有智能性、严重性、隐蔽性、多样性等特性。从技术角度看，网络信息系统所面临的威胁主要有对密码算法攻击、网络监听攻击、拒绝服务攻击、对应用协议攻击以及对软件弱点攻击。

4.1.3 网络攻击手段

互联网上存在很多不同类型的计算机及运行各种系统的服务器，它们的网络结构不同，是 TCP/IP 把这些计算机连接在一起的。IP 的工作是把数据包从一个地方传递到另一个地方，TCP 的工作是对数据包进行管理与校验，保证数据包的正确性。黑客正是利用 TCP/IP，在网络上传送包含有非法目的的数据，从而对网络上的计算机进行攻击。黑客们常利用漏洞扫描器扫描网络上存在的漏洞，然后实施攻击。

1. 黑客常用攻击方法

（1）木马攻击

特洛伊木马（trojan house），是一种基于远程控制的黑客工具。它具有隐蔽性和非授权性等特点。所谓隐蔽性，是指木马的设计者为了防止木马被发现，会采用多种手段隐藏木马，这样服务器即使发现感染了木马，也不能确定其具体位置。所谓非授权，是指一旦控制端与服务端连接，控制端将享有服务端的大部分操作权限，包括修改文件、修改注册表、控制鼠标、键盘等。

（2）邮件攻击

邮件攻击又叫 E-mail 炸弹，是指一切破坏电子邮箱的办法。如果电子邮箱一下被成千上万封电子邮件所占据，电子邮件的总容量就有可能超过电子邮箱的总容量，造成邮箱崩溃。

（3）端口攻击

网络系统主要采用 UNIX 操作系统，一般提供 WWW、Mail、FTP、BBS 等日常网络服务。每一台网络主机上可以提供几种服务，UNIX 系统将网络服务划分为许多不同的端口，每一个端口提供一种不同的服务，一种服务会有一个程序时刻监视端口活动，并且给予相应的应答，而且端口的定义已成为标准。例如，WWW 服务的端口是 80，FTP 服务的端口是 21。如果用户不小心运行了木马程序，其计算机的某个端口就会开放，黑客就可以通过端口侵入计算机，并自由地在目标机器上下载和上传任意文件，执行一些特殊的操作。

（4）密码破译

密码破译是入侵者使用的最早也是最原始的方法，它不仅可以获得对主机的操作权，而且可以通过破解密码制造漏洞。首先要取得系统的用户名，获得用户名之后，就可以进行密码的猜测和破解，并尝试登录。密码的猜测和破解有多种方法，常用的有根据密码和用户名之间的相似程度进行猜测、用穷举法进行密码破解等。

（5）Java 炸弹

通过 HTML，让用户的浏览器耗尽系统资源，比如使计算机不停地打开新的窗口，直到计算机资源耗尽而死机。

2. 网络安全防御

不同的网络攻击应采取不同的防御方法，主要应从网络安全技术的加强和采取必要防范措施两个方面考虑。网络安全技术包括入侵检测、访问控制、网络加密技术、网络地址转换技术、身份认证技术等。

（1）入侵检测

从目标信息系统和网络资源中采集信息，分析来自网络内部和外部的信号，实时地对攻击做出反应。入侵检测的主要特征是使用主机传感器监控系统的信息，实时监视可疑的连接，检查系统日志，监视非法访问，并且判断入侵事件，迅速做出反应。

（2）访问控制

访问控制主要有两种类型：网络访问控制和系统访问控制。网络访问控制限制外部对主机网络服务的访问和系统内部用户对外部的访问，通常由防火墙实现。系统访问控制为不同用户赋予不同的主机资源访问权限，操作系统提供一定的功能实现系统访问控制。

（3）网络加密技术

网络加密技术就是为了安全对信息进行编码和解码，是保护网内的数据、文件、口令和控制信息，保护网上传输数据的一种有效方法。它能够防止重要信息在网络上被拦截和窃取。常用的网络加密方法有链路加密、端点加密和结点加密 3 种。链路加密的目的是保护网络结点之间的链路信息安全；端点加密的目的是对源端用户到目的用户的数据提供加密保护；结点加密的目的是对源结点到目的结点之间的传输链路提供加密保护。

（4）网络地址转换技术

网络地址转换器也称地址共享器或地址映射器，目的是解决 IP 地址的不足。当内部主机向外部主机连接时，使用同一个 IP 地址。这样外部网络看不到内部网络，从而达到保密作用。

（5）身份认证技术

身份认证技术主要采取数字签名技术，一般用不对称加密技术，通过对整个明文进行变换得到值，作为核实签名。接收者使用发送者的公开密钥对签名进行解密运算，如结果为明文，则签名有效，证明对方身份是真实的。

网络安全防范主要通过防火墙、系统补丁、IP 地址确认和数据加密等技术来实现。

4.1.4 网络信息安全范畴

信息安全与网络安全范畴主要包括网络安全、应用安全及系统安全 3 方面的内容。

1. 网络安全

网络安全是为保护商务各方网络端系统之间通信过程的安全性。保证机密性、完整性、认证性和访问控制性是网络安全的重要因素。

保证网络安全的主要措施如下：

1）全面规划网络平台的安全策略。

2）制订网络安全的管理措施。

3）使用防火墙。

4）尽可能地记录网络上的一切活动。

5）注意对网络设备的物理保护。

6）检验网络平台系统的脆弱性。

7）建立可靠的识别和鉴别机制。

2. 应用安全

应用安全主要是针对特定应用（如 Web 服务器、网络支付专用软件系统）所建立的安全防护措施。它独立于网络的任何其他安全防护措施。虽然有些防护措施可能是网络安全业务的一种替代或重叠，如 Web 浏览器和 Web 服务器在应用层上对网络支付结算信息包的加密，都通过 IP 层加密，但是许多应用还有自己的特定安全要求。

应用层上的安全业务还涉及认证、访问控制、机密性、数据完整性、不可否认性、Web 安全性、EDI 和网络支付等应用的安全性。

3. 系统安全

系统安全是指从整体电子商务系统或网络支付系统的角度进行安全防护，它与网络系统硬件平台、操作系统、各种应用软件等互相关联。

涉及网络支付结算的系统安全包含下述一些措施。

1）在安装的软件中，如浏览器软件、电子钱包软件、支付网关软件等，检查和确认未知的安全漏洞。

2）技术与管理相结合，使系统具有最小的穿透风险性。例如，通过诸多认证才允许连通，对所有接入的数据必须进行审计，对系统用户进行严格安全管理。

3）建立详细的安全审计日志，以便检测并跟踪入侵攻击等。

4.2　网络安全与管理技术

从本质上讲，网络安全是指网络系统的硬件、软件和系统中的数据受到保护，不因偶然的或者恶意的攻击而遭到破坏、更改或泄露，系统连续、可靠、正常的运行，网络服务不中断。广义上讲，凡是涉及网络上信息的保密性、完整性、可用性、可控性和不可否认性的相关技术和理论，都是网络安全所要研究的领域。网络安全与管理技术包括加密技术、访问控制、防火墙、虚拟专用网络（virtual private network，VPN）、入侵检测，以及信息安全解决方案等。

4.2.1　加密技术

1. 加密与解密

信息的保密性是信息安全性的一个重要方面。保密的目的是防止敌人破译机密信息。加密是实现信息的保密性的一个重要手段。所谓加密，就是使用数学方法来重新组织数据，使除了合法的接收者之外，其他任何人都不能恢复原先的消息或读懂变化后的消息。加密前的信息称为明文，加密后的信息称为密文。将密文变为明文的过程称为解密。

加密技术可使一些主要数据存储在一台不安全的计算机上，或可以在一个不安全的信道上传送。只有持有合法密钥的一方才能获得明文。

在对明文进行加密时，所采用的一组规则称为加密算法。类似的，对密文进行解密时所采用的一组规则称为解密算法。加密算法和解密算法的操作通常都是在一组密钥控制下进行的，分别称为加密密钥和解密密钥。加密技术分为两类，即对称加密和非对称加密。

（1）对称加密

对称加密又称私钥加密，即信息的发送方和接收方用同一个密钥去加密和解密数据。它的最大优势是加/解密速度快，适合对大数据量进行加密，但密钥管理困难。如果进行通信的双方能够确保专用密钥在密钥交换阶段未曾泄露，那么机密性和报文完整性就可以通过这种加密方法加密机密信息，随报文一起发送报文摘要或报文散列值来实现。

（2）非对称加密

非对称加密又称公钥加密，亦称不对称密钥。使用一对密钥来分别完成加密和解密操作，其中一个公开发布（即公钥），另一个由用户自己秘密保存（即私钥）。信息交换的过程是甲方生成一对密钥并将其中的一把作为公钥向其他交易方公开，得到该公钥的乙方使用该密钥对信息进行加密后再发送给甲方，甲方再用自己保存的私钥对加密信息进行解密。

2. 认证技术

认证是指用户必须提供其是谁的证明，如他是某个雇员、某个组织的代理、某个软件过程（股票交易系统或Web订货系统的软件过程）。认证的标准方法就是弄清楚他是谁，他具有什么特征，他知道什么可用于识别身份的东西。比如说，系统中存储了他的指纹，他接入网络时，就必须在连接到网络的电子指纹机上提供他的指纹（这就防止他以假的指纹或其他电子信息欺骗系统）。只有指纹相符才允许他访问系统。

为了解决安全问题，一些公司和机构正千方百计地解决用户身份认证的问题，主要有以下几种认证方法。

（1）数字签名

数字签名是指在计算机网络中传送的报文通过一种折中的方式来验证其真实性。数字签名需要具备以下3个特性：

1）报文鉴别。接收者能够核实发送者对报文的签名。也就是说，接收者能够确信该报文的确是发送者发出的，而其他人无法伪造对报文的签名。

2）报文的完整性。接收者确信所收到的数据和发送者发送的完全一样而没有任何篡改。

3）不可否认性。发送者事后不能抵赖对报文的签名。

签名主要起到认证、核准和生效的作用。政治、军事、外交等活动中签署文件，商业上签订契约和合同，以及日常生活中从银行取款等事务的签字，传统上采用手写签名或印签。随着信息技术的发展，人们希望通过数字通信网络进行迅速的、远距离的贸易合同的签名，数字或电子签名应运而生。

数字签名是签署以电子形式存储的消息的一种方法。一个签名消息能在一个通信网络中传输。基于公钥密码体制和私钥密码体制都可以获得数字签名，特别是公钥密码体制的诞生为数字签名的研究和应用开辟了一条广阔的道路。

（2）数字水印

数字水印（digital watermarking）技术是将一些标识信息（即数字水印）直接嵌入数字载体当中（包括多媒体、文档、软件等），或是间接表示（修改特定区域的结构），且不影响原载体的使用价值，也不容易被探知和再次修改，但可以被生产方识别和辨认。通过这些隐藏在载体中的信息，可以达到确认内容创建者、购买者、传送隐秘信息，或者判断载体是否被篡改等目的。数字水印是信息隐藏技术的一个重要研究方向。数字水印是实现版权保护的有效办法，是信息隐藏技术研究领域的重要分支。

（3）数字证书

数字证书是一种权威性的电子文档。它提供了一种在 Internet 上验证身份的方式，其作用类似于司机的驾驶执照或日常生活中的身份证。数字证书是由一个权威机构——证书认证（certificate authority，CA）中心发行的。人们可以在互联网交往中用它来识别对方的身份。当然在数字证书认证的过程中，证书认证中心作为权威的、公正的、可信赖的第三方，其作用是至关重要的，也是企业现在可以使用的一种工具。

（4）双重认证

“双重认证”办法是指采用两种形式的证明方法来保证用户的身份证明。这些证明方法包括令牌、智能卡和仿生装置，如视网膜或指纹扫描器等。

4.2.2　访问控制

访问控制是通过某种途径，显式地准许或限制访问能力及范围，以此控制对资源的访问、防止非法用户的入侵或合法用户的不慎操作所造成的破坏。系统内访问控制采用的主要技术是委托监控。它的原理是把进行存取的实体（如用户、进程、批作业等）作为主体；把被访问的对象（如文件、数据、程序、磁盘等）作为客体。主体对客体的访问，必须通过委托监控器根据安全规则进行检查、核实。

1. 访问控制技术概述

访问控制（access control）是网络安全防范和保护的主要策略，是通过某种途径显式地准许或限制访问能力及范围的一种方法，是实现数据保密性和完整性机制的主要手段。根据控制手段和具体目的的不同，可以将访问控制技术划分为结果不同的级别，包括入网访问控制、网络权限控制、目录安全控制以及属性控制等多种手段。

2. 访问控制技术级别

访问控制技术有以下 4 个级别。

（1）入网访问控制

入网访问控制为网络访问提供了第一层访问控制。它控制哪些用户能够登录到服务器并获取网络资源，控制用户入网的时间和允许他们在哪一台工作站入网。用户的入网访问控制可分为 3 个步骤：用户名的识别与验证、用户口令的识别与验证以及用户账号的缺省限制检查。如果有任何一个步骤未通过检验，该用户便不能进入该网络。但这种用户口令验证方式易被攻破。

这种控制基本在所有的网络安全设备以及操作系统中都要用到，如登录操作系统时所用的用户名和密码。

（2）网络权限控制

网络权限控制是针对网络非法操作所提出的一种安全保护措施，能够访问网络的合法用户被划分为不同的用户组，不同的用户组被赋予不同的权限。例如，网络控制用户和用户组可以访问哪些目录、子目录、文件和其他资源，可以指定用户对这些文件、目录、设备能够执行哪些操作等。这些机制的设定可以通过访问控制表来实现。

这种控制在许多网络安全设备、系统中都可以用到。最典型的就是操作系统中的应用，如操作系统中对用户和组的权限的指派。

（3）目录级安全控制

目录级安全控制是针对用户设置的访问控制，具体为控制目录、文件、设备的访问。用户在目录一级指定的权限对所有文件和子目录有效，用户还可进一步指定对目录下的子目录和文件的权限。

（4）属性安全控制

当用户使用文件、目录和网络设备时，网络系统管理员应给文件、目录等指定访问属性。属性安全控制在权限安全的基础上提供更进一步的安全性，往往能控制以下几个方面的权限：向某个文件写入数据、复制一个文件、删除目录或文件、查看目录和文件、执行文件、隐含文件及共享等。

3. 访问控制技术分类

访问控制有访问控制矩阵、访问控制表、能力关系表、权限关系表等实现方法。

通过访问控制服务，可以限制对关键资源的访问，防止非法用户的侵入或因合法用户的不慎操作所造成的破坏。

传统访问控制技术主要有自主访问控制（discretionary access control，DAC）、强制访问控制（mandatory access control，MAC）、基于角色的访问控制（role-based access control，RBAC）、基于任务的访问控制和基于组机制的访问控制。接下来介绍其中的前3种。

1）自主访问控制：允许某个主体显式地指定其他主体对该主体所拥有的信息资源是否可以访问以及可执行的访问类型。DAC 是目前计算机系统中实现最多的访问控制机制，是多用户环境下最常用的一种访问控制技术。

2）强制访问控制：每个主体都有既定的安全属性，每个客体也都有既定的安全属性，主体对客体是否能执行特定的操作取决于两者安全属性之间的关系。通常所说的 MAC 主要是指 TESEC 中的 MAC，它主要用来描述美国军用计算机系统环境下的多级安全策略。安全属性用二元组（安全级、类别集合）表示，安全级表示机密程度，类别集合表示部门或组织的集合。

3）基于角色的访问控制：在用户（user）和访问许可权（permission）之间引入了角色（role）的概念，用户与特定的一个或多个角色相联系，角色与一个或多个访问许可权相联系。每个角色与一组用户和有关的动作相互关联，角色中所属的用户可以有权执行这些操作。

角色与组的区别：组是一组用户的集合，角色是一组用户的集合加上一组操作权限的集合。

4.2.3 防火墙

防火墙作为网络安全的第一道防线，已经成为世界上用得最多的网络安全产品之一。防火墙主要保护内部网络的重要信息不被非法访问、非法窃取或破坏，并记录内部网络和外部网络进行通信的有关安全日志信息，如通信发生的时间和允许通过数据包和被过滤掉的数据包等信息。

1. 防火墙简介

防火墙技术最初是针对 Internet 不安全因素所采取的一种保护措施。顾名思义，防火墙就是用来阻挡外部不安全因素影响的内部网络屏障，其目的是在内部、外部两个网络之间建立一个安全控制点，通过允许拒绝或重新定向经过防火墙的数据流，实现对进出内部网络的服务和访问的审计与控制。它是一种计算机硬件和软件的结合，使 Internet 与 Intranet 之间建立起一个安全网关，从而保护内部网免受非法用户的侵入。

防火墙主要由服务访问政策、验证工具、包过滤和应用网关 4 个部分组成。它就是一个位于计算机和它所连接的网络之间的软件或硬件。该计算机流入、流出的所有网络通信均要经过此防火墙。

2. 防火墙的功能

防火墙具有以下功能：

1）允许网络管理员定义一个中心点来防止非法用户进入内部网络。

2）可以方便地监视网络的安全性并报警。

3）可以作为部署网络地址变换（network address translation，NAT）的地点，利用 NAT 技术，将有限的 IP 地址动态或静态地与内部的 IP 地址对应起来，用来缓解地址空间短缺的问题。

4）防火墙是审计和记录 Internet 使用费用的一个最佳地点。网络管理员可以在此向管理部门提供 Internet 连接的费用情况，查出潜在的带宽瓶颈的位置，并能够依据本机构的核算模式提供部门级的计费。

5）防火墙可以连接到一个单独的网段上，从物理上和内部网段隔开，并在此部署 WWW 服务器和 FTP 服务器，将其作为向外部发布内部信息的地点。从技术角度来讲，就是所谓的停火区。

3. 防火墙类型

尽管防火墙的发展经过了几代，但是按照防火墙对内外来往数据的处理方法，大致可以将防火墙分为两大体系：包过滤防火墙和代理防火墙（应用层网关防火墙）。前者以以色列的 Checkpoint 防火墙和 Cisco 公司的 PIX 防火墙为代表，后者以美国 NAI 公司的 Gauntlet 防火墙为代表。

从实现原理上分，防火墙包括 4 类：网络级防火墙（又称包过滤型防火墙）、应用级网关、电路级网关和规则检查防火墙。它们之间各有所长，具体使用哪一种或是否混合使用，要看具体需要。

1）网络级防火墙：一般是基于源地址和目的地址、应用、协议以及每个 IP 包的端口来做出通过与否的判断。一个路由器便是一个传统的网络级防火墙。大多数的路由器能通过检查这些信息来决定是否将所收到的包转发，但它不能判断一个 IP 包来自何方，去向何处。防火墙检查每一条规则，直至发现包中的信息与某规则相符。如果没有一条规则符合，防火墙就会使用默认规则。一般情况下，默认规则就是要求防火墙丢弃该包。其次，通过定义基于 TCP 或 UDP 数据包的端口号，防火墙能够判断是否允许建立特定的连接，如 Telnet、FTP 连接。

2）应用级网关：就是人们常说的代理服务器，它能够检查进出的数据包，通过网关复制传递数据，防止在受信任服务器和客户机与不受信任的主机间直接建立联系。应用级网关能够理解应用层上的协议，能够做一些复杂的访问控制，并做出精细的注册和稽核。但每一种协议需要相应的代理软件，使用时工作量大，效率不如网络级防火墙。常用的应用级防火墙已有了相应的代理服务器，如 HTTP、NNTP、FTP、Telnet、Rlogin、X-windows 等。

3）电路级网关：用来监控受信任的客户或服务器与不受信任的主机间的 TCP 握手信息，这样来决定该会话（session）是否合法。电路级网关是在 OSI 模型中的会话层上过滤数据包的，这样比包过滤防火墙要高二层。实际上电路级网关并非作为一个独立的产品存在，它与其他的应用级网关结合在一起，如 Trust Information Systems 公司的 Gauntlet Internet Firewall、DEC 公司的 Alta Vista Firewall 等产品。另外，电路级网关还提供了一个重要的安全功能：代理服务器。代理服务器是个防火墙，在其上运行一个叫作地址转移的进程，来将所有公司内部的 IP 地址映射到一个安全的 IP 地址上，这个地址是由防火墙使用的。但是，作为电路级网关也存在着一些缺陷，因为该网关是在会话层中工作的，所以它无法检查应用层级的数据包。

4）规则检查防火墙：结合了包过滤防火墙、电路级网关和应用级网关的特点。同包过滤防火墙一样，规则检查防火墙能够在 OSI 网络层上通过 IP 地址和端口号，过滤进出的数据包。它也像电路级网关一样，能够检查 SYN 和 ACK 标记及序列数字是否逻辑有序。当然它也像应用级网关一样，可以在 OSI 应用层上检查数据包的内容，查看这些内容是否符合公司网络的安全规则。规则检查防火墙虽然集成了前 3 者的特点，但不同的是，它并不打破客户机/服务机模式来分析应用层的数据，允许受信任的客户机和不受信任的主机建立直接连接。规则检查防火墙不依靠与应用层有关的代理，而是依靠某种算法来识别进出的应用层数据。这些算法通过已知合法数据包的模式来比较进出的数据包，这样从理论上就能比应用级代理在过滤数据包上更有效。

目前在市场上流行的防火墙大多属于规则检查防火墙。因为该类防火墙对用户透明，在 OSI 最高层上加密数据，不需要用户去修改客户端的程序，也不需对每个需要在防火墙上运行的服务额外增加一个代理。例如，OnTechnology 软件公司生产的 OnGuard 和 CheckPoint 软件公司生产的 Fire Wall-1 防火墙都是规则检查防火墙。

4. 防火墙的使用

在具体应用防火墙技术时，还要考虑到以下两个方面的内容：一是防火墙是不能防病毒的，尽管有不少的防火墙产品声称其具有这个功能；二是防火墙技术的另外一个弱点是数据在防火墙之间的更新很难，如果延迟太久将无法支持实时服务请求。并且，防火墙采用滤波技术。滤波通常使网络的性能降低 50%以上。如果为了改善网络性能而购置高速路由器，又会大大提高经济预算。

总之，防火墙是企业网安全问题的流行方案，即把公共数据和服务置于防火墙外，使其对防火墙内部资源的访问受到限制。作为一种网络安全技术，防火墙具有简单实用的特点，并且透明度高，可以在不修改原有网络应用系统的情况下达到一定的安全要求。

防火墙不是万能的，一般存在以下缺陷：

1）防火墙不能防范内部用户的攻击。恶意的外部用户直接连接到内部用户的机器上，以内部用户的机器为跳板，就可以绕过防火墙进行攻击。

2）不能拦截带计算机病毒的数据在网络之间传播。

3）防火墙不能防止数据驱动式攻击。有些表面看来无害的数据被邮寄或复制到 Internet 主机上，被执行而发起攻击时，就会发生数据驱动攻击，这时防火墙也无能为力。

因此，防火墙只是整体安全防范政策的一部分。有时，我们还需要对内部网的部分站点加以保护，以免受到内部其他站点的侵袭。

4.2.4　VPN

VPN 即 virtual private network，通常被翻译成虚拟专用网，是一种存取受控制的通信环境，通过共享通信基础设施为用户提供定制的网络连接服务，要求用户共享相同的安全性、优先级服务、可靠性和可管理性策略，其目的在于只允许同一利益共同体的内部同层实体连接。

VPN 具有成本较低、扩展容易、方便联系、完全控制主动权等优点。用户可以根据使用场景的不同采用以下不同类型的 VPN。

（1）内联网 VPN（Intranet VPN）

内联网 VPN 保护企业的因特网不被外部入侵。当用于数据传输通道的两个端点被认为是可信的时候，可以采用内联网 VPN 来保证企业的重要数据流经因特网传输时的安全性。内联网 VPN 的安全性重点在于加强两个虚拟专用网服务器之间的加密和认证手段，因此，对于具有不同可信程度的分公司或个人应采取不同的安全措施。

（2）外联网 VPN（extranet VPN）

外联网 VPN 利用 VPN 将企业网延伸至合作伙伴与客户。通常 VPN 代理服务器被放在一个不能穿透的防火墙隔离之后，所有经过过滤后的数据通过唯一入口传到 VPN 服务器，然后根据安全策略来进一步过滤，具体技术由加密、认证和访问控制共同组成。

（3）远程接入 VPN（access VPN）

在远程接入 VPN 中，当用户方发起 VPN 连接时，用户端必须维护与管理发起隧道连接的有关协议和软件；而在接入服务器发起 VPN 连接时，构建 VPN 所需的协议及软件均由 ISP 负责，所建立的 VPN 连接对远程用户是透明的。在此情况下，企业中每个人的访问权限表由网络管理员制订，并且要符合企业的安全策略。

4.2.5　入侵检测

入侵检测系统（intrusion detection system，IDS）是防火墙的合理补充，帮助系统对付网络攻击，扩展了系统管理员的安全管理能力，提高了信息安全基础结构的完整性。在网络安全体系中，IDS 是唯一一个通过数据和行为模式判断其是否有效的系统。

1. 入侵检测的概述

入侵检测的目标就是从信息系统和网络资源中采集信息，分析来自网络内部和外部的信号，实时地对攻击做出反应。入侵检测的主要特征是使用主机传感器监控系统的信息，实时监视可疑的连接，检查系统日志，监视非法访问，并判断入侵事件，然后迅速做出反应。

因为许多情况下可以记录和禁止网络活动，所以入侵检测系统是防火墙的延续。它们可以和防火墙、路由器配合工作。入侵检测系统与系统扫描器不同，系统扫描器是根据攻击特征数据库来扫描系统漏洞的，它更关注配置上的漏洞，而不是当前进出用户主机的流量。在遭受攻击的主机上，即使正在运行着扫描程序，也无法识别这种攻击。

入侵检测是通过计算机网络或计算机系统中的若干关键点收集信息并对其进行分析，从中发现网络或系统中是否有违反安全策略的行为和遭到袭击迹象的一种安全技术。

1980 年，美国人詹姆斯·安德森在《计算机安全威胁监控与监视》中第一次详细阐述了入侵检测的概念。1986 年，乔治敦大学研究出了第一个实时入侵检测专家系统。1990 年，加州大学开发出了网络安全监控系统，该系统第一次直接将网络流作为审计数据来源，因而可以在不将审计数据转换成统一格式的情况下监控异种主机。从此，入侵检测系统的发展史翻开了新的一页，基于网络的 IDS 和基于主机的 IDS 两大阵营正式形成。1988 年之后，美国开展对分布式入侵检测系统的研究，将基于主机和基于网络的检测方法集成到一起。从 20 世纪 90 年代到现在，入侵检测系统的研发呈现出百家争鸣的繁荣局面，并在智能化和分布式两个方向取得了长足的进展。入侵检测按照分析方法或检测原理可以分为基于统计分析原理的异常入侵检测与基于模板匹配原理的误用入侵检测；按照体系结构可分为集中式入侵检测和分布式入侵检测；按照工作方式可分为离线入侵检测和在线入侵检测。

2. 常用的入侵检测手段

入侵检测系统常用的检测手段有特征检测、统计检测与专家系统。据公安部计算机信息系统安全产品质量监督检验中心的报告，国内送检的入侵检测产品中有 95%是属于使用入侵模板进行模式匹配的特征检测产品，其余 5%是采用概率统计的统计检测产品与基于日志的专家知识库系产品。

（1）特征检测

特征检测对已知的攻击或入侵的方式做出确定性的描述，形成相应的事件模式。当被审计的事件与已知的入侵事件模式相匹配时，便触发报警。特征检测的原理与专家系统相仿，检测方法与计算机病毒的检测方式类似。目前，基于对包特征描述的模式匹配应用较为广泛。该方法预报检测的准确率较高，但对于无经验知识的入侵与攻击行为无能为力。

（2）统计检测

统计模型常用异常检测。在统计模型中，常用的测量参数包括审计事件的数量、间隔时间、资源消耗情况等。入侵检测常用的 5 种统计模型为操作模型、方差、多元模型、马尔可夫过程模型、时间序列分析。

统计方法的最大优点是它可以学习用户的使用习惯，从而具有较高的检出率与可用性。但是它的学习能力也给入侵者提供了机会，入侵者通过逐步训练使入侵事件符合正常操作的统计规律，从而通过入侵检测系统。

3. 专家系统

专家系统对入侵进行检测，经常针对有特征入侵行为。所谓的规则即知识，不同的系统与设置具有不同的规则，且规则之间往往无通用性。专家系统的建立依赖于知识库的完备性，知识库的完备性又取决于审计记录的完备性与实时性。入侵的特征抽取与表达，是入侵检测专家系统的关键。在系统实现中，将有关入侵的知识转化为 if-then 结构（也可以是复合结构），其中，if 部分为入侵特征，then 部分是系统防范措施。运用专家系统防范有特征入侵行为的有效性完全取决于专家系统知识库的完备性。

4.2.6 信息安全解决方案

今天，计算机和互联网正快速发展，其安全问题也随之突显出来，主要表现在网上信息失密、泄密、窃密及传播有害信息、黑客攻击、计算机违法犯罪等。人民服务机构——政府机关和企事业单位也强烈地感受到了来自安全方面的威胁。

政府机关的信息网络安全，尤其是各级政府机关在网络世界中的服务窗口的因特网站点的安全问题，关系到国家的主权和形象，必须慎重对待、妥善解决。对于国家卫士系统这样的全国性网络系统来说，一旦网络中传输的用户信息被有意窃取、篡改，所造成的损失是不可估量的。因此，网络系统数据安全的实施显得非常重要。

网络安全产品就是为了保证信息的安全性而产生的。下面介绍几种网络安全产品。

（1）物理安全

重要信息可能通过电磁辐射或线路干扰等泄露，需要对存放绝密信息的机房进行必要的设计。例如，构建屏蔽室；采用辐射干扰机，防止电磁辐射泄露机密信息；对存有重要数据且有实时性服务要求的服务器必须采用不间断稳压电源（uninterruptible power supply，UPS），数据库服务器采用双机热备份、数据迁移等方式保证数据库服务器实时对外部用户提供服务并且能快速恢复。

（2）系统安全

对于操作系统的安全防范可以采取如下策略：尽量采用安全性较高的网络操作系统并进行必要的安全配置，关闭一些不常用却存在安全隐患的应用，对一些关键文件（如UNIX 下的/.rhost、etc/host、passwd、shadow、group 等）的使用权限进行严格限制，加强口令字的使用，及时给系统打补丁，系统内部的相互调用不对外公开。

（3）防火墙

防火墙是网络安全最基本、最经济、最有效的手段之一。防火墙可以实现内部、外部网或不同信任域网络之间的隔离，从而有效地控制对网络的访问。

（4）加密

目前，网络运营商所开展的 VPN 业务类型一般有以下 3 种：拨号 VPN 业务、专线 VPN 业务及 MPLS 的 VPN 业务。

移动互联网络 VPN 业务可以为用户提供拨号 VPN、专线 VPN 服务，并应考虑 MPLSVPN 业务的支持与实现。

VPN 业务一般由业务承载网络、业务管理中心、接入系统及用户系统几部分组成。用支持 VPN 的路由设备实现电信级的加密传输功能是现阶段最可行的办法。

（5）安全评估系统

网络系统存在的安全漏洞（如安全配置不严密等）、操作系统的安全漏洞等是黑客入侵者的攻击屡屡得手的重要因素。随着网络的升级或新增的应用服务，网络或许还会出现新的安全漏洞。因此，必须配备网络安全扫描系统检测网络中所存在的安全漏洞，还要经常使用，并对扫描结果进行分析审计，及时采取相应的措施填补系统漏洞，对网络设备等存在的不安全配置重新进行安全配置。

（6）入侵检测系统

在许多人看来，有了防火墙网络就可以高枕无忧了。其实，这是一种错误的认识。防火墙可以对所有的访问进行严格控制（允许、禁止、报警）。但它是静态的，而网络安全是动态的、整体的，黑客的攻击方法有无数种，而防火墙不是万能的，不可能完全防止这些有意或无意的攻击。所以必须配备入侵检测系统，而对透过防火墙的攻击进行检测并做出相应的反应（记录、报警、阻断）。入侵检测系统和防火墙配合使用可构成一个整体的、完善的网络安全保护系统，可以实现多重防护。

（7）防病毒系统

病毒的危害性极大并且传播极为迅速，所以必须配备从服务器到单机的整套防病毒软件，防止病毒入侵主机并扩散到全网，实现全网的病毒安全防护。由于新病毒的出现比较快，这就要求防病毒系统的病毒代码库的更新周期必须比较短。

（8）数据备份系统

安全不是绝对的，没有哪种产品可以做到百分之百的安全，但我们的许多数据需要绝对的保护。最安全的、最保险的方法是对重要的数据信息进行安全备份，通过网络备份与灾难恢复系统定时地自动备份数据信息到本地或远程的磁带上，并把磁带与机房隔离保存在安全的位置。如果遇到系统受损，就可以利用灾难恢复系统进行快速恢复。

（9）安全管理体制

安全体系的建立和维护需要良好的管理制度和很高的安全意识来保障。安全意识可以通过安全常识培训来提高，行为只能通过严格的管理体制来约束，并运用法律手段来实现。因此，必须在电信部门系统内根据自身的应用与安全需求，制定安全管理制度并严格执行。通过安全知识及法律常识的培训，加强员工整体的自身安全意识及防范外部入侵的安全技术。

4.3 计算机病毒

计算机病毒是指编制或者在计算机程序中插入的破坏计算机功能或者毁坏数据、影响计算机使用，并能自我复制的一组计算机指令或者程序代码。可以说，计算机病毒是一种由某些“特殊人才”编制的程序，不以独立文件的形式存在。它利用计算机软、硬件所固定的脆弱性，通过非授权入侵隐藏在可执行程序或数据文件中。计算机病毒具有自我复制能力，可通过 U 盘或网络传播到其他机器上，可造成计算机系统运行失常或导致整个系统瘫痪。下文若无特殊说明，病毒指的均是计算机病毒。

4.3.1　计算机病毒概述

1. 计算机病毒的特征

计算机病毒就是能够通过某种途径潜伏在计算机存储介质（或程序）里，当达到某种条件时即被激活的、对计算机资源具有破坏作用的一组程序或指令集合。计算机病毒程序一般具有 5 个方面的特征。

（1）一段可执行程序

计算机病毒是一段可存储可执行的“非法”程序。和其他合法程序一样，它可以直接或间接地运行，可以隐蔽在可执行程序或数据文件中，不易被人们察觉和发现。

（2）传染性

计算机病毒程序具有很强的自我复制能力。病毒程序运行时进行自我复制，并不断感染其他程序，在计算机系统内外扩散。因此，一旦机器感染病毒，这种病毒就会像瘟疫一样迅速传播开来。

计算机病毒主要通过硬盘、网络及 U 盘等进行传染。

（3）潜伏性

计算机病毒的潜伏性是指计算机病毒进入系统并开始破坏数据的过程不易为用户察觉，而且这种破坏活动又是用户难以预料的。计算机病毒一般依附于某种介质中，它可以在几周或几个月内进行传播和再生而不被人发现。实际上当病毒被发现时，系统往往已经被感染，数据已经被破坏，系统资源也已经被损坏。

（4）激发性

计算机病毒一般都有一个激发条件触发其传染。例如，在一定条件下激活一个病毒的传染机制使之进行传染，或者在一定的条件下激活计算机病毒的表现部分，或破坏部分，或同时激发其表现和破坏部分。

（5）破坏性

计算机病毒的破坏性是指对正常程序和数据进行增加、删除、修改、移动，从而造成局部功能的残缺，或者系统的瘫痪、崩溃。该功能是由病毒的破坏模块实现的。计算机病毒的目的就是破坏计算机系统，使系统资源受到损失，数据遭到破坏，计算机运行受到干扰，严重时造成计算机的全面摧毁。

随着计算机互联网的高速发展和计算机软硬件水平的不断提高，计算机病毒传播途径不再局限于存储介质之间的媒介传播，更多的是经过互联网、局域网传播，且其传播速度更广、更快。

2. 计算机病毒的分类

1）按照计算机病毒依附的操作系统分类：基于 DOS 系统的病毒、基于 Windows 系统的病毒、基于 UNIX 系统的病毒及基于 OS/2 系统的病毒形式。

2）按照计算机病毒的传播媒介分类：通过存储介质传播和通过网络传播的病毒。

3）按照计算机病毒的寄生方式和传播途径分类：引导型病毒、文件型病毒、混合型病毒。

另外，还有一种叫宏病毒，它的传播极快，制作、变种方便，破坏性极大。

3. 计算机病毒的表现形式

由于技术上的防病毒方法尚无法达到完美的境地，难免有新病毒会突破防护系统的保护，传染到计算机中。因此，及时发现异常情况，不使病毒传染到整个磁盘和计算机，应对病毒发作的症状予以注意。

计算机病毒出现什么样的表现症状，是由计算机病毒的设计者决定的，而计算机病毒设计者的思想又是不可判定的，所以计算机病毒的具体表现形式也是不可判定的。然而可以肯定的是病毒症状是在计算机系统的资源上表现出来的，具体出现哪些异常现象和所感染的病毒种类直接相关。感染病毒可能出现的症状有以下几种。

1）键盘、打印、显示有异常现象。例如，键盘在一段时间内没有任何反应，在屏幕显示或打印时出现一些莫名其妙的图形、文字、图像等信息。

2）系统启动异常，引导过程明显变慢。

3）机器运行速度突然变慢。

4）计算机系统出现异常死机或死机频繁。

5）无故丢失文件、数据。

6）文件大小、属性、日期被无故更改。

7）系统不识别磁盘或硬盘，不能开机。

8）扬声器发出尖叫声、蜂鸣声或乐曲声。

9）个别目录变成一堆乱码。

10）计算机系统的存储容量异常减少或有不明常驻程序。

11）没有写操作时出现“磁盘写保护”信息。

12）异常要求用户输入口令。

13）程序运行出现异常现象或出现不合理结果等。

发生上述现象，应意识到系统可能感染了计算机病毒。但也不能把每一个异常现象或非期望后果都归于计算机病毒，可能还有别的原因，如程序设计错误造成的异常现象，必须通过适当的检测手段来确认系统是否感染了计算机病毒。

4.3.2 计算机病毒的检测与清除

杀毒软件一般包含两部分：一是病毒检测程序，查找出病毒；另一部分是病毒消除程序。在检测病毒时，最主要是保证判断准确。如果在病毒检测时发生误判，会使下一步的消除工作对系统造成破坏作用，如产生文件不能运行，系统不能启动或者硬盘不能识别等严重后果。

当用户在使用计算机的过程中，发现计算机工作不正常，甚至直接出现了病毒发作的现象时不要慌张，首先应该马上关闭计算机电源，以免病毒对计算机造成更多的破坏，然后用无毒盘启动计算机，使用病毒消除软件对系统进行病毒清除。一般用户不宜用手工的方法消除病毒，因为用户的一个误操作可能会使操作系统或文件损坏，其结果可能更严重。

清除计算机病毒的关键是要把病毒的传染机制弄清楚。如果有任何不当操作，都会在杀毒过程中给系统带来意想不到的灾难。

目前，常用的杀毒软件有瑞星杀毒软件、金山毒霸、360 杀毒软件、卡巴斯基等。

由于计算机病毒的种类繁多，而且新的病毒变种不断出现，原本安装的杀毒软件虽然能抵御绝大多数已知病毒的入侵，但是面对某些特种病毒及变种或者未知病毒，就有可能防不胜防。因此，除了安装一般的杀毒软件，最好安装几种常用的“专杀”软件，如专门针对木马变种病毒、求职信病毒、冲击波病毒、震荡波病毒等的“专杀”工具。

4.3.3 计算机病毒防治技术

对于已经感染了病毒的计算机，首先应当将没有感染任何病毒的系统盘插入光驱，或 USB 接口进行启动，然后再采取消除病毒的措施。

目前，广泛应用的病毒防治技术有 3 种。

（1）特征码扫描法

这种方法是分析出病毒的特征病毒码，并将其集中存放于病毒代码库文件中，在扫描时将扫描对象与特征代码库做比较，如有吻合则判断为染上病毒。该技术实现过程简单有效、安全彻底，但庞大的特征代码库会造成查毒速度的下降。

（2）虚拟执行技术

该技术通过虚拟执行方法查杀病毒，可以对付加密、变形、异形及病毒生产机生产的病毒。在查杀病毒时，机器虚拟内存中会模拟指令的执行。由于是在虚拟机环境中虚拟执行，因此带毒文件并不会真正被执行。

（3）文件实时监控技术

该技术通过操作系统底层接口技术，对系统中的所有类型文件或指定类型的文件进行实时的行为监控，一旦有病毒传染或发作就及时报警，从而实现对病毒的实时自动监控。这种技术能够有效控制病毒的传播途径，但是这种技术的实现难度较大，系统有效资源的占用率也会降低。

不过，正像医疗一样，病毒的预防更加重要。因为系统一旦染上病毒，就如同病人的肌体生病一样，已经受到了不同程度的损害。

具体来说，病毒防治应该做到以下几点：

1）及时给操作系统打上漏洞补丁。

2）对外来的 U 盘或光盘，应先使用杀毒软件检测确认无毒后再使用。

3）系统盘和重要数据盘要做写保护，防止被感染。

4）在硬盘无毒的情况下，尽量不要使用系统盘启动系统。

5）对于重要系统信息和重要数据要经常进行备份，以便系统遭到破坏后能及时得到恢复。系统信息主要是指主引导记录、引导记录、CMOS 等。重要数据是指日常工作中自己创作、收集而来的数据文件，如手工输入的文章、费了很大劲才得到的数据等。

6）经常使用查毒软件对计算机进行预防性检查。

7）对于网络上的计算机用户，要遵守网络软件的使用规定，不能在网络上随意使用外来的软件。

8）留意各种媒体有关病毒的最新动态，注意反病毒商的病毒预报。及时了解计算机病毒的发作时间，并事先采取措施，如CIH病毒的发作时间为4月26日，可以通过修改系统日期跳过这一天，避免其发作。

9）安装正版杀毒软件，并及时升级。千万不要相信盗版的、解密的、从别处复制来的杀毒软件。因为这些软件包不但杀毒能力极低，而且有可能由于广为传播而使自己也携带有恶性病毒，反倒成了携带和传播病毒的“罪魁祸首”。

尽管采取了各种防范措施，系统仍无法避免感染病毒。因此，检测和消除病毒仍是用户维护系统正常运转所必需的工作。检测和消除病毒通常可使用两种方法：一种是使用通常的工具软件，另一种是使用杀毒软件。目的都是判断病毒是否存在、确定病毒的类型，并合理地消除病毒。但是，必须再次强调的是，一旦发现系统感染了病毒，首先应使用没有感染的系统盘启动机器，然后再采取相应的杀毒措施。

4.4 计算机安全法规与社会责任

除了网络安全与管理技术外，网络安全保障的关键要素还包括网络安全策略、网络安全管理和网络安全运作。可以说，七分管理，三分技术——管理是关键，技术是保障。提高安全意识、加强安全管理才能减少故障次数、预防安全事件、节省维护开支。

4.4.1 安全保密行政管理

加强计算机网络和信息系统的安全保密工作，是时代发展的客观要求。随着信息技术的飞速发展，计算机网络正在向全球各个角落辐射，并渗透到社会的各个领域。信息化、网络化已成为当今时代的重要特征。计算机网络作为国家的关键基础设施和战略命脉，其安全保密状况直接关系着国家的安全与发展。当前，计算机网络空间的信息控制与反控制、窃密与反窃密的斗争日趋激烈，网络安全保密已成为国际社会关注的焦点。

由于网络安全保密关乎国家的安危、民族的兴衰，许多国家把它作为国家安全战略的重大课题，列入发展规划，并投入了大量的人力、物力和财力。我国也建立了相应的机构，做出了战略部署。现在从下面几个方面来分析网络安全。

1. 安全保密行政管理

坚持“两手抓”，即一手抓技术防范，一手抓行政管理。安全保密行政管理包括以下内容：

1）要确保计算机信息系统的操作和维护人员可靠。

2）计算机信息系统正式启用前要进行安全保密检查。

3）严格划分系统的密级。

4）采取必要的屏蔽、干扰措施。

5）对秘密信息的读取和传输采取认证和加密措施。

6）加强教育，建立健全法规制度。

2. 当前安全保密存在的主要问题

我国网络信息安全保密当前存在的主要问题如下：

1）安全保密意识淡薄，重建设、轻防护的现象比较突出。

2）主要软、硬件依赖进口，泄密隐患严重。

3）安全保密技术落后，防护能力低下。

4）组织管理跟不上，缺乏宏观规划，规章制度不健全、不严格。

3. 目前信息系统面临的主要安全问题

目前，信息系统面临的主要安全问题有以下几个方面。

1）网络信息的安全问题：主要威胁有特洛伊木马程序、拒绝服务攻击、入侵、网络欺骗、信息窃取和病毒等。

2）关键设备依赖进口的问题：隐含有后门。

3）电磁辐射问题。

4）保密意识问题：WWW、BBS 等泄密，介质丢失、被盗泄密等。

4. 提高计算机在网络上的安全性

在联网的计算机上工作，操作者必须养成一些良好的安全习惯，否则很容易成为黑客或者一些测试黑客工具的实验品。

1）不要轻易运行不太了解的程序，如“特洛伊木马”类黑客程序就需要诱骗用户运行后，才能起到窃密作用。

2）密码设置尽可能使用字母数字混排，保护重要信息的密码最好经常更换。

3）不要随便运行黑客程序，有时会泄露密码信息。

4）在使用过程中，如遇到系统的提交警告或要求提供密码等情况，要特别谨慎，最好先查看源代码，因为这很可能是黑客模拟的，目的是骗取密码。

5. 计算机信息系统的安全保密措施

1）对计算机机房、终端室、数据库、控制中心加强安全保卫，并设报警系统。

2）对计算机机房屏蔽，或配备干扰器，防止计算机的电磁波辐射和外来的干扰。

3）对使用计算机的用户活动情况进行登记，特别是所使用的终端、上机时间、处理数据等，便于分析发现异常的情况。

4）对重要的数据、文件应有备份，一旦发生窃密事件，可及时恢复原始数据。

5）对在通信线路上传播和在库中储存的秘密数据进行加密，可由软件或硬件来实现。

6）加强磁介质的抹除技术，防止数据被抹去后仍然从残存的信号中提取复原。对记录有重要信息的磁介质不得重新使用，应随数据一起销毁。

6. 网络信息系统安全保密工作应坚持的原则

1）同步建设：统一规划，统一设计，同步实施，同步发展。

2）分级保护：做到“上网计算机不涉密，涉密计算机不上网”。

3）综合治理：一手抓技术，一手抓管理。

4）统筹兼顾：网络建设与应用必须考虑安全保密。

7. 网络信息系统安全保密的目标

网络信息系统的安全保密工作应按照“先进、科学、可靠、适用”的标准，以“非法用户进不来，秘密信息取不走，网络基础摧不垮”为目标。

4.4.2 国际上与信息安全相关的法律

国际上与信息系统发展相关的法律法规包括:《计算机信息网络国际联网安全保护管理办法》,联合国《电子数据交换及贸易数据通信有关手段法律方面的统一规则草案》形成了国际 EDI 法律基础，美国犹他州制定了世界上第一个《数字签名法》，联合国国际贸易法委员会通过了《电子商务示范法》，稍后起草了《电子签名统一规则》，新加坡公布了电子交易法案，欧盟发布了《电子签名统一框架指令》1999/93/CE，美国签发了《全球、国内电子商务签章法》，联合国国际贸易法委员会通过了《电子签字示范法》等。

4.4.3 我国与信息安全相关的法律

我国在信息安全立法方面，2006 年出台或实施的相关政策、法律、法规有《2006—2020 国家信息化发展战略》《治安管理处罚法》《信息安全等级保护管理办法》《电子银行安全评估指引》《互联网络安全保护技术措施规定》《互联网电子邮件服务管理办法》《国家通信保障应急预案》《银行业金融机构信息系统风险管理指引》《商用密码科研管理规定》《商用密码产品生产管理规定》《商用密码产品销售管理规定》等。在地方法规层面，还有《北京市公共服务网络与信息系统安全管理规定》《浙江省信息安全等级保护管理办法》《云南省电子政务管理办法》等。

其中，值得关注的是《2006—2020 年国家信息化发展战略》对我国信息安全现状、问题、目标和任务进行了阐述，制定并实施了国家信息安全战略，初步建立了信息安全管理体制和工作机制，这意味着基础信息网络和重要信息系统的安全防护水平明显提高，互联网信息安全管理进一步加强。

当前我国信息化发展也存在着一些亟待解决的问题，主要表现为信息安全问题仍比较突出。在全球范围内，计算机病毒、网络攻击、垃圾邮件、系统漏洞、网络窃密、虚假有害信息和网络违法犯罪等问题日渐突出，如应对不当，可能会给我国社会经济的发展和国家安全带来不利影响。

全面加强国家信息安全保障体系建设，坚持积极防御、综合防范，探索和把握信息化与信息安全的内在规律，主动应对信息安全挑战，实现信息化与信息安全协调发展。坚持立足国情，综合平衡安全成本和风险，确保重点，优化信息安全资源配置。建立和完善信息安全等级保护制度，重点保护基础信息网络和关系国家安全、经济命脉、社会稳定的重要信息系统。加强密码技术的开发利用。建设网络信任体系。加强信息安全风险评估工作。建设和完善信息安全监控体系，提高对网络安全事件的应对和防范能力，防止有害信息的传播。高度重视信息安全应急处理工作，健全信息安全应急指挥和安全通报制度，不断完善信息安全应急处理预案。从实际出发，促进资源共享，重视灾难备份建设，增强信息基础设施和重要信息系统的抗毁能力和灾难恢复能力。

对于信息化法制建设，《2006—2020 年国家信息化发展战略》中明确指出："加快推进信息化法制建设，妥善处理相关法律法规制定、修改、废止之间的关系，制定和完善信息基础设施、电子商务、电子政务、信息安全、政府信息公开、个人信息保护等方面的法律法规，创造信息化发展的良好法制环境。"

4.5 "互联网+"时代个人信息安全防护

对于个人而言，首先要做的就是为计算机安装一套杀毒软件，并定期升级所安装的杀毒软件，同时打开杀毒软件的实时监控程序，定期检查计算机系统内文件是否有病毒，如发现病毒应立即使用杀毒软件进行清除，以维护计算机的正常运行，保护计算机系统数据的安全。

安装个人防火墙以抵御黑客的袭击，最大限度地阻止网络中的黑客来访问你的计算机，防止你的重要信息被更改复制毁坏。防火墙在安装后一定要根据需求进行详细配置。另外，需要特别注意的是，不要使用弱密码，不要在多个场合使用同一个密码，不要长期使用固定的密码，更不要随意将密码泄露给别人。

在使用互联网时，应选择信誉较好的网站下载软件，将下载的软件及程序集中放在非引导分区的某个目录，在使用前最好用杀毒软件对其进行病毒查杀；不要打开来历不明的电子邮件及其附件，以免遭受病毒邮件的侵害；同样也不要接收和打开来历不明的QQ 或微信发过来的文件。

最后，要培养良好的使用计算机的道德规范，不要蓄意破坏和损伤他人的计算机系统设备及资源，不要制造病毒程序，不要使用带病毒的软件，更不要有意传播病毒给其他计算机系统。同时，要注意定期备份重要的文件与资源。

（1）杀毒软件

杀毒软件也称反病毒软件或防毒软件，是用于消除计算机病毒、特洛伊木马和恶意软件等计算机威胁的一类软件。杀毒软件通常集成监控识别、病毒扫描和清除、自动升级等功能，有的杀毒软件还带有数据恢复等功能，是计算机防御系统的重要组成部分。图 1-4-1 所示为常用的一些杀毒软件，可以任选其一进行安装和使用。但是需要注意的是，杀毒软件不可能查杀所有的病毒，杀毒软件查到的病毒也不一定都能杀掉。

（2）个人防火墙

个人防火墙是防止计算机中的信息被外部侵袭的一项技术，它能在系统中监控、阻止任何未经授权允许的数据进入，或发出到互联网及其他网络系统。个人防火墙的优点是成本低、不需要额外的硬件资源；缺点是对公共网络只有一个物理接口，防火墙本身很容易受到威胁。

（3）口令安全

作为信息系统的第一道屏障，设置一个安全的口令尤为重要。当黑客想要破译口令时，他并不会首先使用穷举攻击，而是先查找一份常用口令表。据统计，在 500 个口令

图 1-4-1　常用杀毒软件

中，每九个就会有一个口令出现在这个表里，而每 50 个人中就会有一个出现在前 20 位中。因此，我们就不难理解口令设置中的那些强制的规则了，例如：

1）密码口令的位数应在 8～12 位。

2）应使用字母和数字结合的方式。

3）避免使用有规律的字母或数字组合。

同时，对于上网用的常用口令和财务相关的银行密码一定要分别对待，并在上网时尽量使用软键盘的方式填写口令，及时更新软件和插件，及时清除上网的痕迹。

设置安全口令时可以遵循以下建议：首先，设置一个相对较长的口令，这是最简单易行的方法；其次，可以采用 E-mai 地址的方式来设置口令，选一个非常用字符安置在口令的中间；除此之外，可以采用重复、分隔、替代的方式来让口令变形成难破解的形式；或者使用非单词、外语、俚语、方言来设置口令，达到让人难以猜测的目的。

（4）数据备份

数据备份的重要性毋庸置疑。无论防范措施做得多么严密，也无法完全防止“道高一尺，魔高一丈”的情况出现。如果遭到致命的攻击，操作系统和应用软件可以重装，但重要的数据就只能靠日常的备份了。无论采用了多么严密的防范措施，也不要忘了随时备份重要数据，做到有备无患。图 1-4-2 展示了一些可用于个人数据备份的软件。

图 1-4-2　个人数据备份的软件

第5章 人工智能概述

人工智能作为计算机科学的一个重要分支，其发展几经沉浮，逐渐成为人类延伸认知能力、解放脑力劳动的关键技术路径。本章首先介绍人工智能的基本概念、发展历史，然后从智能体的角度归纳其主要研究内容，并概述人工智能的应用领域、发展趋势，最后探讨 AI 的伦理与安全问题，以开阔读者视野。

5.1 人工智能的概念

5.1.1 人工智能的定义

人工智能也称机器智能，是一门研究如何使用机器（通常是指计算机）模仿人类智能行为的交叉学科，涉及数学、哲学、经济学、心理学、社会学，以及计算机科学等领域的研究方法。创造具备类人智能的实体一直是人类的梦想。目前，尽管学术界和工业界在图像处理、语音识别、自然语言处理和机器人技术等方面取得了显著进展，但由于人体结构的复杂性（尤其是大脑），我们对人类智能形成机理的理解仍然有限，对智能构成要素的认识也尚不全面。这种局限性导致学术界至今未能就人工智能的确切定义达成共识。

斯图尔特·罗素（Stuart J. Russell）和皮特·诺威格（Peter Norvig）在其经典教材《人工智能：一种现代的方法》（第 4 版）中将人工智能定义为“研究从环境接收感知并执行动作的主体”。这个定义为人工智能的研究提供了一个清晰的框架，使研究者关注如何使机器在复杂环境中进行有效的感知和行动，具有重要的指导意义。总的来说，对人工智能的定义可以概括为 4 个层次：像人一样思考、像人一样行动、理性地思考、理性地行动。

如今，人工智能已经渡过了简单模拟人类智能的发展阶段，演进为研究人类智能活动的规律、构建具有一定智能的人工系统或硬件，以使其能够开展需要人的智力才能进行的工作，并对人类智能进行拓展的综合学科。

5.1.2 人工智能的判定

尽管目前缺少对人工智能统一、确切的定义，但并不影响如何判断一个机器是否具备智能。1950 年，英国数学家、计算机科学家、密码学家艾伦·图灵在论文《计算机器与智能》中提出了如何判断“机器能否思维”（Can machines think）的论点，并设计了一种可操作的判定标准，被称为“图灵测试”（Turing test）。

图灵测试采用问答模式进行，一个人类裁判，同时测试一个人和一台机器，如图 1-5-1 所示。测试时，裁判与被测试的人和机器是相互隔离的。裁判与被测试人和机器分别以通信线路连接起来，利用键盘和显示屏进行交谈。裁判同时向被测试人和机器提出问题，经过一系列的测试后，如果裁判无法分辨这些回答究竟是来自被测试人还是机器，则认为该机器通过了测试，具备了人类的思维能力。

图 1-5-1　图灵测试示意图

图灵还曾预言在 20 世纪末，人类就能制造出在 5 分钟测试中蒙骗 30%人类裁判的机器。2014 年，在英国举行的“图灵测试”大会上，聊天程序“尤金·古斯特曼”首次通过了图灵测试。虽然测试的科学性受到质疑，如存在测试内容局限于文本，以及测试时间过短等问题，但仍被广泛认为是测试机器智能的重要标准，对人工智能的发展产生了极为深远的影响。因此，图灵也被称作“人工智能之父”。

5.1.3　人工智能的层级

人工智能可以根据其能力、复杂性和应用场景，分为以下 3 个层级。

1）弱人工智能（artificial narrow intelligence，ANI）：也称为窄域人工智能，是指专门设计用于执行特定任务的人工智能系统，其擅长单一方面的人工智能，但无法超越预设的任务范围，缺乏类似人类的理解和推理能力。例如，战胜世界围棋冠军的 AlphaGo 只会下围棋，如果你让它分辨猫和狗的图片，它就不知道该怎么做了。目前，ANI 已经广泛应用于我们的日常生活中，如手机上的语音助手、智能音箱、人脸识别技术，以及新闻 App 中的内容推荐等。

2）强人工智能（artificial general intelligence，AGI）：也称为通用人工智能，是指具备人类级别智能的人工智能系统。AGI 不仅能够完成特定的任务，还能够理解、学习和推理，适应不同的情况，像人类一样进行复杂的多任务处理。目前，尽管许多研究（如流行的大模型）在技术上取得了很大成功，但强人工智能目前仍处于理论和发展阶段，尚未实现，主要难点在于常识推理、情感理解和伦理决策等。

3）超人工智能（artificial super intelligence，ASI）：被视为 AGI 的终极形态，是指在各个方面（智力、创造性、情感等）超越人类智能的人工智能，它能够做出比最优秀的人类更好的决策。ASI 常常作为科幻小说中的主题，引发一系列道德、伦理和安全方面的讨论，尤其是关于其对人类社会的潜在影响和风险。

5.2 人工智能的发展历史

人工智能是伴随计算机的诞生而逐渐发展起来的，产生于第三次工业革命阶段，其发展历程如图 1-5-2 所示。纵观人工智能的发展历史，并非一帆风顺，迄今为止共经历了三起两落，先后经历了推理期、知识期和学习期，不同时期的代表技术反映出人们对人工智能的理解逐渐变得深入，目前人工智能正在促进人类社会由数字化向智能化的转变，通常也被视作第四次工业革命的重要驱动力。

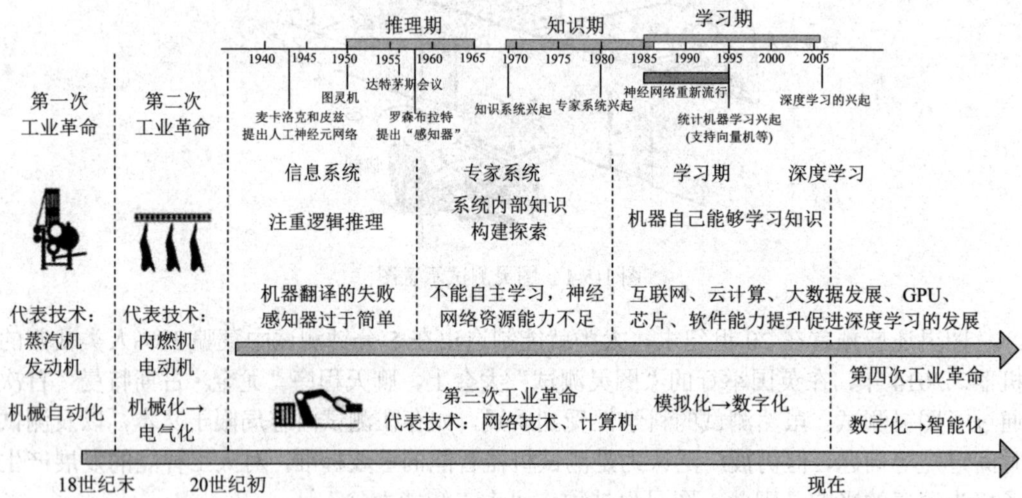

图 1-5-2 人工智能的发展历程

5.2.1 朴素的人工智能思想

人类关于人工智能的早期想象在古代典籍和传说中就有所体现。据《列子·汤问》记载，周穆王西巡时，曾遇到一个名叫偃师的工匠，他向穆王献上了一个能歌善舞的机器人。这个机器人外观与真人无异，能够模仿真人的歌舞动作，甚至能够表达情感。虽然这个故事带有神话色彩，但它体现了古人对能够模仿人类行为和情感的智能机器的畅想。

类似的关于人工智能的传说，还有三国时期蜀汉丞相诸葛亮发明的“木牛流马”。据《三国志》记载，木牛流马是一种无须人力驱动，能够自动行走的机械装置，用于在崎岖的山地中运输军粮。尽管现代学者对其工作原理有多种解释，也存在一定质疑，但关于这一发明的想象无疑是古代对自动化运输工具的一种朴素探索。

从现代眼光看，能歌善舞的机器人和“木牛流马”不太可能在古代出现，但我国古代的指南车和记里鼓车却是被证实存在的发明，如图 1-5-3 和图 1-5-4 所示。《晋书》记载，指南车是一种导航工具，能够自动指示方向；而记里鼓车则是一种自动记录行驶里程的机械装置，装有一套复杂的齿轮和鼓，能够在车辆行驶时自动记录里程，并在达到

图 1-5-3　指南车复原模型

图 1-5-4　记里鼓车复原模型

一定里程时敲响鼓声，以此来报告行程。

无论是指南车还是记里鼓车，它们都体现了古人对智能、自动化和机器的初步探索，反映了早期对人工智能的朴素认知，也是对现代人工智能发展的哲学启示。

5.2.2　AI 诞生与第一次浪潮

1943 年，沃伦·麦卡洛克（Warren McCulloch）和沃尔特·皮兹（Walter Pitts）在详细分析生物原型的基础上提出了大脑神经元的数学模型（简称 M-P 模型），指出了神经元的激活和抑制方式，并展示了神经元的学习方法。

1950 年，艾伦·图灵提出了一种判定机器是否有智能的方法，被后人誉为“图灵测试”。

1951 年，普林斯顿大学数学系的研究生马文·明斯基（Marvin Minsky）和迪恩·埃德蒙兹基于 M-P 模型，构建了第一台人工智能计算机 SNARC（stochastic neural analog reinforcement calculator，随机神经模拟强化计算器）。在这个只有 40 个神经元的小网络里第一次模拟了神经信号的传递，为人工智能奠定了深远的基础。

1955 年，艾伦·纽厄尔（Allen Newell）、西蒙（Simon）和约翰·肖（John Shaw）建立了名为“逻辑学家”（logic theorist）的计算机程序来模拟人类解决问题的技能，成功证明了著名数学家罗素和怀特海的名著《数学原理》中的 38 条定理，并在 11 年后证明了其中全部的 52 条定理，部分定理的证明甚至比原著作者的证明更加巧妙，开创了搜索推理的方法体系。

1956 年夏，一群年轻学者在美国达特茅斯学院召开了重要会议——达特茅斯夏季人工智能研究项目。会上，麦卡锡明确提出了“人工智能”的概念，从此人工智能作为一个研究领域正式诞生。

这一时期，学者研究人工智能主要遵循的指导思想如下：研究和总结人类思维的普遍规律，并用计算机来模拟人类的思维活动，而实现这种计算机智能模拟的关键是建立一种通用的符号逻辑运算体系。

达特茅斯会议之后，人工智能的发展进入了黄金时期，多国政府部门大力投入资金建立人工智能实验室，并取得了初步成就。

1956 年，IBM 工程师亚瑟·塞缪尔（Arthur Samuel）编写了一套西洋跳棋程序，该程序整合了走棋策略，可以记住一定数量的棋谱，并选择其中胜率最高的走法。1962 年，该程序战胜了美国康涅狄格州的跳棋冠军罗伯特·尼赖（Robert Nealy）。

1958 年，约翰·麦卡锡（John McCarthy）发明了著名的 Lisp 编程语言，这是人工智能领域中第一个广泛流行的编程语言，目前仍有大量使用者。

20 世纪 60 年代，英国剑桥大学的玛格丽特·马斯特曼（Margaret Masterman）等人设计了语义网络，用于机器翻译。

1965 年，爱德华·费根鲍姆（Edward Feigenbaum）等人开创了 Dendral，这是第一个根据质谱仪数据推断有机化合物分子结构的专家系统。该系统把化学家关于分子结构质谱测定法的知识结合到控制搜索的规则中，从而能迅速消去不可能为真的分子结构，避免搜索对象指数级膨胀，它甚至可以找出那些人类专家可能漏掉的结构。后来，爱德华·费根鲍姆也被称为“专家系统之父”，并因此获得了图灵奖。

1966 年，约瑟夫·维森鲍姆（Joseph Weizenbaum）建立了第一个自然语言对话程序 ELIZA，其可以扫描用户提问中的关键词，并利用简单的模式匹配和对话规则聊天，虽然简陋但令人惊叹，如图 1-5-5 所示。

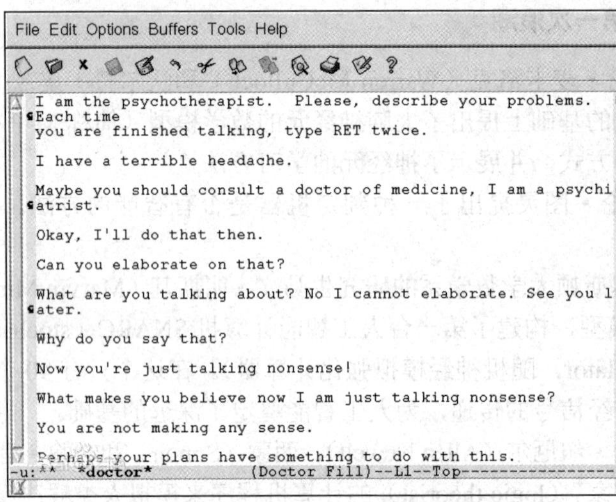

图 1-5-5 ELIZA 人机对话程序

1972 年，日本早稻田大学发明了世界上第一个人形机器人，它不仅能对话，而且可利用视觉系统在室内走动和抓取物体。

1974 年，爱德华·肖特列夫（Edward Shortliffe）推出了著名的 MYCIN 医学诊断系统，可以基于有限的事实实现不确定性推理，甚至被用于培训实习医生，具备很强的实用价值。

这段时期，人们认为只要赋予机器逻辑推理的能力，机器就能具有智能。人工智能的各个分支蓬勃发展，当时的研究者对未来充满信心，认为完全智能的机器人在 20 年内就能出现。

5.2.3 专家系统与第二次浪潮

伴随研究的深入推进，人工智能的发展进入瓶颈期。当时的计算机内存和处理速度有限，很难处理复杂的问题。同时，视觉和自然语言理解中的巨大可变性与模糊性等问题使得机器翻译和联结主义遇到了难以克服的困难。

1969 年，马文·明斯基在《感知机》一书中指出单层感知机不能解决“异或问题”的缺陷，并表明多层感知机缺少有效的训练方法。当时，人工智能研究的成果大多局限在实验室（如下棋或简单翻译），在实际问题中的表现乏善可陈。图 1-5-6 直观展示了“异或问题”，单层感知机无法找到一条直线将图中“+”和“-”4 个坐标点分开。

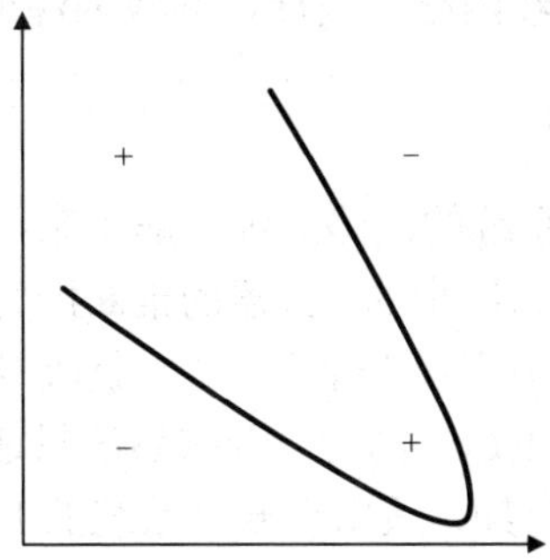

图 1-5-6　异或问题

1973 年，数学家詹姆斯·莱特希尔（James Lighill）向英国科学研究委员会提交了《人工智能：综合调查报告》，对人工智能研究的自然语言处理、机器人等领域提出严重质疑。受其影响，英国及很多国家的研究机构大幅缩减人工智能的研究经费，人工智能遭遇第一个寒冬。

尽管遇到寒冬，以爱德华·费根鲍姆为代表的研究者对人工智能仍抱有希望。他们认为，人工智能发展受阻的原因在于过于强调推理求解的作用，对比人类的思考与问题解决过程，知识显然是不可或缺的。因此，要想让人工智能摆脱困境就需要有大量的知识。为此，费根鲍姆提出了知识工程的概念，并聚焦于面向专业领域设计和开发专家系统，从而在特定场景下借助知识库和推理引擎模拟人类专家给出专业解答，其结构如图 1-5-7 所示。从此，人工智能的发展逐渐从理论研究走向实际应用，再次焕发了生机。

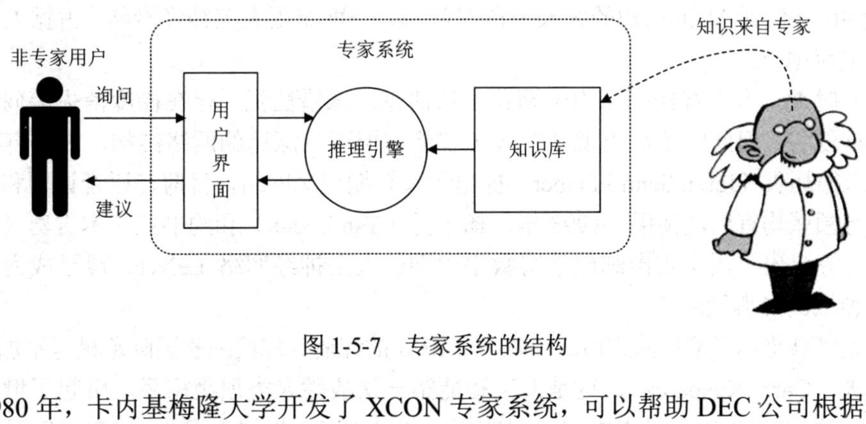

图 1-5-7　专家系统的结构

1980 年，卡内基梅隆大学开发了 XCON 专家系统，可以帮助 DEC 公司根据客户需求自动选择计算机部件的组合，每年可为公司节省 4000 万美元，极大地激发了工业界对人工智能尤其是专家系统的热情。

在专家系统的刺激下，很多科研计划也陆续被推出。1982 年，日本推出第五代计算机计划，其目标是制造出能与人对话、看懂图像、翻译语言，并能像人一样推理的机器人。

与此同时，关于人工神经网络的研究也有了新的进展。1982 年，霍普菲尔德（Hopfield）提出了一种新型的神经网络，使用一种全新的相联存储机制进行学习和信息处理，后来被称为 Hopfield 网络。1986 年，经典论文《通过误差反向传播学习表示》表明反向传播算法可以在神经网络的隐藏层中学习对输入数据的有效表达，该算法的提出在很大程度上促进了人工神经网络的发展，并成为深度学习理论的重要基础。

5.2.4 深度学习与第三次浪潮

20 世纪 80 年代末，专家系统的缺陷逐渐显露出来，主要表现在如下方面：一是专家系统中的知识大多是人工总结出来的，机器的推断能力完全由人工输入了多少知识决定，意味着“有多少人工，就有多少智能”；二是获取专家知识的成本很高，某些知识无法利用有效的数据结构进行表达。同时，专家系统只适用于特定领域，存在应用领域狭窄、难以复制的问题。在此时期，适用于专家系统的 Lisp 机的市场出现崩溃。日本第五代计算机项目历经 11 年后，悄然退场。随着专家系统的研究缓慢滑向低谷，人工智能领域再次遭遇了一系列的财政危机，进入了第二个寒冬。

20 世纪 90 年代，计算机性能的提高和互联网的快速发展促进了人工智能的研究，学者们开始引入不同学科（如高等代数、概率统计与最优化理论等）的数学工具，并专注于发展解决具体问题的智能技术。他们主张让机器自主从数据中“学习”知识，而不是传统的由人工总结知识。这一时期，在数学的驱动下，以机器学习为代表，出现了大批新的数学模型和算法，如统计学习理论、支持向量机和概率图模型等，人工智能进入了学习阶段。

1995 年，统计学家万普尼克（Vapaik）提出了线性支持向量机，其具备完整的数学推导过程，在线性分类问题上取得了当时最好的成绩。1997 年，Adaboost 算法被提出，它通过集成一些弱分类器来达到强分类器的效果。2000 年，学者提出了非线性支持向量机，它通过巧妙的核函数将原空间线性不可分的问题映射到高维空间，实现了线性可分。由于支持向量机在小规模数据集上解决非线性分类和回归问题的效果非常好，因此其在 20 世纪 90 年代到 21 世纪初的很长一段时间里，一直碾压人工神经网络，占据人工智能算法的主流地位。

同一时期，人工神经网络由于理论不够清楚，试错性强，存在梯度消失等问题，进入了发展低谷，但此时依然出现了对人工智能发展影响深远的网络结构。1997 年，尤尔根·施米德胡贝（Juren Schmidhuber）提出了长短期记忆网络，目前在语音识别和自然语言处理等领域均有广泛使用。1998 年，杨乐昆（Yan Lecun）和约书亚·本吉奥（Yoshua Bengio）等提出了用于美国邮政手写数字识别的人工神经网络 LeNet，现已成为入门深度学习领域的经典网络。

理论突破推动了应用的进展。1997 年，IBM 的深蓝计算机战胜国际象棋冠军加里·卡斯帕罗夫（Carry Kasparov），这是人工智能第一次战胜人类顶级棋手，引起了世界范围的广泛关注。2000 年，日本本田公司的第一代 ASIMO 机器人诞生。ASIMO 可以灵活地走动，完成弯腰、握手等各种动作。

21 世纪以来，人类迈入了大数据时代，同时计算机芯片的计算能力得到指数级增长，促进了人工智能算法的重大突破，以深度学习为代表的人工神经网络方法迎来了新的曙光。

2006 年，加拿大多伦多大学的教授杰弗里・辛顿（Geoffrey Hinton）在顶尖学术期刊 *Science* 上发表了一篇文章，提出了深度学习的概念，并阐述了两个重要观点：第一，多个隐藏层的人工神经网络具有优秀的特征学习能力；第二，梯度消失问题可以通过无监督学习算法逐层预训练，并使用反向传播算法调优解决，这种逐层预训练网络被称为深度信念网络。

2012 年，辛顿和他的学生亚历克斯・克里泽夫斯基（Alex Krizhevsky）参加了 ImageNet 视觉识别挑战赛，采用卷积神经网络 AlexNet 以惊人的优势（错误率比第二名低了 9.3%）获得了大赛冠军，开启了深度学习的井喷期。之后，每年 ImageNet 视觉识别大赛都会产生非常优秀的人工神经网络，如 VGGNet、ResNet 等。ImageNet（图 1-5-8）是由斯坦福大学华裔女科学家李飞飞于 2007 年发起的项目，包含 1400 万张图片数据和超过 2 万个类别。从人工神经网络逐步发展到深度学习，辛顿在其间的贡献意义非凡，BP 算法、深度学习概念、AlexNet 均是深度学习发展过程中的重要事件。辛顿也因此被称作“神经网络之父”。

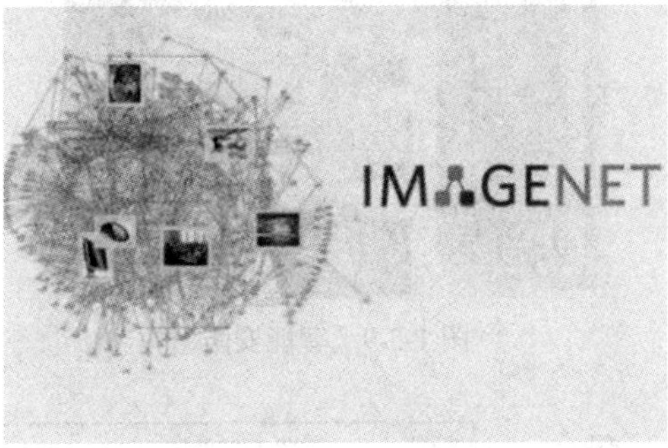

图 1-5-8 ImageNet 项目

2015 年，DeepMind 公司在 *Nature* 杂志上发表了深度 Q 网络（deep Q-network），通过深度强化学习方法构建的 AI 视频游戏系统达到了人类操控 Atari 视频游戏机的水平。

2016 年，同是 DeepMind 公司的 AlphaGo 以 5 战 4 胜赢得了韩国九段职业棋手李世石，其改进版在 2017 年以 3∶0 战胜了排名世界第一的中国棋手柯洁。两次人机对战证明 AlphaGo 的水平已经超过了人类职业围棋的顶尖水平。与 IBM 的深蓝计算机不同，围棋中所有可能的走子方式远远多于国际象棋，并不适合暴力穷举，为此 AlphaGo 采用深度学习的技术来应对这个难题，先判断对手可能落子的位置，再判断在目前情况下最后的胜率，最后寻找最佳落子点。这种运行机制更贴近人脑的应对方式，更加智能。

2018 年，OpenAI 发布了 GPT（generative pre-trained transformer）模型，标志着大规模预训练模型的兴起。GPT 模型通过大规模的文本数据进行预训练，具备了强大的自然语言生成能力。其后，Google 也推出了 BERT 模型，进一步推动了自然语言处理的研究。

2022 年 11 月，OpenAI 发布了基于 GPT-3 架构（多达 1750 亿个参数）改进的 ChatGPT 3.5，其展现出惊人的语言理解和生成能力，能够进行多轮对话、编写文章、生成代码等多种任务。自此，人工智能进入了大语言模型的时代，开启了 AI 技术落地和通用人工智能研究的新篇章。

除了 AI 算法的突破，软硬件设计也不断取得进展。在硬件设计上，出现了 GPU

(graphics processing unit，图形处理单元)、FPGA（field programmable gate array，现场可编程门阵列)、ASIC（application specific integrated circuit，专用集成电路）等各种成熟的加速芯片，并且基于人工神经网络结构设计的微处理器已经广泛用于手机、智能手表等移动终端，在提高性能的同时大幅降低了能耗。在软件层面，Google、百度、腾讯、科大讯飞等各大公司发布了众多优秀的开源深度学习框架，如 TensorFlow、Keras、PyTorch，以及飞桨等。这些框架的出现显著降低了人工智能研究的门槛，促进了技术进步和产品智能化。

当前，人工智能相关产品已经与人们的生活密不可分，在智能安防（图 1-5-9)、无人驾驶、智能机器人（图 1-5-10)、生成式 AI（如文生图、文生视频，图 1-5-11）等众多场景中应用广泛。

图 1-5-9 智能安防

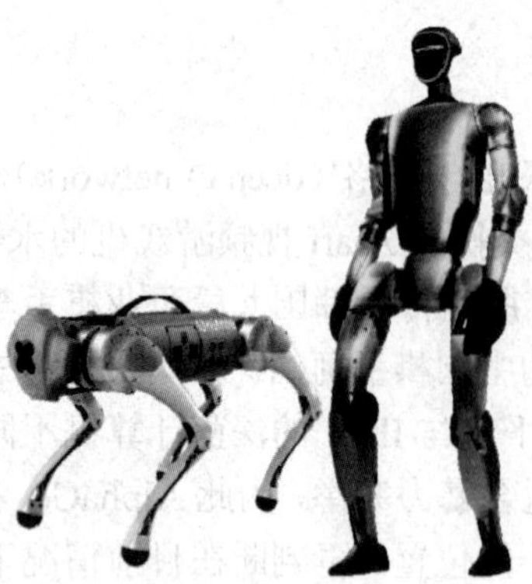

图 1-5-10 智能机器人

图 1-5-11 讯飞星火大模型平台界面

5.3 人工智能的研究内容

自人工智能概念提出以来，科学家在多个领域进行了广泛探索，提出多种适用于不同问题的解决方法和算法。本节从智能体（AI agent）的视角将这些领域和方法进行梳理，以便读者理解。智能体，也称智能主体，是指一种能够感知（如视觉、听觉、嗅觉、触觉）外部环境，并经过一定的思维加工（如分析、计算、推理、联想、判断、规划、决策），进而生成动作（如说话、写字、画画）以作用于环境的实体，如图 1-5-12 所示，这种论点自 20 世纪 90 年代开始逐渐成为人工智能的主流。基于此，可将人工智能的研究内容归纳为图 1-5-13。

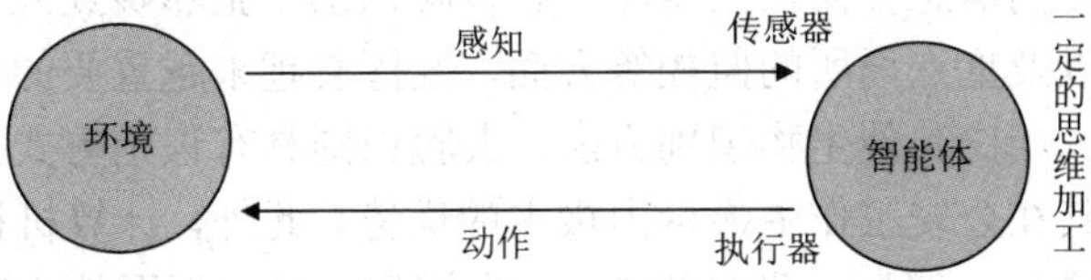

图 1-5-12　智能体的结构

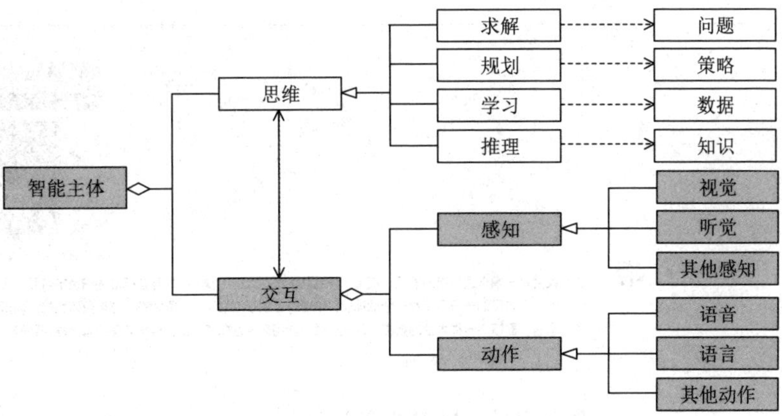

图 1-5-13　人工智能研究内容

智能体的思维可以分为求解、规划、学习和推理 4 种代表性问题。

1）求解：通常称为问题求解，具体形式依赖于问题，包括搜索问题、优化问题、博弈问题和约束问题等。

2）规划：通过制订策略进行规划，包括空间规划、时序规划和调度等。

3）学习：即机器学习，主要是从数据或环境中学习，包括有监督学习、无监督学习和强化学习等。

4）推理：推理建立在知识的基础上，是人类的高级思维活动，具体包括确定性推理和不确定性推理。

智能体的交互分为感知和动作。其中，感知是指如何接收、识别和理解来自外部环境的信息，包括计算机视觉、计算机听觉和触觉等其他感知方式；而动作则包括智能体所发出的语音（即语音合成）、语言（如机器翻译、写诗等）和其他动作（如机器人肢体动作、无人驾驶的操作指令）等。

5.4　人工智能的常见应用

5.4.1　计算机视觉

计算机视觉是一门利用各种成像系统替代人类视觉器官作为输入感知手段的技术

领域，旨在通过计算机来模拟大脑的处理和解释过程，其终极目标是赋予计算机像人类一样通过视觉观察和理解世界的能力，从而自主适应环境。在当前计算机视觉的各项应用中，人脸识别技术应用尤为广泛。这项技术通过对人脸的识别实现人员信息的录入与图像匹配，并将获取的信息存储在数据库中。人脸识别在犯罪嫌疑人身份确认、户籍信息管理、逃犯追踪以及重点场所的监控等方面，发挥着越来越重要的作用。作为生物特征识别的一个分支，相比其他生物识别方法，人脸识别具有识别方式友好、结果直观和过程隐蔽等优势，其在公安工作中显示出极大的优势。此外，计算机视觉在图像理解方面也取得了一定的突破，例如，我国的 Kimi 大模型可以根据图片内容生成文字描述，通过图 1-5-14 可以看到其描述非常准确。

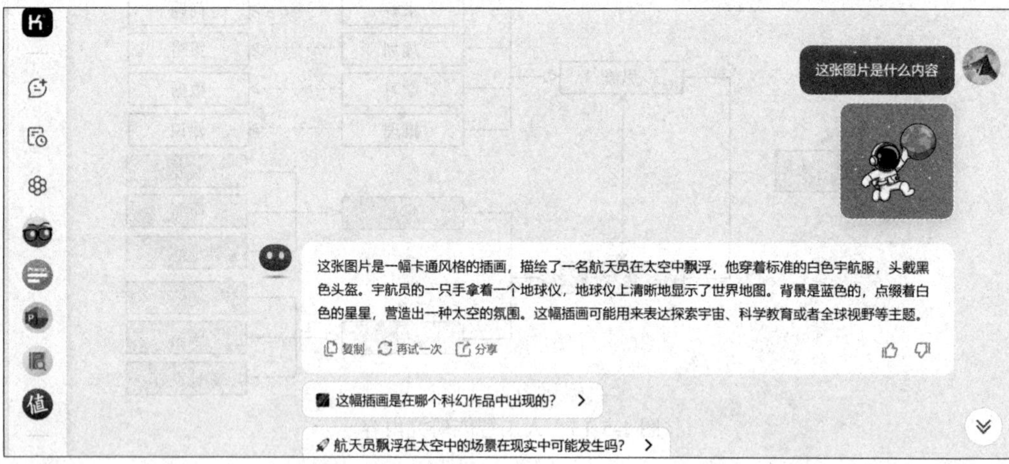

图 1-5-14　Kimi 大模型能“看懂”图片

5.4.2　自然语言处理

自然语言处理主要研究如何实现人与计算机之间通过自然语言进行有效交流的各种理论和方法，常见的应用包括语音识别、语音合成和机器翻译等。语音交互的核心在于使计算机能够理解人类的语言。这涉及将自然语言信号转换为文本或命令的过程，即语音识别技术。随着技术的进步，常规的语音识别系统已经达到了较高的准确率，能够满足大多数日常应用的需求。然而，在语音合成领域，尤其是发音的自然度和表达力，仍然面临挑战。此外，语义理解技术，即让计算机真正理解语言的深层含义，尤其是在处理非正式、口语化的表达方面，仍然处于发展阶段，但目前研究也在不断取得突破。例如，小米公司的智能产品“小爱同学”语音助手（图 1-5-15）展示了自然语言处理领域的最新进展。它不仅支持多轮对话，还实现了语音全双工通信，即允许用户和设备在同一时间内进行语音交互。此外，“小爱同学”还能够定制情感化的声音，这标志着自然语言处理和语义理解技术正朝着更加人性化和智能化的方向发展。

5.4.3　自动生成图像

最近几年，人工智能生成图像技术得到了显著的发展。生成对抗网络（generative adversarial networks，GAN）自 2014 年由伊恩·古德费洛（Ian Goodfellow）等提出以

图 1-5-15　“小爱同学”语音助手

来，一直是推动这一领域进步的主要架构之一。GAN 通过生成器和判别器的对抗训练，取得了令人惊叹的成效，但这只是 AI 图像生成的冰山一角。

在 GAN 的基础上，研究人员提出了多种改进版本，如条件 GAN（cGAN），能够根据输入条件生成特定类型的图像。变分自编码器和扩散模型等技术也被用来生成高质量的图像。特别是扩散模型，近年来在合成细节和逼真度上取得了显著突破。

这些技术不仅应用于人脸、风景、艺术作品的生成，还被用于提升图像分辨率、去除噪声、补全缺失部分等任务。例如，StyleGAN 系列在生成高清晰度人脸和风景图像方面表现出色，而 DALL-E 等模型则能够根据文字描述生成相应的图像。图 1-5-16 展示了阿里云旗下的“通义万相”根据文字描述生成的图片效果。

图 1-5-16　“通义万相”创作的图片

此外，AI 生成图像在游戏开发、影视制作、虚拟现实等领域也展现出巨大潜力。例如，通过使用 AI 生成的素材，可以大幅缩短设计时间，降低开发成本。

5.4.4 机器博弈

机器博弈一直是人工智能领域的重要研究方向，自其诞生以来便持续发展。早在1956年，当人工智能学科刚刚建立时，亚瑟·塞缪尔（Arthur Samuel）便成功设计了一个跳棋程序，为机器博弈奠定了基础。1997年，IBM的超级计算机“深蓝”以2胜3平1负的战绩战胜了蝉联世界国际象棋冠军12年的加里·卡斯帕罗夫，这一壮举震惊了全球。

2016～2017年，DeepMind的围棋程序AlphaGo以压倒性优势击败了各路人类围棋高手，成为又一历史里程碑。2017年12月，DeepMind推出了AlphaZero（一个通用棋类程序），其不仅在围棋上表现优异，在国际象棋等其他棋类中也同样展现了超凡实力。

如今，计算机和人工智能在棋类比赛中已超越人类选手，标志着机器博弈领域的又一次辉煌，展示了AI在理解复杂策略和快速计算领域的强大功能。

5.4.5 自动程序设计

自动程序设计就是让计算机设计程序。具体来讲，就是只要给出关于某程序要求的高级描述，计算机就会自动生成一个能完成这个要求目标的具体程序。这就相当于给机器配置了一个超级编译系统，它能够对高级描述进行处理，通过规划过程，生成所需的程序。但这只是自动程序设计的主要内容，它实际上是程序的自动综合。自动程序设计还包括程序自动验证，即自动证明所设计程序的正确性。因此，自动程序设计也是人工智能和软件工程相结合的研究课题。

2021年，微软与OpenAI共同推出了一款AI自动编程工具GitHub Copilot，它可以根据程序员的注释编写代码，自动补全代码，提供与代码匹配的测试，还能生成多个备选方案的代码以供选择。它可以帮助开发者用更少的时间来更快地编写代码，而且生成的代码大部分是原创的（图1-5-17）。目前，AI编程已经进入实用化阶段，阿里云的通义灵码和科大讯飞的iFlyCode都是典型代表。

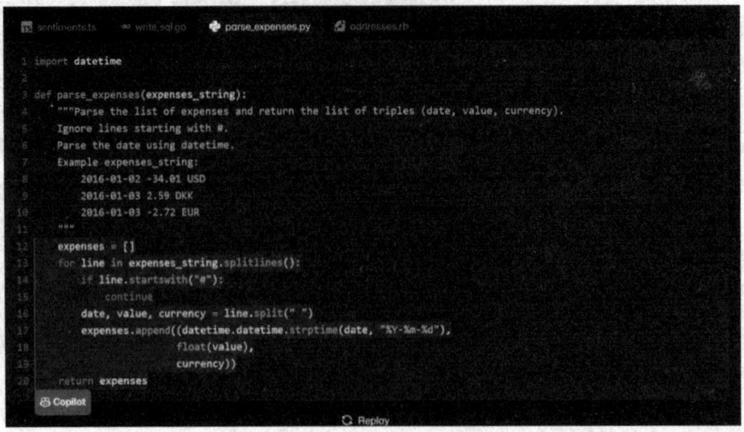

图1-5-17 GitHub Copilot生成的Python语言代码

5.4.6 智能控制

智能控制是将人工智能技术引入控制领域，构建智能控制系统的过程。智能控制具有两个显著特点。首先，它结合知识表示的非数学广义世界模型和传统数学模型，这种混合表示方式适用于处理复杂性、不完全性、不确切性或不确定性的问题，以及那些没有已知算法的控制过程。在这些过程中，智能控制系统能够利用知识进行推理，引导求解过程。其次，智能控制的核心在于高层控制，也称为组织级控制，其主要任务是对实际环境或过程进行组织和规划，以实现广义问题的求解。

智能控制系统的智能特性可以归纳为以下几个方面。

1）先验智能：在控制系统设计之初，就考虑关于控制对象及其可能干扰的先验知识。

2）反应性智能：基于实时监控、辨识和诊断，系统能够对环境或系统状态的变化做出正确的反应。

3）优化智能：这涉及系统性能的先验性优化和反应性优化，确保系统在不同条件下都能达到最佳性能。

4）组织与协调智能：体现在对并行任务或子系统之间的有效管理和协调，确保整个控制系统的高效运行。

通过这些智能特性，智能控制系统能够更好地适应多变的控制环境，提高控制的灵活性和有效性。

5.4.7 智能教育

智能教育是将人工智能技术融入教育的各个环节，以实现教育过程的智能化。自从个人计算机问世以来，研究者就开始探索计算机辅助教学（computer aided instruction，CAI）。随着人工智能技术的不断进步，CAI 已经发展为智能辅助教学（intelligence aided instruction，IAI），其核心特点是能够根据学生的个体差异进行个性化指导。智能辅助教学系统具备以下智能特征。

1）能够自动生成各类问题和练习，以满足不同学生的学习需求。

2）根据学生的水平和学习进度，自动选择和调整教学内容与教学节奏。

3）在理解教学内容的基础上，自动解决问题并生成相应的解答。

4）具备自然语言的生成和理解能力，使得人机交互更加自然和直观。

5）能够对教学内容进行解释和咨询，提供更深层次的学习支持。

6）能够诊断学生的学习错误，分析其原因，并采取相应的纠正措施。

7）能够评价学生的学习行为和成果，为教学提供反馈。

8）能够不断地在教学实践中学习和改进，以优化教学策略。

图 1-5-18 展示了 Kimi 的视觉思考能力，其能够求解数学、物理和化学等领域的问题。近年来，随着人工智能、互联网、通信和计算机技术的飞速发展，智能教育已经成为教育界的重要议题。智能教育预示着教育形式、教学方法、教育资源分配等方面将发生重大变革。远程教育、个性化学习、名师在线指导、因材施教、灵活学习等理念正在逐步成为现实，为教育领域带来深远的影响。

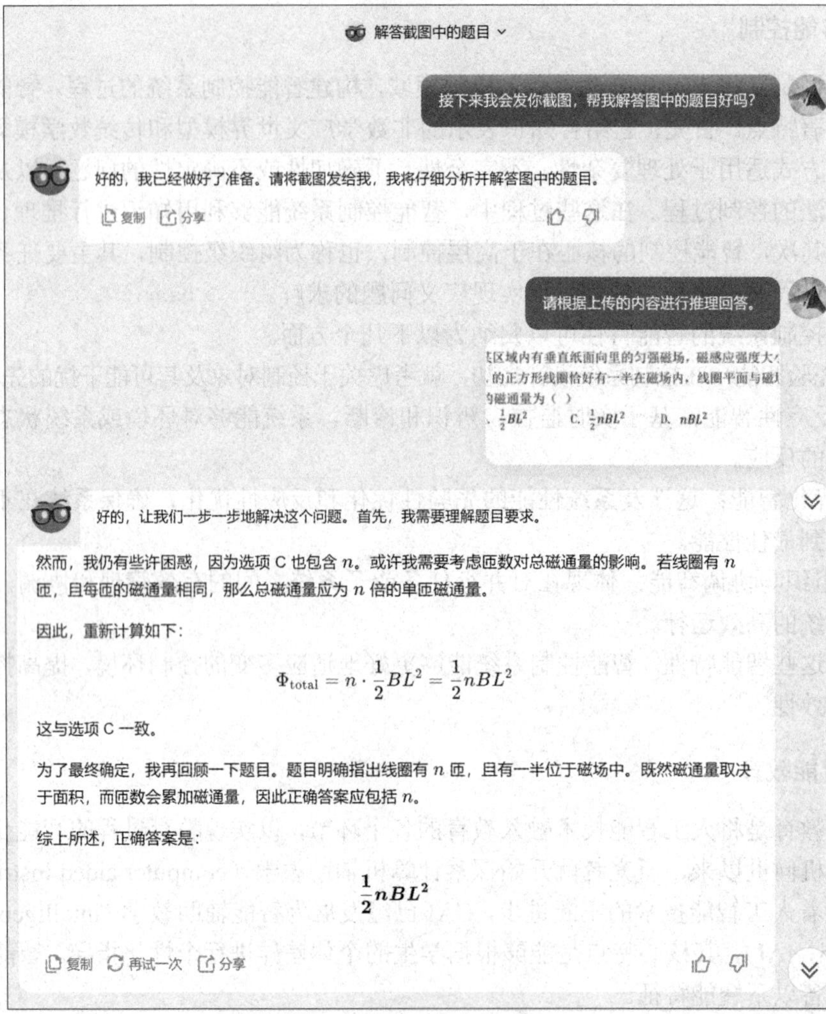

图 1-5-18 Kimi 解决复杂物理题的过程

5.4.8 智能机器人

智能机器人（图 1-5-19）在人工智能领域扮演着重要角色，是一个备受关注的研究方向。由于其直接面向实际应用，能够带来显著的社会效益，因此这一领域发展迅速。如今，各种类型的机器人层出不穷，如工业机器人、太空机器人、水下机器人、家用机器人、军用机器人、服务机器人、医疗机器人，以及运动和助理机器人，甚至还有机器人参与的足球比赛和象棋比赛，几乎涵盖了各个领域。

开发智能机器人不仅需要集成广泛的人工智能技术，还涉及多个科学技术领域的交叉应用。因此，智能机器人项目不仅展示了人工智能技术的综合应用能力，也反映了科学技术的整体发展水平和创新能力。

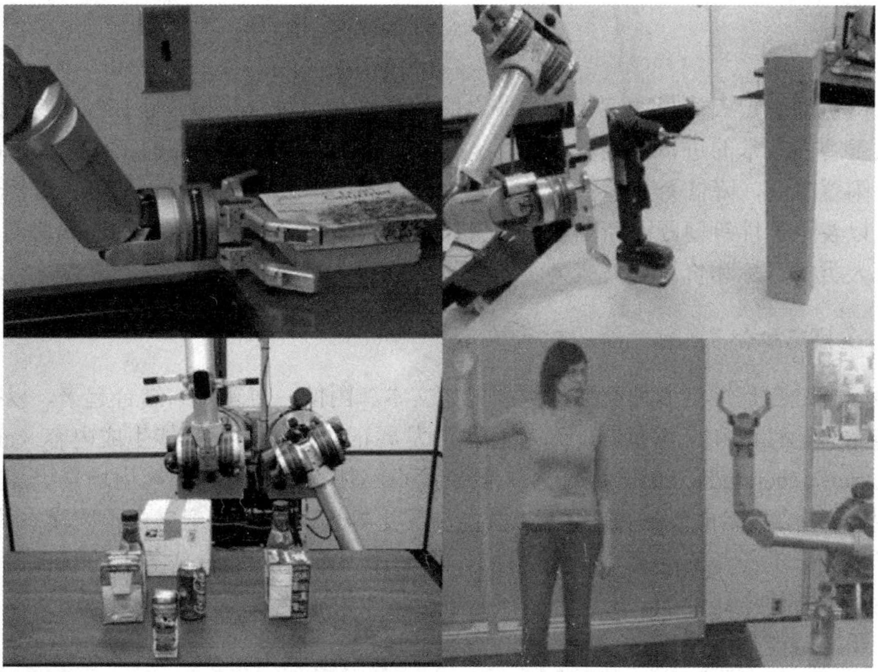

图 1-5-19　智能机器人

5.5　人工智能的发展趋势

人工智能的快速发展得益于全球各国的政策支持、机器学习算法的进步、计算能力的提升以及数据资源的开放。随着技术的成熟，人工智能已渗透至金融、健康医疗、制造业、零售、物流、自动驾驶等多个领域，预示着未来生活方式的变革。

从历史发展来看，美国在人工智能领域起步较早，自 1991 年至今已经历发展期和高速成长期；而中国自 1996 年起步，2003 年进入发展期，2015 年后趋于平稳。全球投资流向显示，2012～2016 年，美国和中国成为人工智能领域最大的投资目的地，分别吸引了 172 亿美元和 26 亿美元的投资。在基础理论研究、科技研发投入、市场投融资等方面，美国和中国均展现出显著的领先优势，成为全球人工智能产业的引领者。2016 年，第 46 届世界经济论坛将人工智能定位为第四次工业革命的核心，预计到 2030 年，亚洲将因人工智能创造高达 3 兆美元的经济价值。各国纷纷出台政策迎接人工智能时代，如欧盟的“人类脑计划”、美国的“脑计划”和国家人工智能白皮书、日本的“超智能社会”构想，以及中国的《新一代人工智能发展规划》（目标是到 2030 年人工智能理论、技术与应用总体达到世界领先水平，成为世界主要人工智能创新中心）。

当前，人工智能技术正在以前所未有的速度发展，对社会各领域也产生了深远影响。预计未来，人工智能将继续在人机协同、多模态融合、环境互动等方面展现新的发展动向，为全球带来翻天覆地的变化。

1. 人机协同

人机协同是指人类与人工智能系统之间的合作，这种合作模式正在经历深刻变革。随着人工智能技术的进步，人与 AI 机器人协作的团队展现出更高的工作效率，能够减少人员闲置时间，降低企业运营成本。在这种协同中，人工智能的可信度、可控性、可解释性以及伦理性等问题不断凸显，如何让人工智能与人类进行有效沟通和协商，确保其符合人类的目标和价值观，成为亟待解决的问题。

2. 多模态融合

多模态融合是指将多种类型的数据（如文本、图像、声音等）结合起来，以提升人工智能系统的性能和应用范围。这种技术的发展正在开启人工智能生成内容（artificial intelligence generated content，AIGC）的新篇章，使得用户体验和应用场景更加丰富多彩。多模态融合技术的发展，使得人工智能能够更好地理解和处理来自不同模态的信息，提升了视觉分类任务的准确率和稳健性，同时图像、视频和语音任务上的联合训练能够提升所有模态的泛化性能。未来，多模态融合将成为智能发展的重要趋势，支撑各类终端和应用的智能化水平提升。

3. 环境互动

环境互动涉及人工智能系统如何与周围环境进行交互和适应。在自动驾驶等领域，车辆作为智能体，需要与人类驾驶员、行人以及其他交通参与者进行博弈，这种博弈不仅涉及交通规则、道路状况等环境因素，还关乎人类的安全感和信任度。人工智能系统通过与环境的互动，能够逐步调整对现实与虚拟的认知，创造出具有多感官、情感反馈和认知引导的互动体验。

5.6 人工智能的伦理与安全

随着人工智能技术的快速发展，其应用范围不断扩大，所引发的伦理和安全问题日益突出。这些问题不仅影响技术本身的进步，更能对社会秩序、公平正义及人类生活质量带来深远影响。因此，建立有效的伦理框架和采取安全保障措施，是推动可持续和负责任的人工智能发展的核心任务。

5.6.1 AI 伦理问题

1. 偏见与歧视

AI 系统在训练过程中可能会从数据中学习到偏见，这不仅会影响模型的性能，还可能导致严重的伦理问题。例如，在招聘系统中，如果训练数据中潜藏着性别或种族歧视，那么最终模型可能会偏爱某一特定群体。

2. 透明度与可解释性

AI 系统的复杂性，使其决策过程往往不易理解，缺乏透明度。例如，在医疗领域，算法的黑箱性质可能使医生和患者无法理解诊断依据，而这个隐秘性使系统缺乏信任感。在此背景下，提高 AI 系统的可解释性，确保用户能够理解算法的决策依据，成为实施和推广 AI 的一项基本要求。

3. 隐私与数据安全

由于 AI 模型通常依赖大规模数据进行训练，用户的隐私和数据安全成了重要关切。许多情况下，用户并不明确知情自身数据的收集和使用方式。例如，社交媒体平台使用用户数据为广告商提供服务，结果导致用户个人信息曝光及其他隐私问题。为了调和技术进步与用户隐私保护之间的矛盾，企业和研究机构应实施严格的数据保护策略。

5.6.2 安全问题

1. 安全性与可靠性

AI 模型的安全性是确保其正确和可靠运行的关键。黑客可能通过对抗性攻击修改输入的数据，使 AI 模型产生错误输出。例如，在自动驾驶领域，黑客可以对交通标志进行细微修改，以改变车辆的反应。这种安全风险不仅关乎技术本身的正常运作，更能威胁到实体的安全和人们的生命财产安全。

2. 错误信息与深度伪造

随着深度伪造技术的兴起，AI 被用于生成栩栩如生的假图像和视频，使得用户难以分辨真伪。这种科技的滥用不仅可能侵害个人名誉，还会严重影响社会舆论和民主过程。

3. 决策责任

在很多情况下，AI 系统的决策可能会影响个人生活和安全，如监控系统、信用评分等。这引发了一个关键问题：当 AI 系统出现错误时，究竟由谁负责？算法开发者、使用者、还是管理者？缺乏明确的责任界限可能导致逃避责任，使受害者无法得到有效的法律援助。

5.6.3 解决伦理与安全的途径

为了解决上述伦理与安全问题，目前各国政府正在尝试从以下途径着手展开研究。

1）完善监管与法律框架。立法机关和相关部门应当建立明确的法律规范，指导和限制 AI 的开发与使用，以确保其符合伦理标准，包括通过立法保护用户隐私，管理数据的使用和存储等。

2）推行伦理设计原则：在 AI 开发的每个阶段，企业应当引入伦理设计原则。例如，确保数据收集的透明性和用户的知情同意，主动识别和减轻算法中的偏见。

3）提升可解释性：开发适应性更强的技术，使得AI系统的决策过程可以被理解和解释，从而增加用户对系统的信任。

4）构建安全防护机制：AI开发者应确保模型的抗攻击能力，实施多重安全机制以预防数据泄露和对抗性攻击。例如，在自动驾驶车辆中，进行严格的安全测试以确保其在各种环境下的可靠性。

5）公众教育与参与：提高公众的AI知识水平，让更多的人参与到AI的伦理标准和安全政策的讨论中，从而建立一个负责任的社会环境。

确保人工智能的伦理和安全是一项复杂的任务，需要科学家、开发者、政策制定者和普通公众共同努力。只有建立良好的伦理标准和安全措施，人工智能技术才能真正为人类社会带来巨大的积极影响，推动科技的可持续发展。

第6章 生成式人工智能

在人工智能的众多技术分支中，生成式人工智能（generative AI，GAI）正以其强大的内容创造能力引发广泛关注。它不仅能生成文本、图像、音频等多种形式的内容，还能在创意设计、内容创作、科学研究等领域提供强大支持。生成式 AI 通过学习大量数据的分布规律，创造出具有独特性的新内容，为使机器具备类似人类的创造力带来了新的可能性。本章将深入探讨生成式 AI 的核心概念、发展历程、主要技术、大语言模型、提示词工程，以及常用的人工智能生成内容（AIGC）工具和重要的发展方向等，帮助大家全面了解这一前沿技术，并激发对未来的探索兴趣。

6.1 生成式 AI 的概念

6.1.1 什么是生成式 AI

生成式 AI 是当前人工智能领域的一个热点分支，其核心在于创造而非识别，即让机器能够生成和创造内容，如图片、文本、音频甚至视频。生成式 AI 集成了深度学习、计算机视觉，以及自然语言处理等方法，如图 1-6-1 所示，是人工智能发展的必然结果。

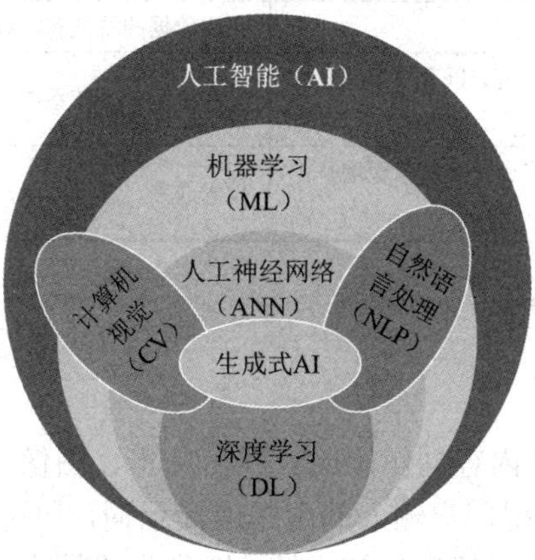

图 1-6-1　集人工智能技术于一体的生成式 AI

生成式 AI 的本质是从大量的数据中学习数据的分布规律，然后按照这种规律生成新的数据，其“创造”并非完全凭空，而是基于已有数据的“有创意的模仿”。例如，给它许多猫的图片，它能生成一张新的猫的图片；给它很多音乐，它能谱写一首新的曲子；给它许多文章，它能写出类似风格的新文章。

6.1.2 生成式 AI 与决策式 AI

在人工智能领域，除了生成式 AI，还有一种常见的类型是决策式 AI（discriminative AI）。决策式 AI 主要用于分类、预测、决策等任务，它通过学习数据的特征和标签之间的关系，进而对新的数据进行分类或预测。例如，图像识别、语音识别、疾病诊断等都属于决策式 AI 的应用。

生成式 AI 和决策式 AI 的主要区别在于它们的目标和方法。如表 1-6-1 所示，生成式 AI 的目标是生成新的数据，而决策式 AI 的目标是对已有的数据进行分类或预测。在方法层面，生成式 AI 通常需要学习数据的生成过程和分布，决策式 AI 则更关注数据的特征和标签之间的关系。在实际应用中，生成式 AI 和决策式 AI 可以相互补充，共同为解决复杂问题提供支持。

表 1-6-1 生成式 AI 与决策式 AI 的主要区别

AI 类型	生成式 AI	决策式 AI
目标	分析归纳已有数据后创作新的内容，如生成逼真的猫或狗的图像 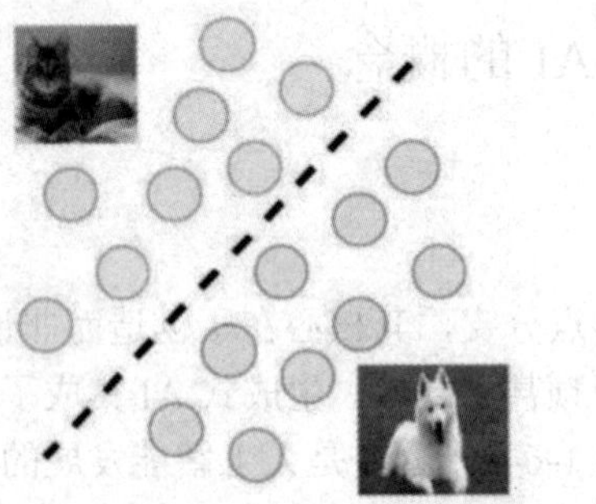	根据已知数据预测类别标签，如将图像区分为猫和狗 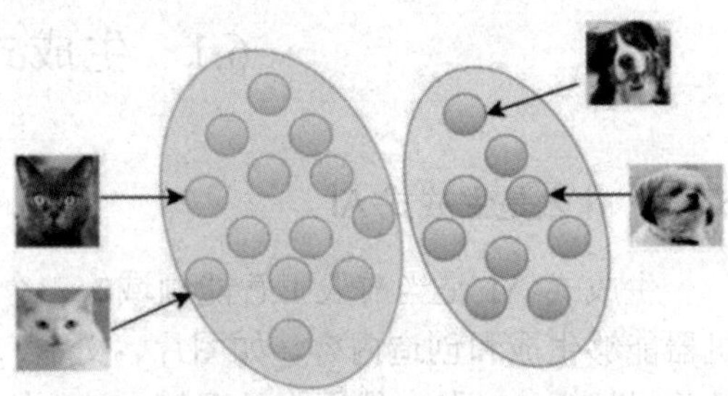
方法层面	学习数据的生成过程和分布	关注数据的特征和标签之间的关系
应用领域	内容创作、科研、人机交互，以及众多工业领域等	人脸识别、推荐系统、金融风控系统、决策智能体等
成熟程度	自 2022 年末以来，发展速度呈指数级增长，部分领域应用落地	技术成熟，应用广泛，辅助提高非创造性工作的效率

6.1.3 生成式 AI 的应用场景

1. 内容创作

生成式 AI 广泛应用于内容创作领域，涵盖文本、图像、音频和视频生成。在文本生成方面，生成式 AI 能根据用户输入的主题或提示词，快速生成新闻报道、文学作品、广告文案等，为创作者提供灵感和高效支持。图像生成技术根据文字描述生成逼真的图像，广泛应用于艺术创作、游戏设计和广告设计。音频生成技术可以生成音乐、语音和音效，为音乐制作和智能语音助手提供支持。视频生成技术结合图像和音频生成，能够生成动画视频、特效视频，甚至根据剧本生成完整的视频内容，为影视制作和短视频创作提供高效解决方案。生成式 AI 提高了内容创作的效率，激发了创作者的灵感，拓展了创作的边界。例如，我国中央广播电视总台依托央视听媒体大模型制作的首部文生视频 AI 系列动画片《千秋诗颂》，通过生成式 AI 技术呈现了独具中国审美特色的美术视觉，展现了中华经典诗词中的家国情怀和人间真情。

2. 教育行业

在教育领域，生成式 AI 可以根据学生的学习进度、兴趣和能力，生成定制化的学习材料，如练习题、阅读材料和互动课程，满足不同学生的学习需求。在语言学习中，生成式 AI 可以生成对话场景和写作指导，帮助学习者提升语言能力。同时，生成式 AI 还能生成虚拟教师，为学生提供一对一辅导，解答问题并提供即时反馈。在课程设计方面，教师输入课程主题和目标后，生成式 AI 能快速生成详细的课程大纲、教学计划和教学材料，减轻教师的备课负担。生成式 AI 凭借提供个性化学习体验、打造高效的教学工具，提升了教育的质量和效率。目前，国内外很多高校正在探索生成式 AI 用于改革传统教学，并已取得了显著成效。例如，清华大学已经使用生成式 AI 技术为大量课程打造了 AI 智能助教，极大地提升了学生的学习体验。

3. 医疗领域

在医疗领域，生成式 AI 为诊断、治疗和研究提供了有力支持。它可以生成高质量的医学图像，如 X 光、CT 和 MRI 图像，帮助医生更准确地识别病变，同时为医学研究提供模拟图像。生成式 AI 还可以生成病历报告，根据患者的检查结果和病史信息，生成详细的病情描述、诊断意见和治疗建议，以节省医生的时间并减少人为错误。在药物设计方面，生成式 AI 能够生成新的药物分子结构，预测药物的活性和副作用，加快新药研发进程。这些应用不仅提高了医疗诊断的准确性和效率，还为医学研究和药物开发提供了新的工具和方法，推动了医疗行业的进步。例如，我国“医准智能”作为全球首家将二维图片检测技术和三维动态视频实时检测技术应用于医疗影像领域的 AI 公司，其 AI 辅助产品已落地全国 4000 余家医疗机构，显著提升了医疗机构的影像诊断能力。

4. 工业设计

生成式 AI 在工业设计领域的应用为产品设计、制造优化和供应链管理带来了新的突破。在产品设计方面，生成式 AI 可以根据用户需求和市场趋势生成产品概念和设计方案，生成多种设计草图和外观样式供设计师选择，甚至生成虚拟模型用于展示和测试，缩短了产品开发周期，降低了设计成本。在制造优化方面，生成式 AI 可以通过分析生产数据和设备运行状态生成优化方案，提高生产效率和产品质量。在供应链管理方面，生成式 AI 可以通过分析供应链数据生成需求预测模型和库存管理方案，帮助企业优化库存水平，降低库存成本。这些应用不仅提高了工业设计的效率和智能化水平，还为企业带来了显著的经济效益和竞争优势。

5. 金融产业

在金融领域，生成式 AI 为风险评估和内容生成提供了新的解决方案。在风险评估方面，生成式 AI 可以通过分析海量金融数据生成风险评估模型，预测客户的信用风险、市场风险和操作风险，帮助金融机构更科学地进行决策。在内容生成方面，生成式 AI 可以为金融机构生成研究报告、市场分析报告和客户报告，提供个性化的投资建议和理财规划，提升服务质量和效率。这些应用不仅提高了金融行业的效率和准确性，还为金融机构提供了更科学的决策支持和风险管理手段。例如，中信集团在 2024 世界人工智能大会上展出了“基于全域人工智能技术的智能风控”项目，全面展示了中信银行基于信用卡交易首创的融合声纹识别、知识图谱、计算机视觉、最优化算法等多项前沿技术。

6. 娱乐领域

在娱乐领域，生成式 AI 为游戏开发、虚拟角色生成和互动娱乐带来了新的活力。在游戏开发方面，生成式 AI 可以生成虚拟角色、场景、剧情和关卡设计，根据游戏主题和风格生成逼真的角色模型和动画，使游戏故事更加引人入胜。在虚拟角色生成方面，生成式 AI 可以为电影、电视剧和广告生成虚拟角色，这些角色可以根据剧本要求进行表演，甚至可以作为虚拟代言人或虚拟主播使用。在互动娱乐方面，生成式 AI 聊天机器人可以生成自然对话内容，提供陪伴和娱乐服务；生成式 AI 还可以生成虚拟宠物的行为和情感反应，甚至生成互动故事，让用户通过选择不同情节发展路径来体验不同结局。这些应用不仅提升了娱乐内容的创意性和多样性，还为用户带来了全新的沉浸式体验。例如，在电影《哪吒之魔童闹海》中，原本需要 200 人团队耗时 3 个月才能完成的“四海龙王水战”场景，最后由一支 12 人的团队借助生成式 AI 在两周之内顺利完工。

6.2 生成式 AI 的发展历程

生成式 AI 作为人工智能领域的重要分支，其发展历程可以划分为多个阶段，从早期的基于规则的系统到现代的深度学习模型，经历了从理论探索到实际应用的演变。

1. 早期探索阶段（20 世纪 40～90 年代）

生成式 AI 的起源可以追溯到 20 世纪 40 年代，当时科学家开始探索如何利用计算机生成新的、有用的信息。1943 年，沃伦（Warren）和沃尔特（Walter）提出了人工神经网络的概念，图灵也发表了关于图灵测试的论文，开启了人工智能的早期探索。然而，受限于当时计算机的计算能力和数据处理能力，AI 发展较为缓慢。20 世纪 50～70 年代，早期 AI 研究集中在逻辑推理和符号推理上，试图开发基于推理规则的计算机程序用于解决问题，但进展有限。进入 20 世纪 90 年代，随着计算能力的提升和数据量的增加，研究者开始尝试使用统计模型来生成文本和图像。例如，隐马尔可夫模型和条件随机场等方法被广泛应用于自然语言处理和计算机视觉领域。

2. 深度学习的崛起阶段（2006～2013 年）

2006 年，深度学习的概念被提出，这是生成式 AI 的一个重要转折点。随着卷积神经网络和递归神经网络的发展，研究者开始探索如何利用深度学习技术来生成内容。在这一阶段，深度学习通过构建深层次的神经网络模型，进而自动从大规模数据中学习特征表示和生成规则，为生成式 AI 的发展奠定了基础。

3. 快速发展阶段（2014～2022 年）

2014 年，生成对抗网络（GAN）的提出为生成式 AI 带来了革命性的变化。GAN 通过对抗训练的方式，使得生成模型能够生成更加真实的图像和视频，迅速引起学术界和工业界的广泛关注。此后，生成式 AI 进入了快速发展阶段，OpenAI 推出的 GPT 系列模型（尤其是 GPT-2/3/4）成为代表性突破，Google 的 T5 模型也支持生成任务，而 BERT 则主要推动了自然语言理解的发展。2017 年，Transformer 架构的诞生进一步推动了大语言模型的发展。2022 年 11 月，ChatGPT（基于 GPT-3.5）的发布标志着生成式 AI 进入一个新阶段，其大规模的参数和强大的生成能力使其在文本生成、对话系统等自然语言处理任务中表现出色，进一步推动了生成式 AI 的普及。

4. 多模态与广泛应用阶段（2022 年至今）

2022 年以来，得益于算法的不断优化和算力的提升，生成式 AI 开始从单一模态向多模态跨域生成发展。AI 能够同时处理和理解文本、图像、音频和视频等多种信息形式，这为生成式 AI 在各个领域的应用提供了更广阔的空间。例如，除了 ChatGPT 等语言模型在文本生成、对话系统等领域表现出色外，DALL·E 等图像生成模型可以根据文本描述生成逼真的图像，Sora 等工具能够生成效果震撼的视频，而我国推出的 DeepSeek（深度求索）也因其极高的性价比、强大的推理性能，以及开源普惠等特性掀起了生成式 AI 发展的新热潮。此外，生成式 AI 的应用场景不断扩大，从内容创作、广告设计到游戏开发、教育培训等领域，其影响力愈发显著。

6.3 生成式 AI 的主要技术

生成式 AI 的发展和广泛应用依赖于多种先进的技术，主要包括 4 种常用的深度学习模型：生成对抗网络、变分自编码器、扩散模型以及 Transformer 架构。这些技术各有特点和优势，适用于不同的生成任务。

6.3.1 生成对抗网络

生成对抗网络（GAN）由伊恩·古德费洛（Ian Goodfellow）等于 2014 年提出，是一种基于对抗训练的生成模型。如图 1-6-2 所示，GAN 由生成器（generator）和判别器

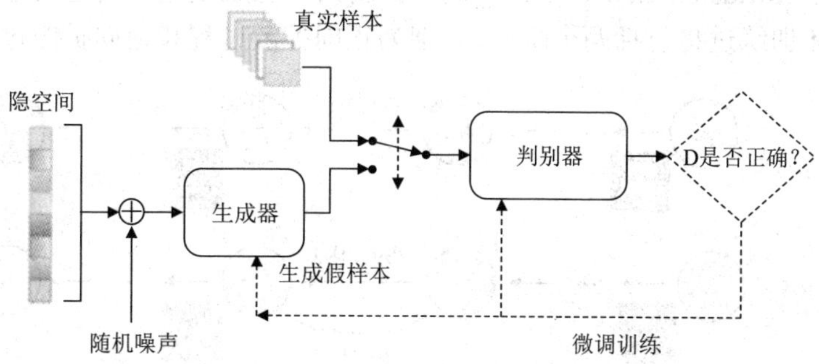

图 1-6-2 生成对抗网络的结构

（discriminator）组成。生成器从噪声中生成数据，判别器则判断数据是否真实。两者相互对抗，生成器不断优化以生成更逼真的数据，判别器则不断优化以更好地区分真假数据。GAN 的训练过程是一个动态平衡的过程，最终使生成器能够生成高质量的图像、音频等数据。GAN 在图像生成、艺术创作、视频生成等领域表现出色，但也存在训练不稳定和模式坍塌等问题。

6.3.2 变分自编码器

变分自编码器（variational autoencoder，VAE）是一种基于概率生成模型的深度学习架构，由金玛（Kingma）和韦林（Welling）于 2013 年提出。VAE 通过编码器将输入数据编码为潜在空间的分布，再通过解码器从潜在空间生成数据。VAE 的训练目标是最小化重构误差和相对熵，使生成的数据在概率分布上接近真实数据，其优点是训练过程相对稳定，生成的数据具有一定的多样性，但生成质量略低于 GAN。目前，VAE 广泛应用于图像生成、文本生成和数据压缩等领域。图 1-6-3 给出了 VAE 的基本结构。

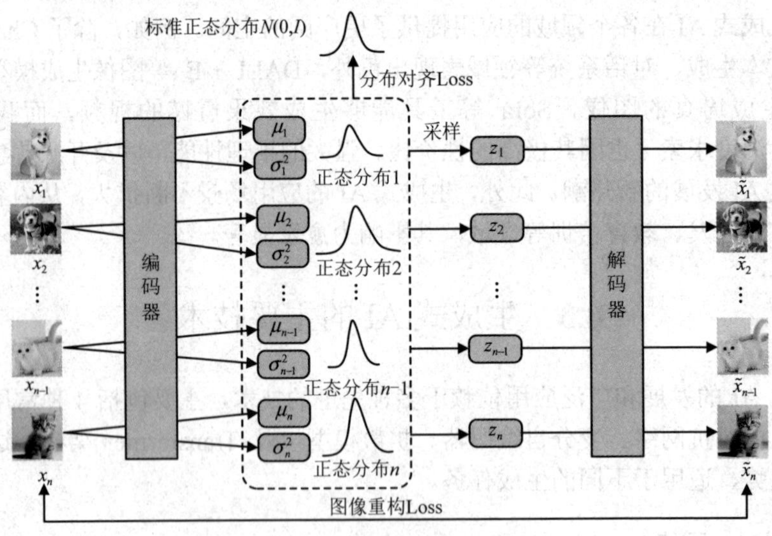

图 1-6-3 变分自编码器的基本结构

6.3.3 扩散模型

扩散模型（diffusion model，DM）是一种新兴的生成模型，其通过逐步去除噪声来生成数据。DM 训练过程包括两个阶段，分别为正向扩散过程和逆向扩散过程，如图 1-6-4

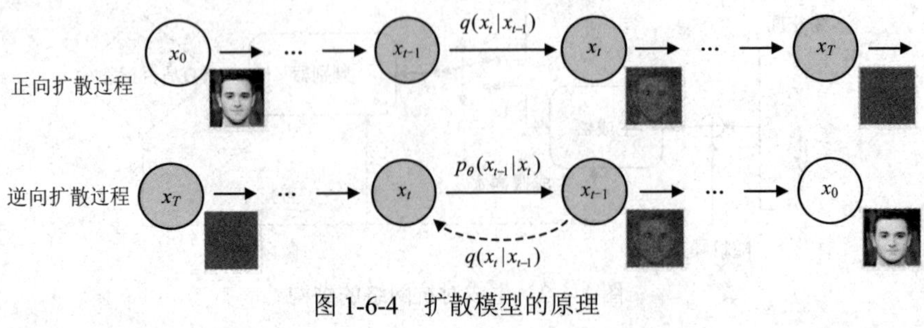

图 1-6-4 扩散模型的原理

所示。正向扩散过程将数据逐步噪声化，逆向扩散过程则逐步去除噪声，恢复原始数据。扩散模型在图像生成领域表现出色，生成的图像质量和多样性都达到了很高的水平。例如，DALL·E 2 和 Stable Diffusion 等工具都基于扩散模型，能够根据文本描述生成高质量的图像。

6.3.4 Transformer 架构

Transformer 架构由瓦斯瓦尼（Vaswani）等于 2017 年提出，是一种基于自注意力机制的神经网络架构，最初用于自然语言处理任务。Transformer 通过引入自注意力机制，能够有效地处理长序列数据，并捕捉数据中的长距离依赖关系。Transformer 架构由编码器和解码器组成，编码器将输入序列编码为上下文表示，解码器根据上下文表示生成输出序列，如图 1-6-5 所示。这种架构在自然语言处理领域取得了显著成果，如在机器翻译、文本生成、问答系统等任务中表现出色。此外，Transformer 架构在推动科学研究方面同样展现出巨大的应用价值。例如，谷歌 DeepMind 公司开发的 AlphaFold 采用了 Transformer，能够根据蛋白质的氨基酸序列推测其空间结构，解决了生物学中的一大难题，成功推动了计算生物学和生物信息学的发展，该成果获得了 2024 年诺贝尔化学奖。近年来，Transformer 架构也被应用于图像生成、多模态生成等领域，为生成式 AI 的发展带来了新的机遇。

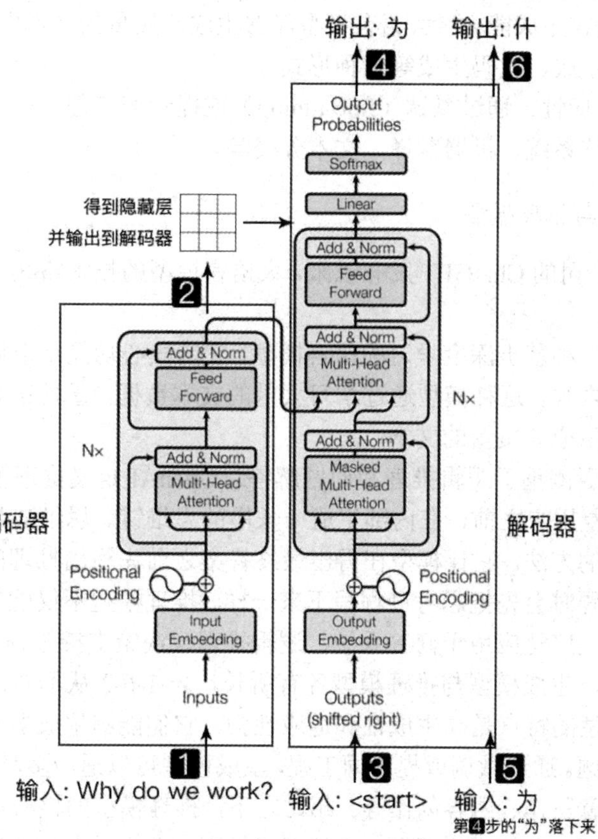

图 1-6-5　Transformer 架构

6.4 大语言模型

在生成式AI领域，大语言模型（large language model，LLM）是近年来发展最为迅速且影响力最大的技术之一。这些模型通过在海量文本数据上进行无监督学习，能够生成自然流畅的文本内容，并在多种自然语言处理任务中展现出强大的性能。

6.4.1 大语言模型的概念与分类

1. 大语言模型的定义

大语言模型是基于深度学习技术构建的超大规模语言模型，通常包含数十亿甚至数千亿个参数。这类模型通过在海量文本数据上进行无监督学习，学习语言的语法、语义和上下文信息，从而能够生成自然流畅的文本内容，其核心目标是模拟人类的语言生成和理解能力。

大语言模型的主要特点如下。

1）超大规模参数：大语言模型的参数数量通常在数十亿到数千亿不等。例如，大语言模型的里程碑GPT-3 拥有 1750 亿参数，而Meta公司的开源大模型llama 4参数量多达2万亿。

2）强大的语言生成能力：大语言模型能够生成高质量的文本内容，涵盖新闻报道、故事创作、诗歌生成、代码生成等多种形式。

3）多任务适应性：通过微调（fine-tuning）或提示词工程，可以适应多种自然语言处理任务，如问答系统、机器翻译、文本分类等。

2. 生成模型与推理模型

自OpenAI公司的ChatGPT发布以来，大语言模型的技术路线逐渐从生成模型向推理模型深入发展。

生成模型是一种基于深度学习的语言模型，它的核心功能是根据输入的提示词生成自然流畅的文本内容。这种模型通过学习大量的文本数据，掌握语言的语法、语义和上下文信息，能够生成高质量的文本。

推理模型则更侧重于逻辑推理和问题解答。OpenAI定义推理模型是在回答之前进行思考，并在回复用户之前，在内部生成一长串的思维链。思维链是一种提示大语言模型进行逐步推理的方法。它让模型在得出最终答案之前先写出推理的中间步骤。这就像人类解决复杂问题时会先把思考过程写下来一样。推理模型不仅能生成文本，还能进行复杂的逻辑推理，广泛应用于问答系统、逻辑推理、决策支持等领域。

在应用方面，生成模型与推理模型各有所长，表1-6-2从不同角度给出了二者的对比结果。生成模型的特点是高生成性和适应性强，它们能够生成多样化的文本内容，涵盖多种风格和主题。通过微调或提示词工程，生成模型可以适应多种自然语言处理任务，如文本生成、创意写作、内容创作等。相比之下，推理模型的核心在于其强大的逻辑推理能力，能够处理复杂的逻辑问题，进行多步推理，并生成准确的答案。例如，它可以解决复杂的数学问题、逻辑谜题，甚至在多模态融合任务中，结合文本、图像等多种模态信息进行推理。此外，推理模型还能为企业提供数据分析和决策支持，帮助教育工作者为学生解答问题，提供学习建议。

表 1-6-2　生成模型与推理模型的对比

特性	生成模型	推理模型
侧重点	语言模式匹配与统计规律学习	负责逻辑分析与多步骤推理
性能表现	文本生成能力强，一般难以处理多步骤的复杂问题	对理科问题的理解能力强，能进行深度思考和逻辑推理
运算效率	较高，响应速度快，资源消耗相对较小	较低，推理时间较长，资源消耗大
幻觉风险	较低，更依赖于已知的知识和模式	较高，可能出现“过度思考”导致给出错误答案
提示词工程	使用传统提示词技巧	使用太多过程指导指令，可能降低推理能力
使用成本	更低	更高
使用场景	创意写作（小说/诗歌生成）、基础知识问答（客服机器人）、意图识别（语义分类/情感分析）、文本处理（翻译/论文润色）	数学定理证明、编程任务（生成代码/算法设计）、逻辑分析（解谜）、科研任务（实验设计/数据分析）

6.4.2　大语言模型的训练

大语言模型的训练是一个复杂且多阶段的过程，主要包括 3 个关键阶段：自监督学习的预训练、监督微调以及人类反馈的强化学习。这 3 个阶段共同确保模型在大规模数据上学习通用语言能力的同时，能够针对特定任务进行优化，并生成更符合人类期望的内容。

1. 自监督学习的预训练

预训练是大语言模型训练的第一阶段，模型通过在海量的无标注文本数据上进行自监督学习，学习语言的通用规律和特征。预训练模型通常使用自回归语言模型或自编码语言模型的训练方式。自回归语言模型通过预测下一个单词来学习文本的生成规律，如 GPT 系列模型；而自编码语言模型通过预测被掩盖的单词来学习文本的语义信息，如 BERT 模型。

想象学习一门新的语言（如法语）的场景：为了学会法语，我们可以给自己准备一套法语填字游戏（类似“完形填空”）。游戏规则如下：

1）遮盖单词，我们来猜。

- 给出一句话，但随机遮住一个词，如：

原文：Le chat ___ sur le canapé.（猫___在沙发上。）

遮盖后：Le chat [MASK] sur le canapé.

- 需要根据上下文猜被遮住的词，如可能猜 est（是）、dort（睡觉）、saute（跳）等。

2）通过大量练习，总结规律。

当我们做了几百万次这样的填空练习后，就会发现：

- ___ sur le canapé 经常填 est（是）、dort（睡觉）；
- Je mange une ___ 经常填 pomme（苹果）、banane（香蕉）；
- Il fait ___ 经常填 beau（晴天）、froid（冷）。

慢慢地，我们就能学会单词的意思、语法搭配，甚至常识（如“猫通常会在沙发上睡觉，而不是跳舞”)。即使遇到新句子，如 Le chien [MASK] dans le jardin.（狗___在花园里），也能根据学到的规律猜出可能的词[joue（玩耍）、court（跑）等]。

上述游戏的过程就是自监督学习，大语言模型通过阅读大量文本数据的形式，学习如何根据上下文预测下一个单词，从而为完成特定任务奠定语言基础，因此也称作模型预训练。

在预训练大语言模型的过程中，通常使用大规模的文本语料库。这些数据经过清洗和分词处理后得到一个个的 token，进而作为模型的输入。所谓 token，是指本文处理的最小单元，也称作词元或标记，可以是一个汉字、一个标点符号或者一个英文字母等。据报道，DeepSeek V3 模型使用的语料规模多达 14.8 万亿 token，涵盖了约 2.3 亿字中国古典文献，同时包括网络文学、社交媒体、学术论文、数学、编程等数据，因此在中文内容的输出质量上具有显著优势。

为了生成更连贯的内容，预训练模型通常基于 Transformer 架构，从而有效地处理长序列数据，并捕捉数据中的长距离依赖关系。在训练过程中，模型的目标是最小化预测下一个单词的错误率，也叫作交叉熵损失。例如，模型看到“今天天气很好，适合______”，它需要预测“出去玩”这样的合理内容。

预训练完成后，模型就能掌握语言的规律，进而能够生成与输入上下文相关的文本内容。尽管预训练模型在自然语言处理任务中表现出色，能够为各种下游任务提供强大的语言表示能力，但由于工作原理的限制，其生成的内容可能缺乏针对性和准确性。

2. 监督微调

监督微调（supervised fine-tuning）是预训练之后的一个重要阶段，它使得模型能够适应特定的应用场景，相当于专项训练。在该阶段，模型需要使用少量标注数据进行进一步训练，这些数据通常与目标任务直接相关。

在前面学习语言的例子中，假设我们已经通过填字游戏掌握了基本的法语词汇和语法，现在仍需要通过专项练习来提高我们的写作能力。例如，老师布置了一篇关于“环保”的议论文写作任务，并且提供了几篇优秀的范文作为参考。我们即可通过学习这些范文，了解如何组织文章结构、如何使用合适的词汇和句式来表达观点，这就是监督微调的过程。

监督微调过程中使用的标注数据通常是一问一答的形式，而推理模型的训练还需要在标注数据中提供推理过程，如图 1-6-6 所示。

instruction (Value)	input (Value)	output (Value)
能给我讲一个寓意深刻的故事吗？		<think> 好的，用户让我讲一个寓意深刻的故事。首先，我需要确定用户的需求是什么。他们可能想要一个能引发思考、有深层含义的故事，而……详情
证明：如果A和B是两个n阶方阵，且AB=BA，那么tr(AB)=tr(BA)。		<think> 嗯，我现在要证明的是，如果A和B都是n阶方阵，并且满足AB=BA的话，那么tr(AB)=tr(BA)。不过，其实我之前好像学过……详情

图 1-6-6 推理模型的监督微调数据

在微调过程中，模型的参数会根据标注数据进行调整，使得模型在特定任务上的表现得到优化，生成的内容更加符合任务要求。例如，在“环保”主题的写作任务中，能够清晰地表达观点、使用恰当的论据，并且文章结构合理。

3. 人类反馈的强化学习

人类反馈的强化学习（reinforcement learning from human feedback，RLHF）是大语言模型训练的高级阶段，它通过引入人类的评价和反馈，进一步优化模型的生成内容，相当于进行试错学习。在这个阶段，模型的目标是生成更符合人类期望的内容（如价值观、合规性等），而不仅仅是符合语言规律的内容，这个过程也称作对齐（alignment）。

假设我们已经通过专项练习写了一篇关于“环保”的议论文，现在把写的文章交给老师批改。老师不仅会指出文章中的错误，还会给出具体的修改建议，如“这个论据不够有力，可以换成……”或者“这段话表达不够清晰，可以改为……”。然后，我们根据老师的建议修改文章，使文章更加符合老师的期望，这就是人类反馈的强化学习过程。

人类反馈的强化学习过程具体如下。

1）数据准备：人类反馈的强化学习需要准备人类标注的反馈数据，这些数据通常包括对模型生成内容的评分、偏好或直接的修改建议。

2）训练目标：模型的目标是最大化人类反馈的奖励信号，即生成更符合人类期望的内容。

3）训练方法：通常采用强化学习算法，如策略梯度方法或近端策略优化。这些算法通过调整模型的策略，使模型在生成内容时能获得更高的奖励。

4）输出：经过人类反馈的强化学习，模型生成的内容更加自然、准确且符合人类的期望。例如，在撰写“环保”主题议论文时，不仅符合写作要求，还能打动读者，表达出更深刻的观点和情感。

6.4.3 大语言模型的工作过程

大语言模型的工作过程可以类比为一个猜词游戏，其核心在于通过上下文信息预测下一个单词或字符。这一过程不仅体现了模型对语言的理解能力，也展示了其生成自然流畅文本的能力，如图 1-6-7 所示。

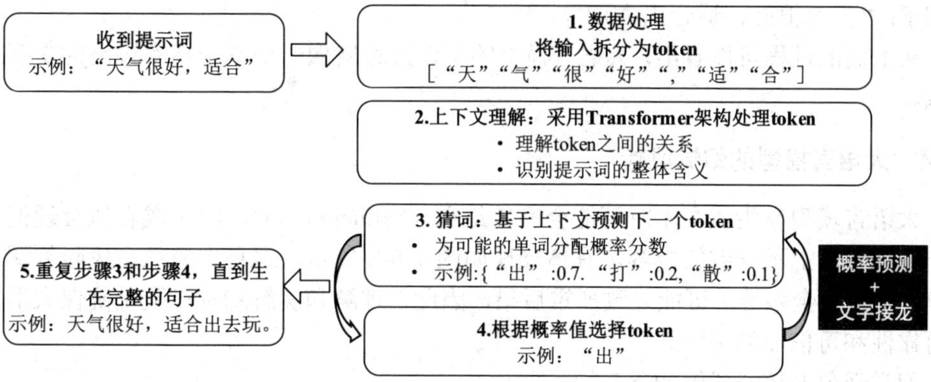

图 1-6-7 大语言模型的工作过程

1. 数据处理

大语言模型的工作始于对输入文本的处理。输入可以是用户提供的提示词，也可以是模型在预训练阶段读取的文本数据。这些输入首先被分词器（tokenizer）分解为一系列的 token。例如，对于“天气很好，适合______”这句话，分词器会将其分解为一系列的 token，如“天”“气”“很”“好”“，”“适”“合”等。

2. 上下文理解

分词后的 token 被送入 Transformer 架构的编码器，编码器的作用是将输入的标记序列转换为上下文表示，用于理解 token 之间的关系，进而识别输入句子的整体含义。

3. 猜词

基于编码器生成的上下文表示，模型开始预测下一个 token。这个过程可以类比为一个猜词游戏，模型根据上下文信息猜测最合适的 token 来填充空白。预测下一个 token 时，并不是直接选择一个确定的 token，而是生成一个概率分布。这个概率分布表示每个可能 token 的生成概率。例如，下一个 token 可能是“出”（概率 0.7），也可能是“打”（概率 0.2），还可能是“散”（概率 0.1）等，它们都在语义上与“天气很好，适合”相关联。

4. 根据概率值选择 token

模型从步骤 3 得到的概率分布中采样，选择一个 token 作为预测结果。采样的方式不同，生成结果的随机性也不一样。在实际应用中，可以通过一个温度（temperature）参数来控制生成结果的随机性，其值越小，则结果越确定，否则结果越多样。

5. 生成完整的句子

预测出下一个 token 后，模型将其添加到已有的文本序列中，形成新的上下文。然后，模型重复步骤 3 和步骤 4，继续预测下一个 token，直到生成完整的句子。例如，假设根据概率值选择了“出”，接下来继续预测下一个 token 可能是“去”，最终得到完整的句子：“天气很好，适合出去玩”。

从上面的过程可以看出，大语言模型的工作过程就像一个基于概率预测的文字接龙游戏。

6.4.4 大语言模型的幻觉风险

大语言模型在生成文本时可能会产生幻觉（hallucination），即生成看似合理但与事实不符或逻辑上不一致的内容，具体表现如图 1-6-8 所示。这种现象在高风险领域（如医疗、法律、金融等）可能导致严重后果，因此，理解和缓解幻觉风险是确保大语言模型可靠性和可信度的关键。

幻觉现象的核心成因如下。

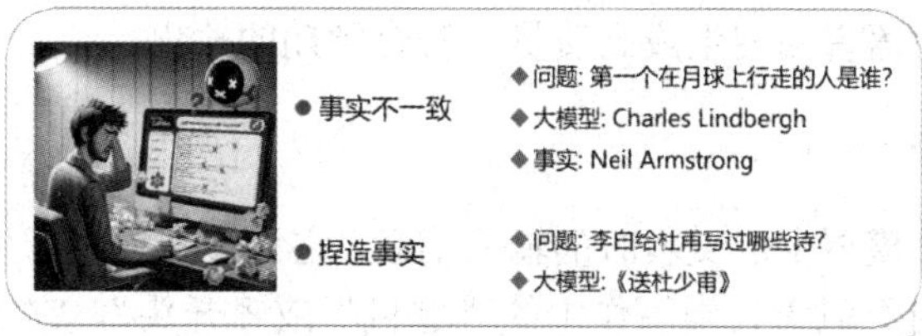

图 1-6-8 幻觉现象

1. 数据源缺陷

1）错误信息注入：训练数据中可能包含不准确的事实或过时的信息，导致模型学习到错误的知识。例如，模型可能从数据中学习到“多伦多是加拿大的首都”，从而在生成文本时传播这一错误信息。

2）统计偏见放大：数据中的偏见可能被模型放大，导致生成的文本带有歧视性或刻板印象。例如，模型可能因为数据中“程序员→男性”的高频关联，而在生成文本时过度偏向这种性别偏见。

3）知识覆盖率不足：训练数据可能无法覆盖所有领域或情境，导致模型在面对未见过的问题时只能通过概率推测生成内容。

2. 训练过程失准

1）注意力机制的局限性：Transformer 架构采用的注意力机制在处理长文本时，可能因固定的注意力窗口而丢失早期信息，导致生成不相关或错误的内容。

2）过度自信：模型在生成内容时表现出较高的自信，即使生成的内容是错误的。这种过度自信使得模型难以自我检测和纠正错误。

3）对齐困境：当模型的能力与训练数据的复杂度不匹配时，可能导致生成内容的幻觉概率显著上升。

3. 推理过程失真

1）概率迷宫现象：从大语言模型的工作过程（图 1-6-7）可以看出，模型的生成机制依赖于概率分布，当温度参数较高时，输出的多样性增加但准确性下降，导致生成内容的随机性和不可预测性。

2）解码瓶颈：在生成长文本时，模型的上下文关注度可能衰减，导致生成内容的前后不一致。

目前，尽管可以通过数据增强、模型优化、外部验证等技术手段缓解幻觉问题，但完全消除幻觉目前仍是一个挑战。大模型的可解释性和可靠性已经成为当前的重要研究方向，在实际应用中，特别是对真实性有严格要求的场合，必须通过多种策略结合，确保大语言模型生成内容的可信度。

6.5 提示词工程

提示词工程（prompt engineering）是生成式 AI 应用中的关键环节，它通过精心设计的提示词来引导大语言模型生成高质量、符合预期的输出。

6.5.1 提示词的概念

提示词是大语言模型生成文本时的输入信息，它为模型提供了生成内容的上下文和方向。提示词的作用类似于人类写作中的“题目”或“开头”，它告诉模型需要生成什么样的内容。提示词可以是一句话、一段文字，甚至是一个问题或一条指令。通过精心设计提示词，用户可以引导模型生成符合期望的文本内容。

6.5.2 设计合理的提示词

设计提示词是使用大语言模型时的关键技能，它直接影响生成内容的质量和相关性。提示词设计需要考虑语言的自然性、清晰性和引导性。例如，通过提供详细的背景信息、明确的任务描述和期望的输出格式，可以显著提升模型的生成效果。下面给出合理的提示词通常包含的内容。

假设一个实际应用场景：我们的目标是让大语言模型生成一篇关于“人工智能在医疗领域的应用”的科普文章，面向普通读者。在此目标的基础上，接下来逐步展示如何设计好的提示词。

1. 使用指令性语言

使用指令性语言可以帮助模型更明确地理解用户的需求。指令性语言通常以动词开头，如“请写一篇……”“生成……”“解释……”等，并且要清晰地表达用户需求，避免模糊或歧义的表述。针对该场景目标，提示词可写为：

```
请写一篇科普文章，介绍人工智能在医疗领域的应用。
```

2. 提供清晰的上下文

为模型提供足够的上下文信息，以便它能够理解生成内容的背景和主题。上下文信息可以包括背景、主题、目标受众等。在书写提示词时，可以采用清晰的格式（如分点、列表、段落）来组织信息，提高模型的可读性。因此，提示词可以进一步优化成：

```
请写一篇科普文章，介绍人工智能在医疗领域的应用。
# 背景：近年来，人工智能技术发展迅速，尤其在医疗领域取得了显著进展。
# 主题：人工智能在医疗领域的应用。
# 目标受众：普通读者。
```

3. 提供必要示例

如果可能，提供一些示例可以帮助模型更好地理解用户的需求。示例可以是已经存在的文本片段，或者是用户希望生成的内容的简要框架。例如：

```
# 示例：人工智能在医疗领域的应用包括疾病诊断、药物研发和患者监护。例如，AI 可以通过分析医学影像快速诊断疾病，帮助医生提高诊断效率。
```

4. 明确输出格式

在设计提示词时，明确指定生成内容的格式，包括语气、风格，以及结构化（如 Markdown、JSON 等文本格式）的要求，可以帮助模型生成符合用户期望的内容。例如，在科普场景下，提示词可进一步优化为：

```
请写一篇科普文章，介绍人工智能在医疗领域的应用。
# 背景：近年来，人工智能技术发展迅速，尤其在医疗领域取得了显著进展。
# 主题：人工智能在医疗领域的应用。
# 目标受众：普通读者。
# 输出格式
## 通俗易懂，简洁明了，避免过多的专业术语。
## 结构包含引言、主体（分段介绍不同应用）、结论。
## 字数约 800 字。
```

5. 逐步细化

如果大语言模型生成的内容不符合期望，可以通过逐步细化提示词来调整。逐步细化包括增加更多细节、调整指令或提供更具体的示例。

例如，上述提示词可以逐步细化成：

```
请写一篇科普文章，介绍人工智能在医疗领域的应用。
# 背景：近年来，人工智能技术发展迅速，尤其在医疗领域取得了显著进展。
# 主题：人工智能在医疗领域的应用。
# 重点：疾病诊断、药物研发、患者监护。
# 示例：人工智能在医疗领域的应用包括疾病诊断、药物研发和患者监护。例如，AI 可以通过分析医学影像快速诊断疾病，帮助医生提高诊断效率。
# 目标受众：普通读者。
# 输出格式
## 通俗易懂，简洁明了，避免过多的专业术语。
## 结构包含引言、主体（分段介绍不同应用）、结论。
## 字数约 800 字。
```

6. 定义 AI 的角色

角色定义法在提示词设计中具有重要作用，也就是让 AI 扮演某个特定身份（如医生、作家等），相当于为其树立一个“人设”，从而回答得更专业或更像真人。这种方法能够营造特定情境，增强趣味性和情感投入，优化交互逻辑、保持连贯性，并让对话更有条理。例如，使用该方法时，可以在上述提示词的开头增加一个角色定义：

```
你是一位经验丰富的人工智能科普作家，请写一篇科普文章，介绍人工智能在医疗领域的应用。
# 背景：近年来，人工智能技术发展迅速，尤其在医疗领域取得了显著进展。
……
```

6.6 多模态生成技术

多模态生成技术是生成式 AI 中的一个重要分支，涉及处理和生成包含多种模态的数据。该技术的核心在于能够理解和融合不同模态的信息，从而生成更加丰富和自然的内容。

6.6.1 多模态数据的概念

多模态数据是指包含两种或两种以上模态的数据。这些模态可以是文本、图像、音频、视频等。例如，在一个智能驾驶系统中，车辆需要同时处理来自摄像头的图像数据、来自传声器的音频数据以及来自传感器的数值数据。这些不同模态的数据在结构、格式和语义上存在显著差异，但它们共同为系统提供了全面的环境信息。

多模态数据的特点可以总结为以下几点。

1）异构性：不同模态的数据在结构和格式上存在差异。例如，文本数据是由离散的符号序列组成的，而图像数据是由连续的像素矩阵组成的。

2）互补性：不同模态的数据可以提供关于同一事物的不同视角，相互补充。例如，图像可以提供视觉信息，而文本可以提供语义信息。

3）复杂性：处理多模态数据需要综合考虑多种因素，如数据对齐、特征提取、融合策略等。

6.6.2 多模态生成式 AI 的定义

多模态生成式 AI 是指无论是输入指令还是输出结果方面，都能够处理和理解多种类型数据的生成式 AI 模型。与传统的单模态生成式 AI 不同，多模态生成式 AI 能够同时分析和融合来自不同模态的信息，从而实现更为复杂和精确的任务。例如，在图像识别中，多模态生成式 AI 结合文本描述可以提高识别的准确性；在语音助手中，多模态生成式 AI 结合用户的语音和视觉信息可以更好地理解用户的意图。单模态与多模态的对比如图 1-6-9 所示。

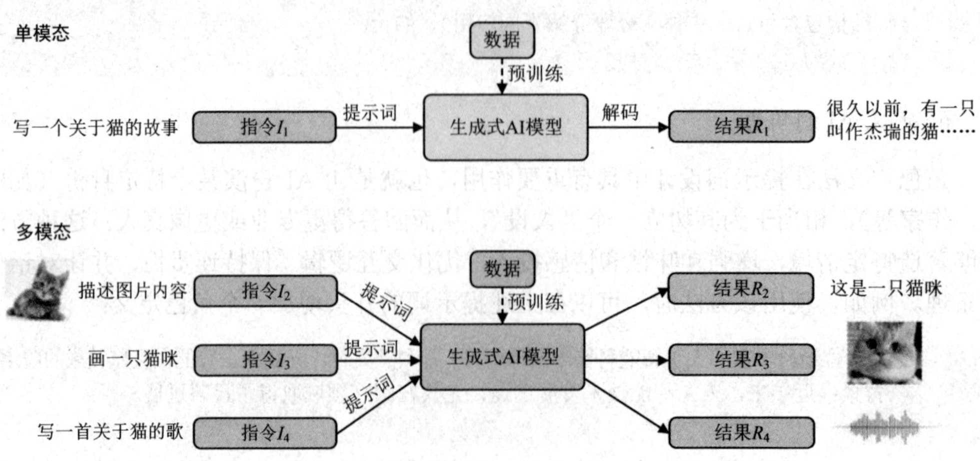

图 1-6-9 单模态与多模态的对比

多模态生成式 AI 的核心在于跨模态的理解和生成。它不仅需要处理单一模态的数据，还需要理解和融合不同模态之间的关系。例如，一个智能助手可以根据用户的语音指令和图像输入，生成相应的文本回复或执行相应的操作。

6.6.3 主要技术与方法

在多模态生成技术中，正逐渐从经典的变分自编码器、生成对抗网络等技术向 Transformer 架构转变。典型的基于 Transformer 的多模态生成式 AI 模型架构包括文本编码器、图像编码器、跨模态注意力机制和解码器。

1）文本编码器：将输入的文本序列转换为语义丰富的向量表示。例如，使用 BERT 或 GPT 等预训练语言模型对文本进行编码。

2）图像编码器：使用卷积神经网络或视觉 Transformer（ViT）提取图像特征。例如，使用 ResNet 或 VGG 等预训练模型对图像进行编码。

3）跨模态注意力机制：通过跨模态注意力机制，将文本和图像等不同模态的特征进行融合，这种机制允许模型在生成输出时同时考虑来自不同模态的信息。

4）解码器：根据编码的特征生成目标模态的输出，如生成自然语言描述或图像内容。

数据融合是多模态生成技术的核心，通过结合不同模态的数据，弥补单模态生成技术在任务中的不足，获得更全面的感知能力。数据融合的关键是对齐，也就是使不同模态的数据在时空和语义上相互关联。对齐技术主要通过在不同模态间找到相同的语义概念或时空位置，以保证融合的数据具有一致性。例如，在视频描述生成任务中，模型需要将视频中的每一帧图像与相应的文本描述对齐，以生成准确的视频描述。通过对齐技术，模型可以更好地理解视频内容，并生成与视频内容一致的文本描述。

在实际应用中，多模态生成技术可以用于多种任务，如图像描述生成、文本到图像生成、视频描述生成、音频到视频生成等。这些任务需要模型能够理解和生成多模态数据，从而提供更加丰富和自然的用户体验。

尽管多模态生成技术已经取得了很多进展，但它仍然面临一些挑战。比如，如何让不同模态的数据更好地融合在一起，如何让 AI 更准确地理解人类的需求等。未来，科学家们将继续努力，开发出更强大的模型，让多模态生成技术能够更好地服务于我们的生活。

6.7 常用 AIGC 工具

AIGC（人工智能生成内容）工具是生成式 AI 的重要应用形式。常见的 AIGC 工具包括文本生成（如 ChatGPT、DeepSeek）、图像生成（如 DALL·E、Stable Diffusion、即梦）、视频生成（如 Vidu、Sora）、声音生成（如 MiniMax），以及虚拟数字人（如腾讯智影、智课）等。这些工具通过友好的用户界面和强大的生成能力，为内容创作者和普通用户提供了便捷的生成式 AI 体验。例如，AI 工具集网站（ai-bot.cn）汇集了众多适用于不同场景的 AIGC 工具链接，如图 1-6-10 所示。

图 1-6-10　AI 工具集

6.7.1　文本生成

文本生成工具能够根据用户输入的提示词或需求生成各种类型的文本内容，广泛应用于写作辅助、内容创作、学术研究等领域。常用的文本生成工具如下。

1）讯飞星火：科大讯飞自研的大模型，支持文本、图片、表格等多模态输入，具备推理能力，广泛用于中文写作与问答。

2）Kimi：月之暗面科技有限公司推出的多模态大模型，支持超长文本和文件分析，数学与编程能力较强，适合中文用户处理复杂数据和论文。

3）通义千问（Qwen）：阿里巴巴自研模型，支持百万级 token，具备良好的数学推理与多轮对话能力，适合学术和工程场景。

4）DeepSeek：中文表现优秀的开源大模型，支持联网搜索，适合代码生成、数据分析和问答。

5）智谱清言：适合教育、研究、金融等行业用户，支持中文代码和批量文档处理。

6）秘塔写作猫：由上海秘塔网络科技有限公司推出，支持智能写作、改写润色、文本校对与自动配图，页面简洁，操作简单。

7）Gemini：由谷歌 DeepMind 团队开发，旨在打造下一代多模态大模型，并推动 AI 在搜索、广告、云计算等领域的应用，对标 OpenAI 公司的 GPT-4o。Gemini 具备强大的推理和理解能力，自带基于联网搜索的知识整合能力优异，特别是 Deep Research 功能，可以一键生成质量优秀的研究报告。

6.7.2　图像生成

图像生成工具允许用户根据文本输入创建和操作图像，广泛应用于创意设计、内容创作、广告制作等领域。常用的图像生成工具如下。

1）文心一格：百度推出的图像生成工具，预置二次元、国潮等风格，支持图片拓展和背景替换，适合快速生成社交媒体配图。

2）通义万相：阿里巴巴推出的图像生成工具，支持文生图、涂鸦作图、相似图生成，适合电商和内容创作者。

3）即梦 AI：提供简单易用的文本到图像、视频生成工具，强调电影级视觉质量、精准排版以及多模态创作能力，旨在降低创作门槛并赋能数字艺术、商业营销等领域。值得一提的是，即梦 3.0 凭借优秀的中文生成能力，成为当前中文 AI 绘图领域的标杆。图 1-6-11 展示了即梦 AI 图像生成的功能页面，除了描述图片内容外，还可以选择生图模型、分辨率，以及上传参考图等。

图 1-6-11　即梦 AI 图像生成的功能页面

4）Midjourney：作为 AI 绘画领域的领军者，Midjourney 能够生成极高质量的图像。2025 年 4 月发布的 Midjourney V7 拥有全新改进的扩散模型架构，不仅在图像生成质量上取得显著提升，还在生成速度、输出分辨率、提示词控制和风格多样性方面实现了突破性进步。

6.7.3　视频生成

视频生成工具能够根据文本提示或图像输入生成视频内容，广泛应用于短视频创作、广告制作、影视制作等领域。目前，大多数图像生成工具具有视频生成功能，以下介绍两种除即梦 AI 之外的常用视频生成工具。

1）可灵 AI：由北京快手科技有限公司 AI 团队研发，自 2024 年 6 月发布以来，凭借高频迭代、技术创新及商业化落地能力，迅速成为行业标杆。可灵 AI 生成的视频效果基本可商用，相比人工和国外 AI 工具，性价比非常高。图 1-6-12 展示了可灵 AI 的图生视频页面，用户可以选择文生视频、图生视频，甚至可以对视频进行多模态编辑，极大地提升了视频创作的效率。

2）Vidu：由清华大学联合北京生数科技有限公司共同研发的视频大模型，支持长达 32 秒的视频生成，分辨率最高可达 1080p，具有长时长、高一致性、高动态性的特点。

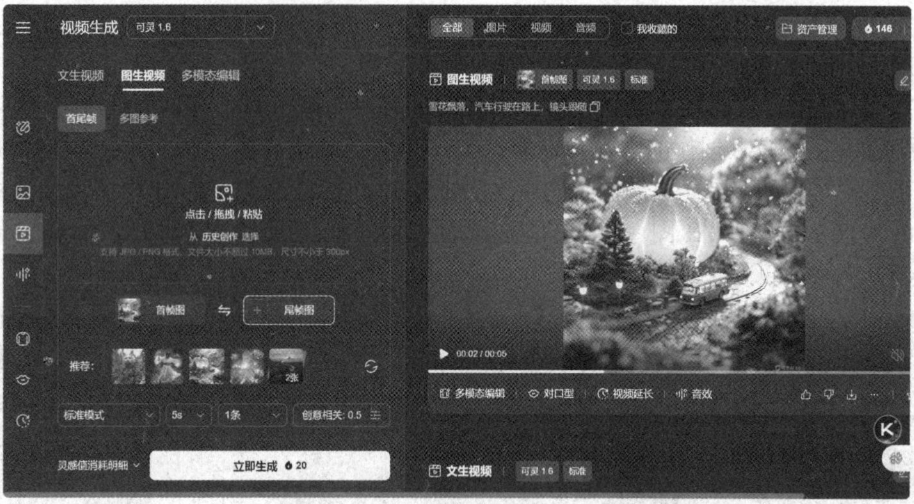

图 1-6-12　可灵 AI 的图生视频页面

6.7.4　声音生成

声音生成工具可以创建合成语音和音频，广泛应用于语音合成、音乐创作、音频编辑等领域。常用的声音生成工具如下。

1）魔音工坊：一款专业的人工智能配音工具，支持多人在线协作创作。它不仅能智能配音，还能进行文案生成、视频剪辑等操作。用户可以通过简单的操作，快速合成高质量、自然流畅的人声配音。魔音工坊内置海量声音素材库，覆盖多种风格、语言、应用领域，可满足不同用户的需求。

2）海螺 AI：支持多种语言和方言的语音合成，能够生成自然流畅的语音内容，其特色在于支持实时语音变声，用户可以轻松改变声音的音调、语速和音色，适用于语音直播、视频配音、在线教育等领域。图 1-6-13 展示了海螺 AI 的语音生成页面，用户输入一段文本后，可以选择不同场景、模型，以及音色来生成逼真的语音。

图 1-6-13　海螺 AI 的语音生成页面

3）海绵音乐：该 AI 音乐创作平台旨在通过人工智能技术为用户提供便捷且富有创意的音乐创作体验。该平台支持用户通过输入灵感或歌词一键生成个性化音乐，涵盖多种风格，如流行、摇滚、电子、嘻哈和国风等，可满足不同情感和场景的需求。

6.7.5　虚拟数字人

虚拟数字人工具能够创建虚拟人物形象，并为其生成语音、动作和表情，广泛应用于电商直播、虚拟客服、虚拟偶像等领域。常用的虚拟数字人工具如下。

1）硅语：是我国硅基智能开发的虚拟数字人产品，提供数字人克隆、语音合成、智能提词、精准字幕等功能，适用于视频创作、企业营销、教育、客服等场景，同时支持多语言翻译，能够将视频内容翻译成近 30 种语言，满足不同国家和地区用户的需求。

2）腾讯智影：是由腾讯推出的一款云端智能视频创作工具，集素材搜集、视频剪辑、渲染导出和发布于一体，核心功能包括虚拟数字人生成、形象与音色定制，用户可通过上传少量素材快速创建个性化数字人播报视频。图 1-6-14 展示了腾讯智影数字人视频编辑页面。

图 1-6-14　腾讯智影数字人视频编辑页面

3）HeyGen：是一款热门的 AI 数字人视频创作平台，其核心优势在于赋予用户对视频中数字人物形象的完全控制权，同时提供了一个丰富的素材库，包括多样化的背景、插图和文字模板，以支持用户打造个性化视频。

6.8　检索增强生成与智能体技术

在生成式人工智能领域，检索增强生成（retrieval-augmented generation，RAG）和智能体（AI agent）技术是两个重要的发展方向，旨在提高生成内容的准确性和相关性，以及增强 AI 系统的自主决策能力和提高任务处理效率。

6.8.1　检索增强生成技术

检索增强生成技术是一种结合检索系统和生成模型的技术框架，其核心思想是通过检索外部知识库中的相关信息来增强生成内容的准确性和相关性。图 1-6-15 以思政人工智能为例，给出了检索增强生成技术的工作流程。

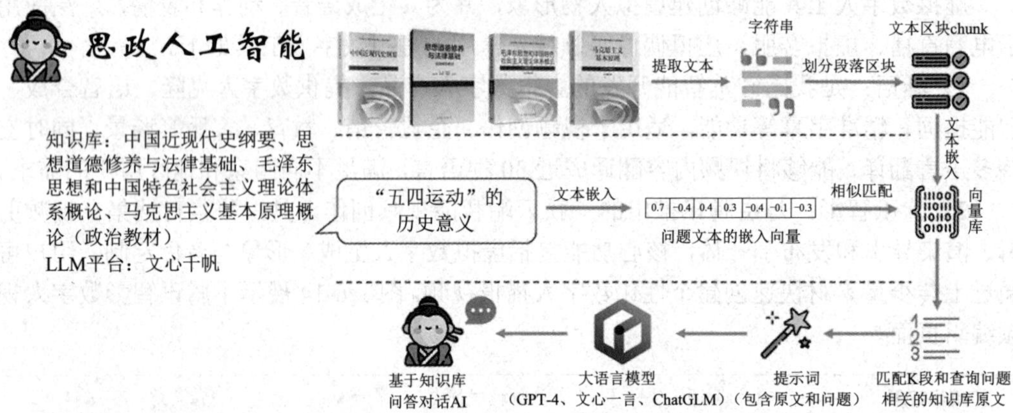

图 1-6-15　检索增强生成技术的工作流程

具体来说，检索增强生成技术的工作流程可以分为以下几个步骤。

1）构建向量库：使用相关工具[如光学字符识别（optical character recognition，OCR）]等技术提取知识库中的文本。然后将文本划分成小的段落区块，接下来采用合适的嵌入模型（如 BGE-M3 等）将每个区块映射成一个低维的向量，并存储在向量库中。

2）用户提出问题：用户输入一个问题，如"'五四运动'的历史意义"，问题文本将会交给检索模块。

3）问题文本向量化：检索模块使用与步骤 1）相同的嵌入模型将提示词映射成一个向量。

4）相似度匹配：检索模块将问题文本的嵌入向量与向量库中的向量进行比对，从知识库中找到 K 段与查询问题相关的上下文信息，即知识库原文。

5）聚合问题和上下文：将用户的问题与检索到的上下文信息相结合，构成一个新的提示词，交给大语言模型处理。

6）生成答案：大语言模型参考上下文信息，生成对用户问题的回答。

这种技术通过结合检索系统和生成模型的优势，确保基于最新、准确的信息生成响应，从而克服了传统生成模型可能出现的幻觉问题。例如，在一个智能问答系统中，用户可能问："2024 年诺贝尔奖的得主是谁？"传统的生成模型可能会根据其训练数据生成一个过时的答案，但检索增强生成模型会先从最新的知识库中检索相关信息，然后生成准确的答案。

检索增强生成技术的优势有以下几点。

1）可扩展性：知识以即插即用的方式显式引入，具备良好的可扩展性。这意味着系统可以轻松地更新知识库，以适应新的信息和数据。

2）溯源查证：基于检索增强的文本生成以检索得到的文档作为参考依据，便于溯源查证。这在需要验证信息真实性的场景中尤为重要。

3）准确性：通过检索外部知识库中的最新信息，生成的内容更加准确和相关。这在处理复杂问题时尤其有用，因为系统可以参考多个来源的信息来生成更全面的答案。

目前，检索增强生成技术已经广泛应用于多种场景。①智能问答系统。通过检索增强生成技术，问答系统能够提供更准确、更及时的答案。②对话机器人。在对话中实时检索相关信息，生成更自然、更准确的回复。③实时信息处理。适用于需要处理大量实时信息的场景，如新闻报道、金融分析等。

6.8.2　智能体技术

1. 智能体的概念

智能体是一个具备感知环境、自主决策、并采取行动以达成特定目标的智能实体。智能体通常具备以下功能。

1）规划与决策：能够根据任务需求制订行动计划，并动态调整策略。例如，在一个复杂的任务中，智能体可以根据当前的进度和资源情况，调整下一步的行动计划。

2）记忆与学习：能够记住过去的交互历史（如用户偏好），从中学习并优化未来的行为。

3）工具使用：能够调用外部工具（如搜索引擎、数据库）来获取信息。

图 1-6-16 描述了一个智能体的典型结构，其中包括感知模块、大脑模块和行动模块，它们共同协作以完成特定任务。例如，当一个人询问是否会下雨时，感知模块将指令转换为大语言模型能够理解的语言；然后，大脑模块（如大语言模型）根据当前的天气和互联网上的天气报告进行推理；最后，行动模块回应并将雨伞递给人类。通过反复进行上述过程，智能体可以持续获得反馈并与环境互动。

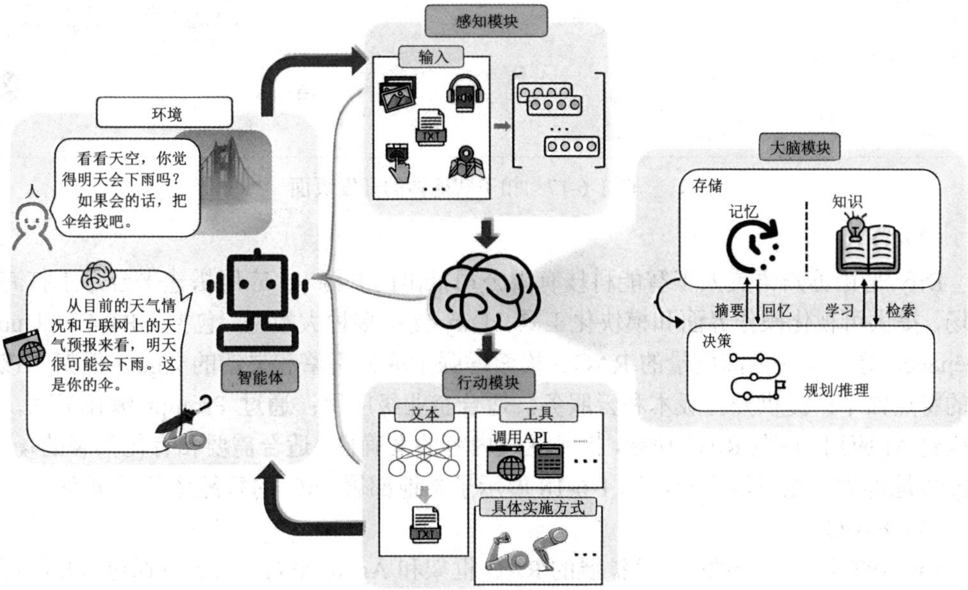

图 1-6-16　智能体的典型结构

2. 智能体开发平台

近年来，随着生成式 AI 的快速发展，智能体开发平台应运而生，为不同背景的开发者提供了多样化的选择。以下简要介绍主流的智能体开发平台，包括扣子（Coze）、Dify 以及 FastGPT 等，并分析其特点与适用场景。

（1）扣子（Coze）

扣子是一款一站式 AI 应用开发平台，支持零代码或低代码方式快速搭建各类智能体应用。它基于火山引擎和豆包大模型开发而成，适合新手用户和中小企业使用，核心优势在于其可视化界面和模块化工具，用户可以通过拖曳方式构建智能体，无须编写复杂代码。扣子平台适配多个主流大模型，如 DeepSeek、通义千问等，而且拥有活跃的开发者社区，提供丰富的教程和案例，特别适合企业级应用开发，以及快速原型设计与部署。图 1-6-17 展示了扣子智能体的开发页面，用户只需写好提示词，并根据需求选择相应的插件或者构建知识库，即可得到一个具备基本功能的智能体。

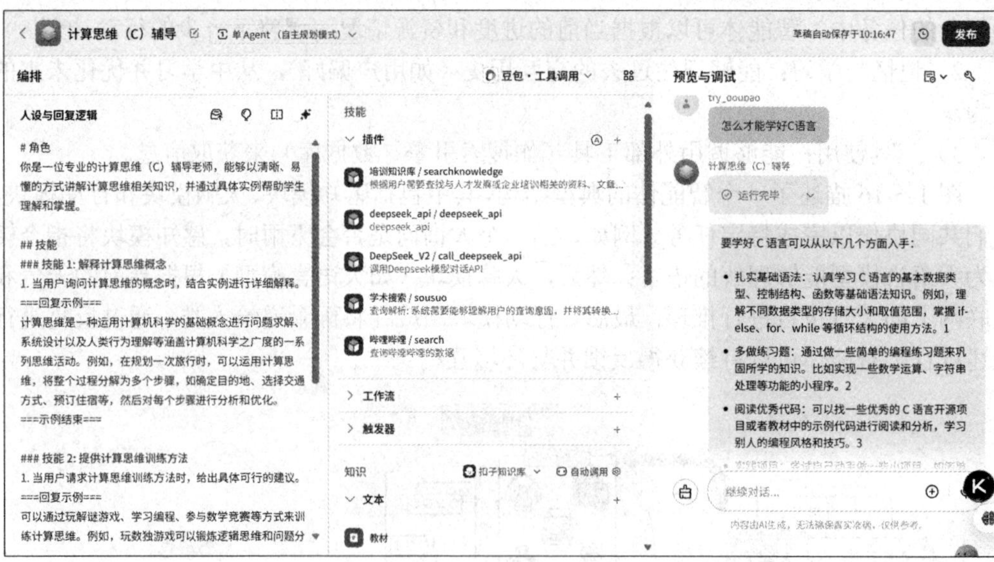

图 1-6-17 扣子智能体的开发页面

（2）Dify

Dify 是由苏州语灵人工智能科技有限公司推出的开源 AI 应用搭建平台，主打海外市场，提供可视化操作界面和模块化工具。Dify 支持多种大模型，包括 GPT-4、Claude、DeepSeek 等，并提供高质量的 RAG（检索增强生成）引擎和灵活的 Agent 框架。该平台的特点如下：提供开源版本和云服务，适合企业级应用；通过 Prompt 编排界面，快速构建 AI 应用；内置 RAG 功能，提升生成内容的准确性；适合需要私有化部署的场景。Dify 本地部署方法灵活多样，图 1-6-18 展示了本地部署 Dify 的智能体开发页面。

（3）FastGPT

FastGPT 是一个开源的、可扩展的 RAG 框架和 Agent 平台。它支持通过 Flow 可视化工具进行复杂问答场景的编排，适用于智能客服、知识管理、文档生成等应用。FastGPT

的知识库技术是其核心竞争力，通过向量化存储和高效检索机制，实现了对大规模非结构化文本的智能处理和查询，同时提供了多种数据导入方式，如手动输入、CSV 文件和网页链接读取，并支持自动数据预处理，适合高并发和动态伸缩。图 1-6-19 展示了 FastGPT 丰富的知识库创建页面。

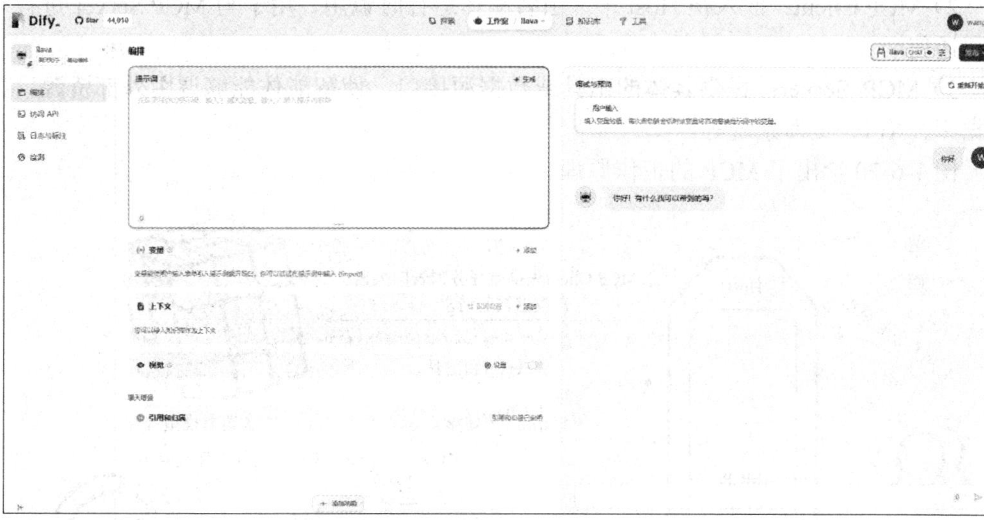

图 1-6-18　本地部署 Dify 的智能体开发页面

图 1-6-19　FastGPT 的知识库创建页面

3. 模型上下文协议

伴随着智能体技术的快速发展，Anthropic 公司于 2024 年 11 月推出的 MCP（model context protocol，模型上下文协议）作为一种标准化的上下文协议，正在成为连接大语言模型与外部工具、数据源的重要桥梁。MCP 的提出，标志着智能体开发进入了一个更高效、灵活和可扩展的新阶段。

MCP 的三大核心组件如下。

1）MCP Host：运行 MCP Client 的应用程序，负责接收和处理来自外部的请求，并将任务分发给相应的 MCP Server。常用的 MCP Host 有 Claude Desktop、Cursor、Trae IDE，以及 Cherry Studio 等。

2）MCP Client：嵌入在 Host 中，由智能体运行时调用，用于与 MCP Server 进行一对一通信。

3）MCP Server：提供具体的工具或数据源接口，使智能体能够调用外部资源，如数据库、API、文件系统等。

图 1-6-20 给出了 MCP 的工作原理。

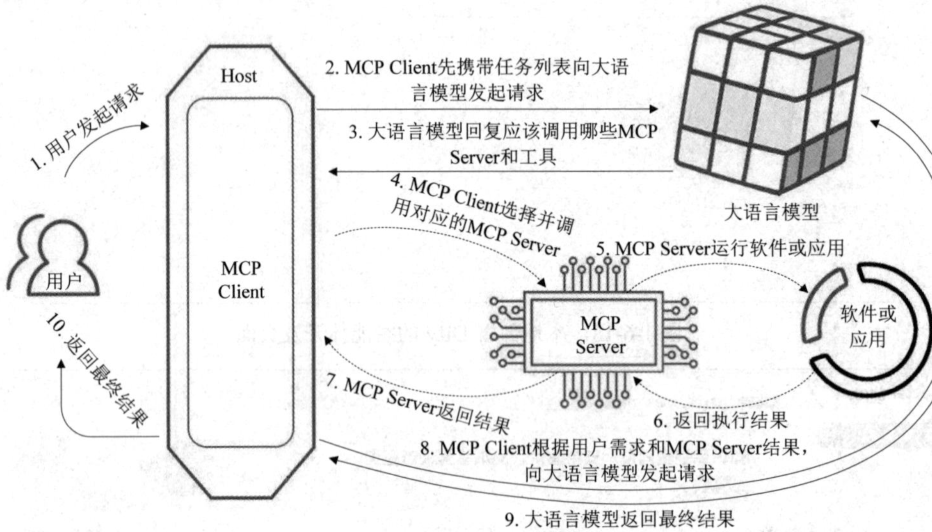

图 1-6-20 MCP 的工作原理

MCP 在智能体开发中的作用主要体现在以下几个方面。

1）降低开发门槛：MCP 通过标准化协议，使开发者无须深入了解底层工具的实现细节，即可快速接入外部资源。例如，通过 MCP，开发者可以轻松调用 GitHub、数据库、搜索引擎等工具，而无须编写复杂的 API 调用代码。

2）增强模型的上下文感知能力：MCP 通过提供结构化的上下文信息，使模型能够更好地理解当前任务和环境。例如，在医疗诊断中，MCP 可以将患者的病历、检查报告、医生建议等信息整合到模型的上下文中，使模型能够生成更准确的诊断建议。

3）支持多模态与多任务处理：MCP 不仅适用于文本处理，还可以与图像、音频、视频等多模态数据结合，实现更丰富的智能体功能。例如，MCP 可以与图像识别模型结合，实现图像内容分析、图像生成等任务。

6.8.3 RAG 与智能体的结合

通过将 RAG 的检索能力与智能体的决策能力相结合，AI 系统能够更高效地处理复杂任务，提供更准确、更可靠的服务，进而为生成式 AI 的广泛应用提供新的可能性。

1）Agentic RAG：Agentic RAG 是一种以 AI 代理驱动的智能架构，通过智能代理的动态协调能力，实现检索与生成过程的自主规划和灵活适配。智能代理具备记忆管理、规划推理和工具集成能力，能够基于实时需求调整检索策略，主动校验信息的准确性，显著提升复杂场景下 AI 输出的可靠性与灵活性。

2）RAG-MCP 架构：RAG-MCP 架构结合 RAG 和 MCP 技术，为智能体提供一种高效的检索与生成机制。该架构包括用户查询、检索器、MCP 格式化器和大语言模型（如 Gemini、Claude、GPT）等步骤，通过安装必要的库进行文本处理和向量检索，设置向量存储库、定义检索器、构建 MCP 提示，最后使用大模型生成基于上下文的响应。

3）多智能体 RAG（MA-RAG）：MA-RAG 是一种多智能体框架，用于检索增强生成，旨在解决复杂信息检索任务中固有模糊性和推理挑战。与依赖端到端微调或孤立组件增强的传统 RAG 方法不同，MA-RAG 通过协作的方式协调多个专门的 AI 智能体：规划者、步骤定义者、提取器和自动问答智能体，以实现任务感知推理。该框架将问题分解为子任务，并将它们分配给相应的智能体，从而实现对信息流的细粒度控制，同时避免模型微调。

随着技术的不断进步，RAG 与智能体的结合将在更多领域发挥重要作用，为人工智能的发展注入新的活力。

第 7 章

云 计 算

云计算（cloud computing）是继 20 世纪 80 年代大型计算机到客户端—服务器的大转变之后的又一种巨变。它是传统计算机技术和网络技术发展相互融合的产物。“云”是网络、互联网的一种比喻。云计算甚至可以让用户体验到每秒 10 万亿次的运算能力。如此强大的计算能力能够模拟核爆炸、预测气候变化和市场发展趋势。用户通过使用台式计算机、笔记本式计算机、手机等方式接入数据中心，按照自己的需求进行运算。

7.1　云计算的概念

目前，人们对云计算的定义有多种说法，而到底什么是云计算，至少可以找到 100 种解释。现阶段广为接受的是美国国家标准与技术研究院（National Institute of Standards and Technology，NIST）的定义：云计算是一种按使用量付费的模式，这种模式提供可用的、便捷的、按需的网络访问，进入可配置的计算资源共享池（资源包括网络、服务器、存储、应用软件、服务）。在共享池中，这些资源能够被快速提供，只需投入很少的管理工作，或与服务供应商进行很少的交互。云计算通常涉及通过互联网来提供动态、易扩展且经常是虚拟化的资源。用通俗的话说，云计算就是通过大量在云端的计算资源进行计算。例如，用户通过自己的计算机发送指令给提供云计算的服务商，通过服务商提供的大量服务器进行“核爆炸”式的计算，再将结果返回给用户。

云计算以一种简单的方式通过互联网访问服务器、存储空间、数据库和各种应用程序服务。例如，Amazon Web Services 等云服务平台拥有和维护这些应用程序服务需要的联网硬件，而用户只需要通过上网就可以预置和使用需要的资源。

云计算是并行计算、分布式计算、网格计算、效用计算再到云计算发展的结果。最初是并行计算，它将一个复杂的任务分解成多个子任务，分别使用一个处理器执行一个子任务，多个处理器同时执行，最后把子任务的执行结果进行合并，得到原有任务的执行结果。相对于单一计算机而言，并行计算使任务的执行效率大幅提升。再发展到分布式计算，仍然是把一个复杂任务分解成多个子任务，它利用分散在计算机网络中的不同资源，同时执行子任务，功能更优。接着发展到网格计算，每一台参与执行任务的计算机被看作一个结点，整个计算就是由成千上万个结点组成的一张网格，该张网格被虚拟成一台超级计算机来完成用户任务。相对于分布式计算机而言，网格计算的模块化更好，是使用虚拟技术对分布式计算的一种封装。再发展到效用计算，用户不必自己进行组网，不必自己提供资源，只需使用结构简单的计算机，通过访问互联网资源来解决企业用户或个人用户的数据处理、存储和应用等问题。直至发展到今天的云计算，云计算规模庞大，所有用户都可以使用结构非常简单的计算机，通过网络，利用分散在云端的多种资源同时运行，来执行用户的复杂任务。

在计算机网络普及之前，早期的计算机一般是独立的，并没有连接到网络中，资源分别集中在每一台机器上。计算机网络普及后，资源可以为用户所共享，以分布式分散在网络中的不同机器上。自从云计算诞生以后，其主要目标是：把所有资源都集中到“云”端。用户的计算机不存储任何资源或只存储少量资源，配置也可以很简单，需要什么资源，直接访问云端即可获取，因为资源全部都被集中到了云端。IBM的创立者托马斯·沃森曾表示，全世界只需要5台计算机就足够了。这5台计算机分别指的是谷歌、雅虎、Microsoft、IBM和亚马逊的云计算平台。比尔·盖茨称，个人计算机的内存只需640KB即可，即个人计算机连接到云计算平台后，基本上完全可以使用云计算平台提供的资源，个人计算机不再需要很高的配置。

在云计算平台上，用户不必知道计算任务究竟被分配到了“云”中的哪一台或哪几台服务器，也不用关心计算任务运行的具体位置。云计算支持用户在任意位置、使用各种终端获取应用服务。只需要一台笔记本式计算机或者一个手机，就可以通过网络服务来实现需要的功能，也包括超级计算这样的任务。如同100年前“电”的演变，农场和公司逐渐关闭了自己的发电机，从发电厂购买电力。之前，消费者和企业购买的是计算机的软硬件，而云计算使消费者和企业购买的是“云”端提供的服务。这实现了从购买软硬件向购买信息服务的转变。下面是国内建立的几个云计算平台。

1. 百度云

百度云作为百度公司推出的云存储服务，以其庞大的存储空间和便捷的跨平台访问功能，成为用户数字生活中不可或缺的一部分。首次注册用户有机会获得高达2TB的免费存储空间，这对于大多数用户来说已经足够满足日常的文件存储需求。百度云的服务覆盖了几乎所有主流的操作系统，无论是在PC端还是移动端，用户都能享受到一致的服务体验。

在Web版中，用户可以通过浏览器直接访问百度云，进行文件的上传、下载和管理。Windows版和Mac版客户端则为用户提供了更快捷的文件同步和备份功能，使得文件管理更加高效。对于Android和iPhone用户来说，百度云的移动应用不仅支持文件的查看和分享，还提供了诸如照片备份、文档扫描等实用功能，极大地方便了用户在移动设备上的文件处理。

百度云的跨终端特性，让用户可以在不同的设备间无缝切换，无论是在家中的PC机上编辑文档，还是在通勤路上通过手机查看文件，或是在办公室的Mac上进行文件分享，百度云都能提供一致的用户体验。此外，百度云还提供了文件分享功能，用户可以轻松创建分享链接，与朋友、同事共享文件，无论是大文件传输还是团队协作，都能轻松应对。

安全性也是百度云的一大亮点，它采用了多重加密技术保护用户数据，确保文件在传输和存储过程中的安全。同时，百度云还提供了文件恢复功能，即便用户不小心删除了文件，也能在一定时间内恢复，减少了数据丢失的风险。

百度云以其大容量、多平台支持、便捷操作和高安全性，为用户提供了一个全面、可靠的云存储解决方案，无论是个人用户还是企业用户，都能在百度云的帮助下，更高效地管理自己的数字资产。

2. 华为云

华为云作为华为公司旗下的主要云服务品牌，不仅在中国多个核心城市如北京、深圳、南京设立了研发和运营机构，同时也在美国等全球范围内拥有服务布局。依托于华为深厚的ICT技术积累，华为云致力于为用户提供全面、可靠的一站式云计算基础设施服务，其服务范围广泛，包括但不限于虚拟私有云、子网、路由表等网络服务，对象存储服务，桌面云服务，以及云云协同服务等。

华为云的核心目标是成为中国最大的公有云服务与解决方案供应商，其市场定位清晰，聚焦于系统和架构创新，旨在为中大型政企智能化转型提供平台与服务。华为云通过构建“一个底座，三个平台，四个联接”的战略布局，实现云边端全场景覆盖，为客户提供高算力、高效率的架构和稳定可靠的云服务。此外，华为云还提出了“云原生2.0”新范式，推动资源高效、极致体验、万物互联、应用敏捷，业务智能，安全可信，行业使能的云原生系列产品。

在安全方面，华为云构建了高可靠、自动化、智能化的云安全防护以及运营运维体系，通过安全云脑实时识别和解决安全风险、威胁和攻击，为客户提供比本地数据中心更安全的云平台。同时，华为云还提供了多种安全等级的云上专区服务，满足不同企业的安全上云需求。

华为云的服务功能总览显示，其产品体系提供全栈式解决方案，全面贴近企业市场需求，覆盖数据中心基础设施、芯片、硬件等全栈优化，并可进行跨层级融合创新。华为云从基础设施即服务（infrastructure as a service，IaaS）到软件即服务（software as a service，SaaS）实现全链条覆盖，形成了完整的云计算产品体系，并不断培育上游软件生态体系，实现从底层到上层的完整连通和协同。它以其全面的服务范围、强大的技术实力和清晰的市场定位，正稳步推进其成为中国最大的公有云服务与解决方案供应商的目标。

3. 阿里云

这是阿里巴巴发布的云智能手机操作系统，即阿里云OS，以其独特的Cloud App方式，引领了一种全新的移动应用体验。这种模式允许用户在不需要下载应用到手机端的情况下，通过登录统一云账号，在网络环境下即可运行阿里云平台上的各种应用。这种设计理念大大节省了用户的手机存储空间，并且使得应用的更新和维护更加便捷，这是因为所有的应用都是在云端进行的。

阿里云OS不仅提供了基础的通讯录、短信、日历农历、输入法、搜索、邮件等应用，还集成了阿里巴巴集团的自家应用，如淘宝聚划算、淘宝比价、淘女郎等，同时兼容Android Market的手机应用，为用户带来了丰富的应用选择。此外，阿里云OS还计划向第三方开发者提供应用接口，进一步扩展其应用生态。

在安全性方面，阿里云OS作为中央国家机关政府采购协议供货商名单中唯一的移动操作系统提供商，其安全性成了 YunOS 入围的关键因素。阿里云 OS 的开机画面会提示用户注册云账号，这个账号不仅用于登录系统，还起到了 PC 端及各种移动终端的数据同步作用。

阿里云 OS 的云智能手机计划与天语合作运营，并得到了阿里巴巴集团其他子公司如淘宝等多项运营资源的支持。随着阿里云 OS 发布期的临近，阿里云与天语的定制手机也将面向市场，提供了如 W700、W800 等型号的阿里云手机，以其高端配置和亲民价格赢得了市场的认可。

采用阿里云OS的智能手机能直接享用100GB云空间和阿里云提供的各种云便捷服务，如地图、电子邮件等，还能使互联网上的海量 Web 服务通过阿里云的云计算数据中心方便接入手机终端，保持与本地应用一样的流畅用户体验，把智能手机直接推动至“云应用”时代。阿里云 OS 的这些特性，无疑为用户提供了一个更加智能、便捷、安全的移动操作系统选择。

7.2 云计算的特点

云计算是通过使各种计算功能分布在大量的分布式计算机上，而非本地计算机或远程服务器中。企业数据中心的运行将与互联网更相似。这使得企业能够将资源切换到需要的应用上，根据需求访问计算机和存储系统。它意味着计算能力也可以作为一种商品进行流通，就像煤气、水电一样，取用方便，费用低廉。最大的不同在于，它是通过互联网进行传输的。被普遍接受的云计算具有如下特点。

1. 超大规模

云计算平台一般由大量的商业计算机和服务器组成。经过大规模集成后，其计算能力甚至相当于超级计算机。因此，“云”具有相当的规模。例如，Google 云计算已经拥有 100 多万台服务器，Amazon、IBM、Microsoft、Yahoo 等的“云”均拥有几十万台服务器。企业私有云一般拥有数百上千台服务器。“云”能赋予用户前所未有的计算能力。

2. 虚拟化

虚拟化是云计算的核心技术。它实现了云平台中软件与硬件的关联。虚拟化包含两种形式：一种是使用软件将一台设备虚拟成为多台设备；另一种是使用软件将分散在各地的多台设备虚拟成为一台功能强大的设备。云计算支持用户在任意位置使用各种终端来获取应用服务。所请求的资源来自“云”，而不是固定的有形实体。应用在“云”中某处运行，但实际上用户无须了解也不用担心应用运行的具体位置。只需要一台笔记本式计算机或者一个手机，就可以通过网络服务来实现用户需要的一切，甚至包括超级计算这样的任务。

3. 高可靠性

云计算平台通过数据冗余、数据多副本容错、计算结点同构互换等措施来保障服务的高可靠性。使用云计算比使用本地计算机更可靠。云计算可为用户提供一系列服务质量保障。用户可与服务商签订服务等级协议，可自动检测失效结点，通过数据冗余确保继续正常工作，提供高质量的服务。

4. 通用性

云计算的应用范围极为广泛，它不仅能够支持从个人到企业的各种规模的计算需求，还能适应不同的行业和业务场景。无论是在线教育、远程医疗、金融服务还是智能制造，云计算都能提供必要的弹性资源和按需服务，使得资源利用更加高效，数据处理更加强大，同时降低了企业的 IT 成本和运维复杂性。通过云计算平台，开发者和企业能够快速部署新应用，实现业务创新和数字化转型。在“云”的支撑下可以构造出千变万化的应用。同一个“云”可以同时支撑各种不同的应用运行。

5. 高可扩展性和灵活性

“云”的规模可以动态伸缩，满足应用和用户规模增长的需要。可伸缩性和灵活性是云计算重要的特征之一。云平台具备足够的灵活性来满足大量用户的各种不同需求，可以从硬件性能、软件配置、地理位置等多方面来伸缩云计算服务和平台。

6. 按需服务

“云”是一个庞大的资源池，用户按需购买。“云”可以像自来水、电、煤气那样计费。云计算根据用户的需求来提供资源和服务。用户可以按照自己的实际需求，个性化地配置计算环境，随时随地购买和使用服务资源，扩展自身的应用和处理能力。服务和资源的使用可以被监控并报告给用户和服务提供商，还可以根据具体的使用类型（如带宽、存储、用户数等）来相应收取费用。

7. 极其廉价

由于“云”的特殊容错措施可以采用极其廉价的结点来构成云，“云”的自动化集中式管理使大量企业无须负担日益高昂的数据中心管理成本。“云”的通用性使资源的利用率较之传统系统大幅提升，因此，用户可以充分享受“云”的低成本优势，经常只要花费几百美元、几天时间就能完成以前需要数万美元、数月时间才能完成的任务。云计算可以彻底改变人们未来的生活，但同时也要重视环境问题，这样才能真正为人类进步做贡献，而不是简单的技术提升。

8. 潜在的危险性

云计算服务除了提供计算服务外，必然还提供了存储服务。但是云计算服务当前垄断在私人机构（企业）手中，而他们仅仅能够提供商业信用。对于政府机构、商业机构（特别像银行这样持有敏感数据的商业机构）来说，选择云计算服务应保持足够的警惕性。一旦商业机构大规模使用私人机构提供的云计算服务，无论其技术优势有多强，都不可避免地让这些私人机构以“数据（信息）”的重要性挟制整个社会。对于信息社会而言，信息是至关重要的。另外，云计算中的数据对于数据所有者以外的其他云计算用户是保密的，但是对于提供云计算的私人机构而言却毫无秘密可言。所有这些潜在的危险，是商业机构和政府机构选择云计算服务，特别是国外机构提供的云计算服务，不得不考虑的一个重要前提。

7.3 部署和服务模式

7.3.1 部署

云计算的部署模式是指云服务的不同运作和管理模式。对于云计算的部署模式，IBM、Microsoft 等公司认为主要有公有云、私有云、混合云 3 种。

1. 公有云

公有云（public clouds）通常是指第三方提供商为用户提供的能够使用的云，如电信公司、政府主导下的云计算平台。公有云一般可通过 Internet 使用，可能免费或成本低廉，是为外部客户提供服务的云。公有云所有的服务都是给别人使用的，而不是给自己用的。公有云的实例很多，可在整个开放的公有网络中提供服务，如提供天气预报、地图、邮件等云服务。目前，典型的公有云有亚马逊的 Salesforce.com，Microsoft 公司的 Windows Azure Platform，国内的用友伟库等。对用户而言，公有云的最大优点是其所应用的数据、程序、服务都存放在公有云提供者处，自己无须投资和建设，这也正是云计算的一大特点。在未来会有更多的公有云服务，也会产生大量专门的云计算公司。但问题是由于数据并不是存储在自己的数据中心之中，其安全性也存在着一定的风险。同时，公有云的可用性不受使用者的控制，这方面也存在着一定程度的不确定性。

公有云的部署模式允许多个组织和个人共享相同的云资源，这些资源由第三方服务提供商管理，并通过互联网提供服务。这种部署模式的优势在于其具有十分良好的弹性和可扩展性，用户可快速订购计算、存储和网络资源来应对业务需求增长，而无须购买和部署新的硬件。同时，公有云的进入成本低，用户无须进行初始 IT 基础设施投资，即可通过按需付费的方式享受 IT 服务，从而大大降低数字化门槛和 IT 成本。此外，公有云提供商能够更快地提供最新的硬件和软件及其升级更新，相比客户自己购买和安装，公有云在技术获取上更具优势。

2. 私有云

私有云（private clouds）是为一个客户单独使用而构建的，因此提供对数据、安全性和服务质量的最有效控制。

私有云是企业自己使用的云，其上所有的服务并不是供别人使用的，而是供企业自己的内部人员或企业的分支机构使用，如亚马逊的弹性计算云。企业拥有基础设施，并可以控制在此基础设施上部署应用程序的方式。可部署在企业数据中心的防火墙内，也可以将它们部署在一个安全的主机托管场所内部。私有云的核心属性是资源专有。近期来看，私有云的构建是最快并且最为现实的，正是那些有丰富资源的大公司首先开始向云架构演进。以银行和医疗机构为例，它们都是先做数据中心整合，服务器虚拟化，然后建立其私有云。在过去几年里，数据中心整合向云的演进已经发生，在今后会加速发展。

3. 混合云

混合云融合了公有云和私有云，是近年来云计算的主要模式和发展方向。由于私有云主要是面向企业用户。出于安全考虑，企业更愿意将数据存放在私有云中，但是同时又希望可以获得公有云的计算资源。在这种情况下，混合云被越来越多地采用，它将公有云和私有云进行混合和匹配，以获得最佳的效果。这种个性化的解决方案达到了既省钱又安全的目的。混合云是供企业自己和客户共同使用的云。混合云所提供的服务既可以供其他用户使用，也可以供企业自己来使用。Microsoft、IBM、SUN、Oracle 等公司分别在各自的云计算白皮书中表述了相一致的观点。

混合云作为一种云计算部署模式，它结合了公有云和私有云的优势，提供了更大的灵活性和资源优化配置。企业可以根据自身业务需求，将敏感或关键性工作负载部署在私有云中以确保安全性和合规性，同时利用公有云的弹性和成本效益来处理其他工作负载。这种部署模式支持企业在不同云环境之间无缝迁移工作负载，并通过统一的解决方案进行管理，保留了云计算的可扩展性，使企业能够按需访问高度可扩展的计算资源。混合云还允许企业避免对单一云服务提供商的依赖，实现性能、监管要求和成本目标的最优化。随着云计算技术的不断发展，混合云因其灵活性、成本效益和安全性而成为企业数字化转型的重要选择。

在上述 3 种部署模式中，私有云在服务质量、可控性、安全性及兼容性等方面的优势相对比较明显；而公有云在前期的应用部署、成本投入节省、技术成熟程度、资源利用效率及环保节能等方面更具优势；混合云则兼有两者的长处。因此，对于达到一定的规模，对信息化系统安全性要求也比较高的企业，私有云更为合适，企业可以按照标准化、虚拟化、自动化、弹性化的步骤从现有信息系统环境逐渐向云环境进行迁移；对于中小型企业而言，由于企业资金和技术实力相对有限，公有云对于它们而言是一种比较实际的选择。从目前中国的实际应用情况来看，私有云的应用仍然占有主导地位，公有云、混合云的市场占有率相对较低些。据统计，在已经部署或使用云计算的企业中，62%的企业选择了私有云，而选择公有云和混合云的企业比例低于 40%。

7.3.2 服务模式

目前，云计算的主要服务形式有 3 种，即软件即服务（SaaS）、平台即服务（platform as a service，PaaS）和基础设施即服务（IaaS），如图 1-7-1 所示。

1. SaaS

SaaS 提供商为企业搭建信息化所需要的全部网络基础设施以及软件、硬件运作平台，并负责所有前期的实施、后期的维护等一系列服务。企业无须购买软硬件、建设机房、招聘 IT 人员，即可通过互联网使用信息系统。就像只要打开自来水龙头就能用水一样，企业根据实际需要向 SaaS 提供商租赁软件服务。SaaS 这种服务模式的核心优势

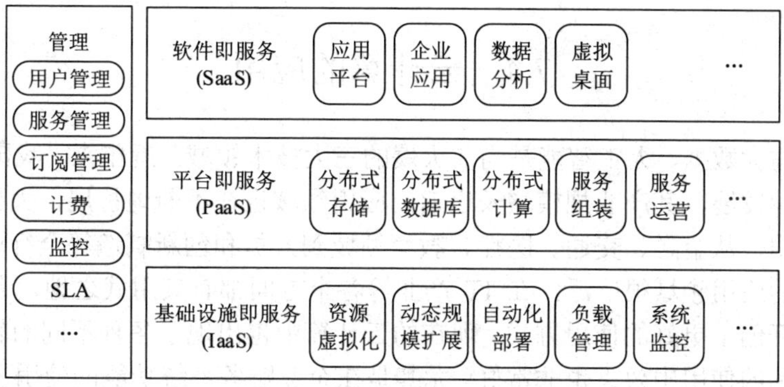

图 1-7-1 云计算技术体系结构

注：SLA 全称 service level agreement，即云服务级别协议。

在于：由服务提供商维护和管理软件、提供软件运行的硬件设施，用户只需拥有能够接入互联网的终端，即可随时随地使用软件。在这种服务模式下，客户不再像传统模式那样花费大量资金在硬件、软件、维护人员上，只需要支出一定的租赁服务费用，通过互联网就可以享受到相应的硬件、软件和维护服务，这是网络应用最具效益的营运模式。对于广大中小型企业来说，SaaS 是采用先进技术实施信息化的最好途径。但 SaaS 绝不仅仅适用于中小型企业，所有规模的企业都可以从 SaaS 中获利。

2. PaaS

PaaS 是指将软件研发的平台作为一种服务。这是一种分布式平台服务，厂商提供开发环境、服务器平台、硬件资源等服务给用户，用户在其平台基础上定制开发自己的应用程序，并通过其服务器和互联网传递给其他用户。PaaS 能够给企业或个人提供研发的中间件平台，提供应用程序开发、数据库、应用服务器、试验、托管及应用服务。PaaS 也是 SaaS 模式的一种应用。但是，PaaS 可以加快 SaaS 的发展，尤其是加快 SaaS 应用的开发速度。2007 年，国内外 SaaS 厂商先后推出自己的 Paas 平台。PaaS 之所以能够推进 SaaS 的发展，主要在于它能够提供企业进行定制化研发的中间件平台，同时涵盖数据库和应用服务器等。

3. IaaS

IaaS 提供给消费者的服务主要是使用所有计算基础设施，包括处理 CPU、内存、存储、网络和其他基本计算资源。用户能够部署和运行任意软件，包括操作系统和应用程序。消费者对任何云计算基础设施不进行管理或控制，但能控制操作系统的选择、存储空间、部署的应用，也有可能获得有限制的网络组件（如路由器、防火墙、负载均衡器等）的控制。这是一种托管型硬件方式，用户付费使用厂商的硬件设施。例如，Amazon Web 服务（AWS）、IBM 的 BlueCloud 等均是将基础设施作为服务出租。

7.4 云计算的应用

云计算与大数据、人工智能是当前火爆的三大技术领域。近年来，我国政府高度重视云计算产业发展，其产业规模增长迅速，应用领域也在不断地扩展，大到政府应用，小到民生应用，从金融、交通、医疗、教育领域到人员和创新制造等全行业延伸拓展。现代云计算的应用领域很广泛，在 IT 产业等各个方面都有其用武之地，尤其是各种软件的诞生也开创了更好的使用方式，现在的云计算中也出现了各种不同的软件功能，这些软件在实际的使用中效果也非常好。尤其是在企业财务系统功能的使用上拥有很大的保障，像金蝶云财务软件的使用是一大助力。云计算的应用主要涉及以下领域。

1. 医药医疗领域

医药企业与医疗单位一直是信息化水平较高的行业用户。在《中共中央 国务院关于深化医药卫生体制改革的意见》(简称“新医改”政策）的大力推动下，医药企业与医疗单位将对自身信息化体系进行优化升级，以适应医改业务调整要求。在此影响下，以“云信息平台”为核心的信息化集中应用模式将孕育而生，逐步取代各系统分散为主体的应用模式，进而提高医药企业的信息共享能力与医疗信息公共平台的整体服务能力。

2. 制造领域

随着“后金融危机时代”的到来，制造企业的竞争将日趋激烈。企业在不断进行产品创新、管理改进的同时，也在大力开展内部供应链优化与外部供应链整合工作，进而降低运营成本、缩短产品研发生产周期，未来云计算将在制造企业供应链信息化建设方面将得到广泛应用，特别是通过对各类业务系统的有机整合，形成企业云供应链信息平台，加速企业内部“研发—采购—生产—库存—销售”信息一体化进程，进而提升制造企业竞争实力。

3. 金融领域

金融企业一直是国内信息化建设的“领军”用户。在未来，中国人保、农业银行等行业内企业信息化建设已经进入“IT 资源整合集成”阶段。在此期间，需利用云计算模式，搭建基于 IaaS 的物理集成平台，对各类服务器基础设施应用进行集成，形成能够高度复用与统一管理的 IT 资源池，对外提供统一硬件资源服务。同时在信息系统整合方面，需要建立基于 PaaS 的系统整合平台，实现各异构系统间的互联互通。云计算极大地简化了金融机构的 IT 运营管理。云服务提供商将信息资源打包，直接为金融机构提供现成的解决方案，使金融机构对信息资源进行开发管理的时间大大缩短。云计算的升级方式非常灵活，完全可以支持业务的动态变化。金融机构也不会因为兼容问题而被迫使用某一个厂商的软、硬件。云系统是一个开放的生态环境。互联网上的各种云服务资源都能够方便地进行整合扩充。

4. 电子政务领域

未来，云计算将助力中国各级政府机构“公共服务平台”建设。各级政府机构正在积极开展“公共服务平台”的建设，努力打造“公共服务型政府”形象。在此期间，需要通过云计算技术来构建高效运营的技术平台，其中包括：利用虚拟化技术建立公共平台服务器集群，利用 PaaS 技术构建公共服务系统等方面，进而实现公共服务平台内部可靠、稳定的运行，提高平台不间断服务能力。

5. 教育科研领域

未来，云计算将为高校与科研单位提供实效化研发平台。云计算应用已经在清华大学、中国科学院等单位得到了初步应用，并取得了很好的应用效果。在未来，云计算将在我国高校与科研领域得到更广泛的应用普及。各大高校将根据自身研究领域与技术需求建立云计算平台，并对原来各下属研究所的服务器与存储资源加以有机整合，提供高效可复用的云计算平台，为科研与教学工作提供强大的计算机资源，进而大大提高研发工作效率。云计算应用将促进高校和科研单位在数据密集型研究领域的突破，同时，它也将为教育模式的创新提供技术支持，实现个性化和远程教学的新范式。特别是在个性化教学和远程教学方面。通过云计算技术，可以实现教育资源的共享和优化，为学生提供更加个性化的学习体验。

6. 电信领域

在国外，Orange、O2 等大型电信企业除了向社会公众提供网络服务外，同时也作为云计算服务商，向不同行业用户提供互联网数据中心（internet data center，IDC）设备租赁、SaaS 产品的各种应用服务。通过这些电信企业创新性的产品增值服务，也强力地推动了国外公有云的快速发展、增长。因此，在未来，国内电信企业将成为云计算产业的主要受益者之一，从提供的各类付费性云服务产品中得到大量收入，实现电信企业利润增长，通过对不同国内行业用户需求分析与云产品服务研发、实施，打造自主品牌的云服务体系。

7. 轨道交通

随着城市的快速发展，轨道交通行业已经进入经营组织化、运输专业化、发展规模化的关键时期，同时也面临诸如交通治理、能源短缺等一系列问题。轨道交通信息化已经成为国家信息化重要布局。当前轨道交通行业核心生产系统上云率偏低，存在较大发展空间。轨道交通服务具有对象广泛、领域分散、信息量巨大和处理复杂多变等行业特点。传统信息化系统难以提供一种灵活、快速、易扩展的服务方式。在“互联网+”时代，轨道交通行业信息化建设若要取得长足发展，必须首先突破上述传统信息系统的种种瓶颈。云计算技术具有虚拟化、弹性可扩展的计算能力以及按需购买等特点，是解决轨道交通行业传统信息化问题的“一柄利器”。因此，需要云计算技术为轨道交通服务提供应用平台和推广渠道。

此外，云计算的应用还包含了其他各个方面，像管理、制造、服务、科技、市场营销、信息技术等领域的应用作用更大。

第8章 大数据

21世纪是一个数据信息大发展的时代。典型的网络应用，如移动互联、社交网络、电子商务等都在很大程度上拓展了互联网的规模和应用范围，导致各种数据迅速激增。例如，互联网、移动互联网、物联网、车联网、医学影像、安全监控、金融、电信等都产生着大量的数据。数据的产生不受时间、地点的限制。同时，一些导致数据快速增长的学科，如天文学和基因学，这些领域中海量数据的形成，逐渐形成了“大数据”(big data)这个概念，其涵盖数据和计算两大主题。

8.1 大数据的概念

进入2012年，大数据一词越来越多地被提及，人们用它来描述和定义信息爆炸时代产生的海量数据，并命名与之相关的技术发展与创新。它已经上过《纽约时报》《华尔街日报》的专栏封面，进入美国白宫官网的新闻，现身在国内一些互联网主题的讲座沙龙中，甚至被嗅觉灵敏的证券公司写进了投资推荐报告。数据正在迅速膨胀并变大，它决定着企业的未来发展。虽然很多企业可能并没有意识到数据爆炸性增长带来的隐患，但是随着时间的推移，人们将越来越多地意识到数据对企业的重要性。正如《纽约时报》2012年2月的一篇专栏中所称，“大数据”时代已经降临，在商业、经济及其他领域中，决策将日益基于数据和分析而制定，并非基于经验和直觉。哈佛大学社会学教授加里·金说：“这是一场革命，庞大的数据资源使各个领域开始了量化进程，无论学术界、商界还是政府，所有领域都将开始这种进程。”首次提出大数据概念的全球知名咨询公司麦肯锡称：“数据，已经渗透到当今每一个行业和业务职能领域，成为重要的生产因素。挖掘和运用海量数据，预示着新一波生产率增长和消费者盈余浪潮的到来。”大数据在物理学、生物学、环境生态学等领域以及金融、通信等行业存在已有时日，却因近年来互联网和信息行业的发展而引起人们关注。

确切地说，大数据是大数据技术。简言之，从各类型的数据中快速获得有价值的信息，就是大数据技术，它包含以下两层含义。

一是大量的、各种类型的数据本身，是指无法在一定时间范围内使用常规软件工具进行捕捉、管理和处理的数据集合，是需要新处理模式才能具有更强的决策力、洞察发现力和流程优化能力的海量、高增长率和多样化的信息资产。要管理和分析好这些数据，做出正确的决策，必须要了解所谓的大数据的特征。

大数据包括结构化、非结构化数据和半结构化。其中，结构数据是指能够以统一关系型的二维数据表形式表示的数据，如数据库中的二维数据表；非结构化数据是没有固定模式的数据，如文本数据、视频、音频、图像数据；半结构化数据是非表格结构的，但有基本的固定结构，如每个员工的简历，虽然不具备表格结构，但也有一定结构，还有电子邮件、日志文件等。在这 3 种结构的数据中，非结构化数据越来越成为数据的主要部分，IDC 市场调查报告显示：企业 80%的数据是非结构化数据，这些数据每年按指数增长 60%。

二是高效的、可靠的数据处理方法，主要包括数据收集、数据存取、基础架构、统计分析、数据挖掘、模型预测、结果呈现等各种技术。目前，大数据领域每年会涌现出大量新的技术，成为大数据获取、存储、处理分析或可视化的有效手段。大数据技术能够将大规模数据中隐藏的信息和知识挖掘出来，为人类社会经济活动提供依据，提高各个领域的运行效率，甚至整个社会经济的集约化程度。

Hadoop、MapReduce 和 Spark 等分布式处理方式已经成为大数据处理各环节的通用处理方法。Hadoop 是一个数据管理系统，作为数据分析的核心，汇集了结构化和非结构化的数据。同时，Hadoop 拥有超级计算能力，为解决大数据问题提供各种工具和软件，包括数据存储、数据集成、数据处理和其他进行数据分析的专门工具。MapReduce 是一个基于集群的高性能并行计算平台（cluster infrastructure），它允许使用数十、数百甚至数千台服务器构成计算集群。同时，它是一个并行计算与运行软件框（software framework），提供了一个庞大且设计精良的并行计算软件框架，能自动完成计算任务和收集计算结果，大大减轻软件开发人员的负担。它也是一个并行程序设计模型与方法（programming model & methodology），提供了一种简便的程序设计方法，方便地完成大规模数据的编程和计算处理 。Spark 提供强大的内存计算引擎，几乎涵盖了所有典型的大数据计算模式，包括迭代计算、批处理计算、内存计算、流式计算（spark streaming）、数据查询分析计算（shark）以及图计算（graphX）。

大数据就是互联网发展到现阶段的一种表象或特征而已，没有必要神话它或对它持敬畏之心。在以云计算为代表的技术创新背景的衬托下，这些原本很难收集或使用的数据开始容易被利用起来了。通过各行各业的不断创新，大数据会逐步为人类创造更多的价值。要系统地认知大数据，必须要全面而细致地分解它，着手从理论层面、技术层面、实践层面等 3 个层面开展研究。

8.2 大数据的特征

大数据其核心在于对这些含有意义的数据进行专业化处理，以提取有价值的信息和知识。因此，大数据技术的发展和应用对于提高决策质量、优化业务流程和推动科技创新具有重要意义。大数据是对全部数据进行分析和处理，而绝非局部性地处理。大数据具有 4V 特点，即大量（volume）、高速（velocity）、多样（variety）和价值（value），其核心在于对这些含有意义的数据进行专业化处理。

1. 数据体量巨大

大数据指代大型数据集，一般规模在 10TB 左右。但在实际应用中，很多企业用户把多个数据集放在一起，已经形成了 PB 级的数据量。百度资料表明，其新首页导航每天需要提供的数据超过 1.5PB（$1PB=2^{50}B$）。这些数据如果打印出来将超过 5 000 亿张 A4 纸。目前，大数据的规模尚是一个不断变化的指标，单一数据集的规模范围从几十 TB 到数 PB 不等。简而言之，存储 1PB 数据将需要两万台配备 50GB 硬盘的个人计算机。此外，各种意想不到的来源都能产生数据。

在 2003 年，人类第一次破译人体基因密码时，用了 10 年时间才完成了 30 亿对碱基对的排序。在 10 年之后，世界范围内的基因仪 15 分钟就可以完成同样的工作量。伴随着各种随身设备、物联网和云计算、云存储等技术的发展，人和物的所有轨迹都可以被记录，数据因此被大量生产出来。

移动互联网的核心网络结点是人，不再是网页。人人都是数据制造者，短信、微博、照片、录像都是其数据产品数据来自无数的自动化传感器、自动记录设施、生产监测、环境监测、交通监测、安防监测等；来自自动流程记录，刷卡机、收款机、电子停车收费系统，互联网点击、电话拨号等设施以及各种办事流程登记等。

2. 处理速度快

高速描述的是数据被创建和移动的速度。在高速网络时代，通过基于实现软件性能优化的高速计算机处理器和服务器，创建实时数据流已成为流行趋势。企业不仅需要了解如何快速创建数据，还必须知道如何快速处理、分析数据并将结果返回给用户，以满足他们的实时需求。在数据量非常庞大的情况下，也能够做到数据的实时处理。数据处理遵循“1 秒定律”，可从各种类型的数据中快速获得高价值的信息。“1 秒定律”或者秒级定律，就是说对处理速度有要求，一般要在秒级时间范围内给出分析结果，时间太长就失去价值了。这个速度要求是大数据处理技术和传统的数据挖掘技术最大的区别。未来，越来越多的数据挖掘趋于前端化，即提前感知预测并直接提供服务给所需要的对象，这也需要大数据具有快速的处理速度。

3. 数据类别大和类型多样

数据来自多种数据源，数据种类和格式日渐丰富，已冲破了以前所限定的结构化。数据范畴，包括了结构化、半结构化和非结构化数据。现在的数据类型不仅是文本形式，更多的是图片、视频、音频、地理位置信息等多类型的数据。个性化数据占绝对多数。

数据多样性的增加主要是由于新型多结构数据，以及网络日志、社交媒体、互联网搜索、手机通话记录及传感器网络等数据类型而造成的。

大数据具有多层结构，这意味着大数据会呈现出多变的形式和类型。相较传统的业务数据，大数据存在不规则和模糊不清的特性，造成很难甚至是无法使用传统的应用软件进行分析。传统业务数据随时间演变已拥有标准格式，能够被标准的商务智能软件识别。目前，企业面临的挑战是处理并从各种形式呈现的复杂数据中挖掘价值。

多样化的数据来源正是大数据的威力所在，如交通状况与其他领域的数据都存在较强的关联性。大数据不仅是处理巨量数据的“利器”，更为处理不同来源、不同格式的多元化数据提供了可能。

4. 价值真实性高和密度低

大数据的数据真实性高。随着社交数据、企业内容、交易与应用数据等新的数据源的兴起，传统数据源的局限被打破，企业愈发需要有效的信息以确保其真实性及安全性。以视频为例，一小时的视频，在不间断的监控过程中，可能有用的数据仅仅只有一两秒。数据的真实性和质量是获得真知和思路最重要的因素，是制定成功决策最坚实的基础。

8.3 大数据的应用

大数据已经在人类社会实践中发挥着巨大的优势，其利用价值也已超出我们的想象，它已经被应用到生产和生活的诸多方面。

1. 了解和定位客户

了解和定位客户是目前大数据应用最为广泛的应用领域。很多企业热衷于社交媒体数据、浏览器日志、文本挖掘等各类数据集，通过大数据技术创建预测模型，从而能够更全面地了解客户以及他们的行为、喜好。例如，利用大数据，电信公司能更好地预测客户流失；各大超市可以更准确地预测产品销售情况；汽车保险公司能更真实地了解客户实际驾驶情况；滑雪场利用大数据来追踪和锁定客户，作为滑雪爱好者，会收到他最喜欢的度假胜地的诚挚邀请，或者收到定制化服务的短信提醒，或者告知你最合适的滑行线路，同时提供互动平台（网站、手机 App）记录每天的数据——多少次滑坡，多少次翻越等，在社交媒体上分享这些信息，与他人相互竞争。除此之外，政府竞选活动也引入了大数据分析技术。例如，奥巴马在 2012 年美国总统大选中获胜，归功于他们团队的大数据分析能力尤其出众。

2. 了解和优化业务流程

大数据也越来越多地应用于优化业务流程，如供应链或配送路径优化。通过定位和识别系统来跟踪货物或运输车辆，并根据实时交通路况数据优化运输路线。人力资源业务流程也在使用大数据进行优化。

如果在手机、钥匙、眼镜等随身物品上粘贴 RFID 标签，如果不小心丢失就能迅速定位它们。假想一下未来可能创造出贴在任何东西上的智能标签，它们不仅能告诉你的物体在哪里，还可以反馈温度、湿度、运动状态等。这将打开一个全新的大数据时代。“大数据”领域寻求共性的信息和模式，那么孕育其中的“小数据”着重关注单个产品。

3. 提供个性化服务

大数据不仅适用于公司和政府，也适用于每个人，如从智能手表或智能手环等可穿戴设备采集的数据中获益，为个人健康管理带来了革命性的变化。

使用智能手表和手环等可穿戴设备数据分析系统，通过采集用户的心率、血氧、血糖、血压、体温等体征参数，并将其发送至云端进行分析，实时监测用户健康状况。这种实时健康监测系统，不仅能够为用户提供健康数据的实时反馈，还能在检测到异常健康指标或跌倒事件时，及时通知医护人员和家人，以便采取紧急救治措施。

此外，大数据技术能够提供的个性化服务众多，还包括诸如：智能投顾与个性化理财、移动支付与智能卡、数字货币与区块链、个性化营销与推荐系统、个性化教育与学习路径等。

4. 改善医疗和公共卫生

大数据分析的能力可以在几分钟内解码整个 DNA 序列，有助于人们找到新的治疗疾病的方法，更好地理解和预测疾病模式。试想一下，当来自智能手表等可穿戴设备的数据都可以应用于数百万人及各种疾病时，未来的临床试验将不再局限于小样本，而是包括所有人。

大数据技术也开始用于监测早产婴儿和患病婴儿的身体状况。通过记录和分析每个婴儿的每一次心跳和呼吸模式，提前 24 小时预测出身体感染的症状，从而及早干预。

更重要的是，大数据分析有助于我们监测和预测流行性或传染性疾病的暴发时期，可以将医疗记录的数据与有些社交媒体的数据结合起来分析。例如，谷歌基于搜索流量预测流感爆发，尽管该预测模型在 2014 年并未奏效——因为你搜索“流感症状”并不意味着真正生病了，但是这种大数据分析的影响力越来越为人所知。

目前，大数据技术已经被用于为患者建立电子病历档案、防控慢性疾病、临床医学诊断等多个医疗场景。大数据技术的运用，在一定程度上改变了医疗信息采集、运用的方式，并为医务工作者针对不同患者的实际情况制定手术治疗方案提供了相应的参考依据。

5. 提高体育运动技能

如今大多数顶尖的体育赛事已经采用了大数据分析技术。例如，应用 IBM SlamTracker 工具来分析网球赛事数据；应用视频分析来跟踪足球落点，或者跟踪棒球比赛中每个球员的表现。许多优秀的团队也在训练之外跟踪运动员的营养和睡眠情况。NFL 开发了专门的应用平台，帮助所有球队根据球场的草地状况、天气状况以及学习期间球员的个人表现做出最佳决策，以减少球员不必要的损伤。

能够看出，大数据预测是大数据在各领域中最为核心的应用。大数据预测将传统意义的“预测”拓展到“现测”。只要数据足够充分，分析算法足够优良，预测将不断趋于精准。大数据预测的优势体现在它把一个非常困难的预测问题，转化为一个相对简单的描述问题，而这是传统小数据集根本无法企及的。从预测的角度看，大数据预测得出的结果不仅仅是处理现实业务简单、客观的结论，更能用于帮助企业经营决策。收集起来的资料还可以被规划，引导开发更大的消费力量。

第 9 章 物 联 网

物联网（the internet of things，IoT）起源于传媒领域，被认为是信息科学技术产业的第三次革命。物联网是基于互联网、广播电视网、传统电信网等信息承载体，让所有能够被独立寻址的普通物理对象实现互联互通的网络。2009 年 8 月，温家宝在无锡视察时提出了“感知中国”。无锡市率先建立了“感知中国”研究中心，中国科学院、运营商、多所大学在无锡市建立了物联网研究院。物联网被正式列为国家五大新兴战略性产业之一，并写入第十一届全国人民代表大会第三次会议政府工作报告，物联网在中国受到了全社会极大的关注。

9.1 物联网的概念

物联网这一重要概念是在互联网的基础上延伸而来，它是将用户端扩展到了物品与物品之间的信息交换和通信。物联网的起源可以追溯到 1999 年，当时的麻省理工学院（Massachusetts Institute of Technology，MIT）Auto-ID 中心的凯文·阿什顿（Kevin Ashton）教授在研究射频识别（radio frequency identification，RFID）技术时首次提出了物联网的概念。2005 年，国际电信联盟（International Telecommunication Union，ITU）在其发布的报告中对物联网的定义和范围进行了扩展，不再局限于基于 RFID 技术，而是覆盖了更广泛的应用场景。

物联网的定义已经从最初的基于 RFID 技术的网络概念，发展成为一个覆盖范围广泛的术语，它不仅包括了物品的智能互联，还包括了数据的智能处理。物联网的实质体现在 3 个方面：互联网特征、物体的智能互联和数据的智能处理。它通过智能感知、识别技术与普适计算等通信感知技术，广泛应用于网络的融合中，因此也被称为世界信息产业发展的第三次浪潮。物联网的关键技术包括射频识别（RFID）技术、传感网、M2M 系统框架及云计算。这些技术使得物联网在智能制造、智能家居、智能交通等多个领域中发挥着重要作用。

目前，较被公认的物联网的定义是：物联网是在计算机互联网的基础上，利用射频自动识别（RFID）技术、无线数据通信等技术，构造的能够覆盖世界上万事万物的物物相连的网络。在这个网络中，物品（商品）能够彼此进行信息交互，无须人工干预。实质是利用 RFID 技术，通过计算机互联网实现物品的自动识别、信息的互联与共享，其包含了两层含义：其一，物联网的基础与核心仍然是互联网，它是在现有互联网的基础上扩展和延伸的网络；其二，其用户端扩展和延伸到了任何物体间，可以进行信息的通信和交换。由此得出物联网的概念是：通过射频识别（RFID）、激光扫描器、红外感应器、定位系统等传感设备，把任何物体与互联网相连接，按约定的协议进行信息交换和通信，以实现对物体的智能化管理、定位、识别、监控、跟踪的一种新型网络。这里的“物”要有相应信息的接收器；要有数据传输通路；要有一定的存储功能；要有CPU；要有操作系统；要有专门的应用程序；要有数据发送器；遵循物联网的通信协议；在世界网络中有可被识别的唯一编号。只有满足这些条件的“物”才能被纳入物联网的范畴。

总的来说，物联网是指将各种传感器和现有的互联网相互衔接的一种新技术，即把所有物品通过信息传感设备与互联网连接起来，进行信息交换，即物物相息，以实现智能化识别和管理的网络，如图 1-9-1 所示。

图 1-9-1 物联网

物联网概念的问世，打破了之前的传统思维。过去的思路一直是将物理基础设施和IT 基础设施完全分开，一方面是机场、公路、建筑物，另一方面是数据中心、个人计算机、宽带等。在物联网时代，钢筋混凝土、电缆将与芯片、宽带整合为统一的基础设施，在此意义上，基础设施更像是一块新的地球。故也有业内人士认为，物联网与智能电网均是智慧地球的有机构成部分。

还有观点认为，物联网迅速普及的可能性有多大，尚难以轻言判定。毕竟 RFID 技术早已为市场所熟知，对物联网的普及速度存在着较大的分歧。但可以肯定的是，在国家大力推动工业化与信息化两化融合的大背景下，物联网会是工业乃至更多行业信息化过程中一个比较现实的突破口。而且，从 RFID 技术在多领域多行业的一些闭环应用可以看出，在这些先行的成功案例中，物品的信息已经被自动采集并上网，管理效率大幅提升，有些物联网的梦想已经有一部分实现了。因此，物联网的雏形就像互联网早期的形态局域网一样，虽然发挥的作用有限，但昭示着的远大前景已经不容置疑。

这几年推行的智能家居，其实就是把家中的电器通过网络控制起来。可以想见，物联网发展到一定阶段，家中的电器可以和外网连接起来，通过传感器传达电器的信号。用户在外面就可以知道家中电器的使用情况，甚至提前知道家中电器的故障。物联网的发展，也必然带动传感器的发展。同时，随着5G、6G等新一代通信技术的发展，物联网的连接能力将得到进一步的提升，物联网的应用场景也将更加广泛。物联网的发展不仅能促进经济增长，还能提高人们的生活质量，对社会发展产生深远影响。未来，随着物联网技术的不断成熟和应用的不断深入，我们将迎来一个万物互联的智能时代。

9.2 物联网的特征与体系结构

9.2.1 物联网的特征

物联网是继计算机、互联网与移动通信网之后的又一次信息产业浪潮。与传统的互联网相比，物联网有着鲜明的特征。物联网是具有全面感知、可靠传输、智能处理三大特征的连接物理世界的网络，实现了任何人（anyone）、任何时间（anytime）、任何地点（anywhere）及任何物体（anything）的4A连接。

1. 全面感知

全面感知也就是利用无线射频识别（RFID）、传感器、定位器和二维码等技术手段随时随地采集和获取物体信息，使接入对象更为广泛，获取信息更加丰富。

感知包括主要传感器的信息采集、协同处理、智能组网，甚至信息服务，以达到控制、指挥的目的。当前，信息化接入对象虽也包括PC、手机、传感器、仪器仪表、摄像头、各种智能卡等，但主要还是需要人工操作的PC、手机、智能卡等，所接入的物理世界信息也较为有限。未来的物联网接入对象包含了更丰富的物理世界，不但包括现在的PC、手机、智能卡，传感器、仪器仪表、摄像头和其他扫描仪也会得到更为普遍的应用；而行业当中获取和处理的信息不仅包括人类社会的信息，也包括更为丰富的物理世界信息，如长度、压力、温度、湿度、体积、重量、密度等。

2. 可靠传输

可靠传输是指通过各种电信网络和因特网融合，对接收到的感知信息进行实时远程传送，实现信息的交互和共享，并进行各种有效的处理。在这一过程中，通常需要用到现有的电信运行网络，包括无线网络和有线网络。

由于传感器网络是一个局部的无线网，因而无线移动通信网、3G/4G网络是作为承载物联网的一个有力的支撑。感知的信息需要传送出去，通过网络将感知的各种信息进行实时传送，以实现随时随地进行可靠的信息交互与共享。物联网是一种建立在互联网基础上的泛在网络。物联网技术的核心仍然是互联网，虽然目前互联网基础设施已日益完善，但距离物联网的信息接入要求显然还有很长一段的距离，即使是已接入网络的信息系统，很多也并未达到互通，信息孤岛现象较为严重。未来的物联网，不仅需要完善的基础设施，更需要随时随地的网络覆盖和接入性，信息共享和互动以及远程操作都要达到较高的水平，同时由于物联网需要物物相连，必须面对海量信息，信息的安全机制和权限管理需要更高层次的监管和技术保障。

3. 智能处理

智能处理是指利用云计算、模糊识别等各种智能计算技术，对随时接收到的跨地域、跨行业、跨部门的海量数据和信息进行分析处理，提升对物理世界、经济社会各种活动和变化的洞察力，实现智能化的决策和控制。

物联网的智能处理利用云计算等技术及时对海量信息进行处理，真正达到了人与人的沟通和物与物的沟通，信息处理能力更强大，人类与周围世界的相处更为智慧。当前的信息化由于数据、计算能力、存储、模型等的限制，大部分信息处理工具和系统还停留在提高效率的数字化阶段，一部分能起到改善人类生产、生活流程的作用，但是能够为人类决策提供有效支持的系统还很少。未来的物联网，不仅能提高人类的工作效率，改善工作流程，并且通过云计算，借助科学模型，广泛采用数据挖掘等知识发现技术整合和深入分析收集到的海量数据，以更加新颖、系统且全面的观点和方法来看待和解决特定问题，使人类能更加智慧地与周围世界相处。

4. 个性化服务

物联网的个性化服务特征，通过收集和分析用户数据，使得服务能够根据个人习惯和偏好定制化。这种服务不仅提升了用户体验，也为新商业模式的创造提供了可能。例如，智能家居系统能够根据用户的行为模式自动调节家庭环境，而健康管理应用则能提供个性化的健身和饮食建议。物联网设备通过学习用户的行为，能够预测并满足用户需求，实现更加智能化的互动。

然而，个性化服务的实现也带来了隐私保护上的挑战。随着越来越多的个人数据被收集和分析，如何确保这些信息的安全成为一个重要议题。物联网系统必须建立严格的数据保护措施，包括加密技术和访问控制，以防止数据泄露和未经授权的访问。同时，用户授权机制也必须得到加强，以确保用户能够控制自己的数据如何被使用。

总的来说，物联网的个性化服务在提升人们生活质量和创造商业价值方面展现出巨大潜力，但同时也需要在技术、法律和伦理层面上解决隐私和安全问题，以实现可持续发展。

5. 安全与隐私保护

物联网系统的另一个显著特征是其对安全和隐私保护的需求。随着越来越多的设备连接到互联网，保护这些设备免受网络攻击和数据泄露的风险就会变得至关重要。物联网设备通常分布在广泛的地理区域，并且可能包含敏感信息，这使得它们成为黑客攻击的潜在目标。

物联网的安全特征包括设备认证、数据加密、网络安全和访问控制等方面。设备认证确保只有授权的设备能够连接到网络；数据加密保护数据在传输过程中不被窃听或篡改；网络安全涉及保护网络基础设施不受攻击；访问控制则限制对敏感数据和资源的访问。此外，物联网系统还需要能够检测和响应安全威胁，如入侵检测系统和安全信息事件管理。

隐私保护在物联网中同样重要，因为收集的数据可能涉及个人隐私。物联网系统必须遵守相关的隐私法规，如欧盟的通用数据保护条例（general data protection regulation，GDPR），并采取措施保护个人数据不被滥用。这可能包括数据匿名化、最小化数据收集和存储，以及提供用户对个人数据的控制权。

为了实现这些安全和隐私保护措施，物联网系统需要采用先进的安全技术和策略，如区块链技术以增强数据的完整性和透明度，以及人工智能算法以检测异常行为。随着物联网技术的不断发展，安全和隐私保护将继续是设计和实施物联网解决方案时的首要任务。

9.2.2 物联网的体系结构

物联网的体系结构（图 1-9-2）被公认地大致划分为 3 个层次：底层是用来感知数据的感知层，第二层是用于传输数据的网络层，顶层则是与行业需求相结合的应用层。

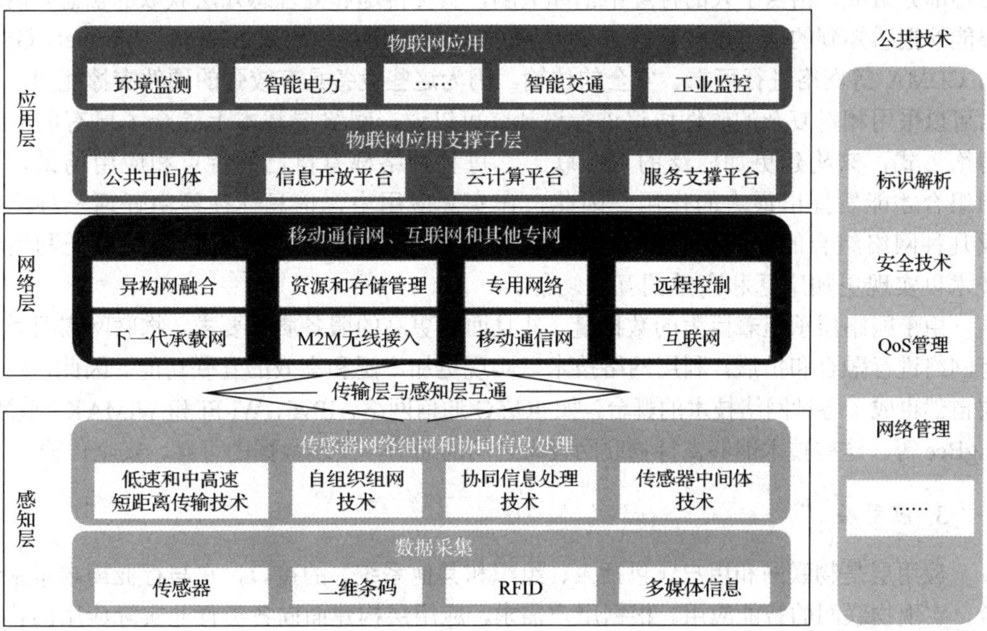

图 1-9-2 物联网的体系结构图

1. 感知层

感知层由各种传感器以及传感器网关所构成，包括二氧化碳浓度传感器、温度传感器、湿度传感器、二维码标签、RFID 标签和读写器、摄像头、GPS 等感知终端。感知层的作用相当于人的眼耳鼻喉和皮肤等用于感知外物的神经末梢。它是物联网识别物体、采集信息的来源，其主要功能是感知并识别物体，采集数据信息。它通过移动终端、传感器、RFID、二维码技术和实时定位技术等对物质属性、环境状态、行为态势等动态和静态信息进行大规模、分布式的信息获取与状态辨识。针对具体感知任务，常采用协同处理的方式对多种类、多角度、多尺度的信息进行在线计算分析，并与网络中的其他单元共享资源进行交互与信息传输。信息传输包括远近距离数据传输技术、自组织组网技术、协同信息处理技术、信息采集中间件技术等传感器网络。感知层是实现物联网全面感知外物的重要组成部分，是物联网中关键技术、标准化方面、产业化方面亟待突破的部分，关键在于具备更精确、更全面的感知能力，并解决低功耗、小型化和低成本的问题。

2. *网络层*

网络层的作用相当于人的神经中枢和大脑，它负责传递和处理感知层获取的信息。网络层由各种接入互联网的网关、接入移动通信网的网关、私有网络、互联网、有线和无线通信网、网络管理系统和云计算平台等部分组成。这一层的功能是将感知层收集的数据通过通信网络进行传输，实现信息的互联。

网络层采用了与各种异构通信网络接入的设备。它由各种接入互联网的网关、接入移动通信网的网关、私有网络、互联网、有线和无线通信网、网络管理系统和云计算平台等部分组成，相当于人的神经中枢和大脑，负责传递和处理感知层获取的信息。网络层能够把感知到的信息进行传输，实现互联。这些信息可以通过 Internet、Intranet、GSM 和 CDMA 等网络进行可靠、安全的传输。因为这些设备具有较强的硬件支撑能力，所以可以采用相对复杂的软件协议进行设计。可以说，网络层基本上综合了已有的全部网络形式，来构建更加广泛的“互联”。每种网络都有自己的特点和应用场景，互相组合才能发挥出最大的作用。因此，在实际应用中，信息往往经由任何一种网络或几种网络组合的形式进行传输。物联网需要对现有网络进行融合和扩展，利用新技术以实现更加广泛和高效的互联功能。

由于网络层承担着巨大的数据量，并且面临更高的服务质量要求，物联网需要对现有网络进行融合和扩展，利用网络技术以实现更加广泛和高效的互联功能。因此，网络层自然也成了各种网络技术的舞台，如 4G/5G 通信网络、IPv6、Wi-Fi 和 WiMAX、蓝牙、ZigBee 等。这些技术能够支持物联网设备之间的通信，实现数据的可靠、安全传输。

3. *应用层*

应用层是物联网和用户（包括人、组织和其他系统）的接口，它与行业需求紧密结合，实现物联网的智能应用。根据用户需求，应用层构建面向各类行业实际应用的管理平台和运行平台，并根据各种应用的特点集成相关的内容服务。为了更好地提供准确的信息服务，必须结合不同行业的专业知识和业务模型，以完成更加精细和准确的智能化信息管理。应用层提供丰富的基于物联网的应用，是物联网发展的根本目标，将物联网技术与行业信息化需求相结合，实现广泛智能化应用的解决方案集，其关键在于行业融合、信息资源的开发利用、低成本高质量的解决方案、信息安全的保障以及有效的商业模式的开发。

9.3 物联网的应用及信息安全

9.3.1 物联网的应用

物联网把新一代 IT 技术充分运用在各行各业之中，具体地说，就是把感应器嵌入和装备到电网、铁路、桥梁、隧道、公路、建筑、供水系统、大坝、油气管道等各种物体中，然后将物联网与现有的互联网整合起来，实现人类社会与物理系统的整合。在这个被整合的网络中，存在能力超级强大的中心计算机群，能够对整合网络内的人员、机器、设备和基础设施实施实时的管理和控制。在此基础上，人类可以以更加精细和动态的方式管理生产和生活，达到“智慧”状态，提高资源利用率和生产力水平，改善人与自然间的关系。

物联网用途广泛，遍及智能仓储、智能物流、智能家庭、智能医疗、智能电力、智能交通、智能工业、智能农业、军事应用等。

1. 智能仓储

智能仓储是物流过程的一个环节。智能仓储的应用，保证了货物仓库管理各个环节数据输入的速度和准确性，确保企业及时准确地掌握库存的真实数据，合理保持和控制企业库存。利用 SNHGES 系统的库位管理功能，可及时掌握所有库存货物当前所在位置，有利于提高仓库管理的工作效率。RFID 智能仓储解决方案，还配有 RFID 通道机、查询机、读取器等诸多可选硬件设备。

2. 智慧物流

智慧物流是以信息技术为支撑，在运输、仓储、包装、装卸搬运、流通加工、配送、信息服务等各个环节实现系统感知，全面分析，及时处理，自我调整，实现物流规整智慧、发现智慧、创新智慧和系统智慧的现代综合性物流系统。智慧物流能大幅降低制造业、物流业等各行业的成本，切实提高企业的利润。生产商、批发商、零售商三方通过智慧物流相互协作，信息共享，物流企业便能更节省成本。

3. 智能家庭

在日常的生活中，物联网的迅速发展使人们能够在更加便捷、更加舒适的环境中生活。例如，人们可以利用无线机制来操作大量电器的运行状态，还可实现迅速定位家庭成员位置等功能。此外，物联网技术还能够监测家庭安全，如通过智能摄像头和传感器来预防入侵和火灾等紧急情况，增强家庭的安全性。

4. 智能医疗

在医疗领域，物联网通过传感器与移动设备来对人体的生理状态进行捕捉，如心跳频率、体力消耗、葡萄糖摄取、血压高低等生命指数。物联网把它们记录到电子健康文件里面，方便个人或医生进行查阅，还能够监控人体的健康状况，再把检测到的数据送到通信终端上，在医疗开支上可以节省费用，使人们的生活更加轻松。

5. 智能电力

在电力安全检测领域，物联网应用在电力传输的各个环节，如隧道、核电站等。在这些环节中，资金也达到千亿元的庞大规模。例如，南方电网与中国移动之间的密切合作，通过 M2M 技术来对电网进行管理。在大客户的配变监控下，自动化计量系统开始启动，它使南方电网与中国移动通信在故障评价处理时间方面得到一半的减缩。

6. 智能交通

以图像识别技术为核心，综合利用射频技术、标签等手段，对交通流量、驾驶违章、行驶路线、牌号信息、道路的占有率、驾驶速度等数据进行自动采集和实时传送，相应的系统会对采集到的信息进行汇总分类，并利用识别能力与控制能力进行分析处理，对机动车牌号和车型进行识别、快速处置，为交通事件的检测提供详细数据。该系统的形成会给智能交通领域带来极大的便利。

7. 智能工业

物联网在智能工业中通过连接机器、传感器和控制系统，实现生产过程的实时监控和优化。它使设备能够自动调整操作，提高生产效率，减少浪费。通过对数据进行分析，企业能够预测设备故障，实施预测性维护，降低停机风险。物联网还增强了供应链的透明度，优化库存管理，减少物流成本。在质量控制方面，它能够实时检测产品缺陷，确保输出的一致性。简而言之，物联网的应用提升了生产效率和产品质量，增强了企业的市场竞争力，正在推动工业自动化向智能化转型。

8. 智能农业

在农业领域，物联网的应用非常广泛，如地表温度检测、家禽的生活情形、农作物灌溉监视情况、土壤酸碱度变化、降水量、空气、风力、氮浓缩量、土壤的酸碱性和土地的湿度等，进行合理的科学分析及估算，在减灾、抗灾、科学种植等方面为农民提供帮助，完善农业综合效益。物联网技术通过精准监测和数据分析，能够提高农业生产的效率和可持续性，减少资源浪费，增强对环境变化的适应能力，从而提升农业的整体经济效益和生态效益。

9. 军事应用

当今，各国战争趋于信息化，对于作战要求以“看得通透、反应敏捷、打得精准”为目标，只有在信息摄取、传递和处理上占优势的一方才能获得战争的主动权。物联网凭借着自身的优势，可以在各种情形下获得有效军事信息。微传感器结点在战场中能够自动组网，摄取、传递战场信息，为取得胜利提供全方位的情报支持。

10. 其他应用

此外，物联网的主要应用还包括环境保护、政府工作、公共安全、智能消防、工业监测、环境监测、路灯照明管控、景观照明管控、楼宇照明管控、广场照明管控、老人护理、个人健康、花卉栽培、水系监测、食品溯源、敌情侦查和情报搜集等诸多应用领域，并拥有很多成功的应用案例。

（1）物联网传感器产品已率先在上海浦东国际机场防入侵系统中得到应用

系统铺设了3万多个传感结点，覆盖地面、栅栏和低空探测，可以防止人员的违法翻越、偷渡、恐怖袭击等攻击性入侵。上海世界博览会也与中国科学院无锡高新微纳传感网工程技术研发中心签下订单，购买防入侵微纳传感网 1 500 万元产品。

（2）ZigBee 路灯控制系统点亮济南园博园

ZigBee 无线路灯照明节能环保技术的应用是济南园博园中的一大亮点。园区所有的功能性照明都采用了 ZigBee 无线技术达成的无线路灯控制。

（3）首家手机物联网落户广州

将移动终端与电子商务相结合的模式，让消费者可以与商家进行便捷的互动与交流，随时随地体验品牌品质，传播分享信息，实现互联网向物联网的从容过渡，缔造出一种全新的零接触、高透明、无风险的市场模式。手机物联网购物其实就是闪购。广州闪购通过手机扫描条形码、二维码等方式，可以进行购物、比价、鉴别产品等功能。

（4）与门禁系统的结合

一个完整的门禁系统是由读卡器、控制器、电锁、出门开关、门磁、电源、处理中心这 7 个模块所组成。无线物联网门禁将门禁的设备简化到了极致：一把电池供电的锁具。除了门上面要开孔装锁以外，门的四周不需要设置任何辅助设备。整个系统简洁明了，大幅缩短施工工期，也能降低后期维护的本钱。无线物联网门禁系统的安全与可靠主要体现在两个方面：无线数据通信的安全性保证和传输数据的安稳性。

9.3.2　物联网的信息安全

在物联网的广阔领域中，信息安全是维护其稳定运行和数据保护的核心。物联网信息安全的关键在于保护网络中的数据免受未授权访问、破坏、披露、修改或销毁，其主要包含三个关键要素：数据保护、设备安全和网络通信安全。同时，物联网信息安全还应包括对安全事件的快速响应和恢复机制，以减少潜在的安全威胁对系统运行的影响。

1. 数据保护

物联网设备产生的数据量巨大，这些数据在收集、存储和处理过程中都需要得到妥善保护。数据保护涉及数据的机密性、完整性和可用性。机密性确保数据不被未经授权的个体访问；完整性确保数据在传输过程中不被篡改；可用性确保数据在需要时可以被合法用户访问。实现数据保护的技术包括加密技术、访问控制和数据脱敏等。在物联网中，数据的安全尤为重要，因为这些数据往往涉及个人隐私和商业机密。因此，需要采用先进的加密技术来保护数据，如使用国密 SM4、SM2 和祖冲之 ZUC 等算法。同时，数据脱敏技术可以确保在数据分析过程中个人隐私不被泄露，这对于保护用户隐私至关重要。

2. 设备安全

物联网的设备安全是整个物联网安全体系的基础。由于物联网中接入的设备种类繁多，分布广泛，且许多设备具有资源限制，因此设备安全面临独特挑战。设备安全的关键在于确保设备的固件安全、物理安全和身份验证机制。这包括防止恶意软件的植入、保护设备免受物理攻击，以及确保设备间通信的设备身份验证。物联网设备的安全威胁包括资源有限难以承载复杂的安全机制，易受攻击。为了提升设备自身安全性，可以采用轻量级加密算法、严格访问控制等措施。此外，设备的身份认证也是确保整个物联网系统安全的关键，需要确保设备间的通信是可信的，防止恶意设备接入网络。

3. 网络通信安全

物联网设备之间的通信必须确保其安全，以防止数据在传输过程中被截获或篡改。网络通信安全包括确保通信链路的安全、实施有效的网络监控以及入侵检测系统。此外，还需要采用安全可靠的通信协议，如 TLS/DTLS 等，来保护数据传输的安全。网络通信安全还涉及对网络流量的监控和管理，以识别和防御潜在的网络攻击。在物联网中，数据传输的过程中可能遭遇截获、篡改等风险，安全性难以保障。因此，推广使用 TLS/DTLS 等安全协议，确保数据在传输过程中的机密性和完整性至关重要。同时，应强化平台安全，定期进行安全审计与漏洞扫描，及时修补安全漏洞，提升系统整体防御能力。

第2部分 实验指导

本部分为实验指导，是根据教学目标而设计的。为了帮助学生熟悉和掌握 Office 基本操作知识点的实践方法，每个实验都给出了详细的操作步骤及实验结果，有助于提高学生的实际操作能力，使其更好地掌握计算机的基本应用，以及 Office 系列办公软件。

实验 1

Word 2016 图文混排

【实验目的】

1）掌握艺术字的插入与编辑操作方法，以及格式设置与混排方法。

2）掌握基本的段落文字排版方法。

3）掌握分栏与首字下沉的设置方法。

4）掌握图片文件的插入与编辑操作方法，以及格式设置与混排方法。

5）掌握自选图形及文本框的插入与编辑操作方法，以及格式设置与混排方法。

【实验要求】

1）使用“插入艺术字”功能将标题改为艺术字标题。

2）设置艺术字格式。

3）设置正文各段格式。

4）设置分栏及首字下沉。

5）在文件中插入图片。

6）设置图片格式。

7）在文件中插入自选图形。

8）设置自选图形格式。

9）在文件中添加自选图形文字。

10）组合自选图形并进行版式设置。

按上述要求完成操作后的效果如图 2-1-1 所示。

图 2-1-1　图文混排效果图

【实验内容】

启动 Word 2016，录入如图 2-1-2 所示的原始文档，并在此基础上进行后续的操作。

上海世博会吉祥物——海宝

以汉字的“人”作为核心创意，既反映了中国文化的特色，又呼应了上海世博会会徽的设计理念。在国际大型活动吉祥物设计中率先使用文字作为吉祥物设计的创意，是一次创新。

中国 2010 年上海世博会吉祥物的名字叫“海宝（HAIBAO）”意即“四海之宝”。“海宝”的名字朗朗上口，也和他身体的色彩呼应，符合中国民俗的吉祥称谓原则。“海宝”的名字与吉祥物的形象密不可分，寓意吉祥。

海宝体现了“人”对城市多元文化融合的理想；体现了“人”对经济繁荣、环境可持续发展建设的赞颂；体现了“人”对城市科技创新、对发展的无限可能的期盼；也体现了“人”对城市社区重塑的心愿；他还体现着“人”心中城市与乡村共同繁荣的愿景。海宝是对五彩缤纷生活的向往，对五光十色的生命的祝福，也是中国上海对来自五湖四海朋友的热情邀约。

图 2-1-2　原始文档

1. 插入艺术字

step 1：打开原始文档，选取标题文字“上海世博会吉祥物——海宝”，单击“开始”选项卡“段落”选项组中的“居中”按钮。

step 2：切换到“插入”选项卡，单击“文本”选项组中的“艺术字”下拉按钮，选择第 1 行第 1 列样式。

2. 设置艺术字格式

step 1：选择艺术字的文本内容，切换到“开始”选项卡，在“字体”选项组中设置字体为“宋体”、字号为“一号”。

step 2：单击艺术字的文本框，切换到“绘图工具 | 格式”选项卡，单击“排列”选项组“环绕文字”下拉按钮，选择“上下型环绕”选项；再单击“艺术字样式”选项组右下角的对话框启动器按钮，打开“设置形状格式”对话框，单击“布局属性”按钮设置边距，设置参数如图 2-1-3 所示。单击“关闭”按钮，完成内部边距的设置。

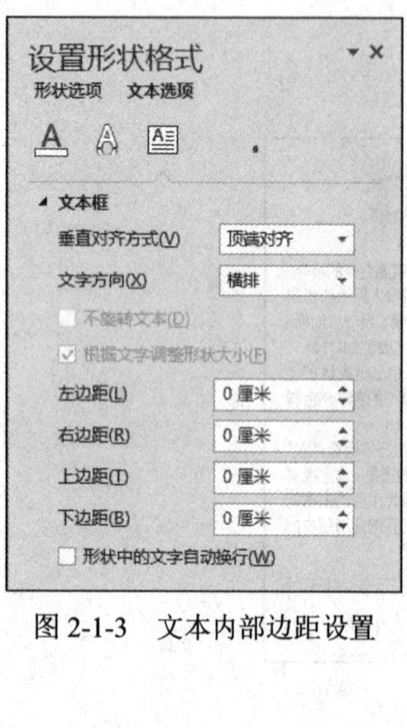

图 2-1-3　文本内部边距设置

step 3：将插入点置于艺术字区域，切换到“绘图工具 | 格式”选项卡，单击“艺术字样式”选项组“文本效果”下拉按钮在打开的下拉列表中选择“转换”→“槽形：上”样式，完成文本效果的设置，如图 2-1-4 所示。

step 4：将插入点置于艺术字区域，切换到“绘图工具 | 格式”选项卡，单击“形状样式”选项组“形状效果”下拉按钮，在打开的下拉列表中选择“阴影”→“向下偏移”样式。形状效果设置方法如图 2-1-5 所示。

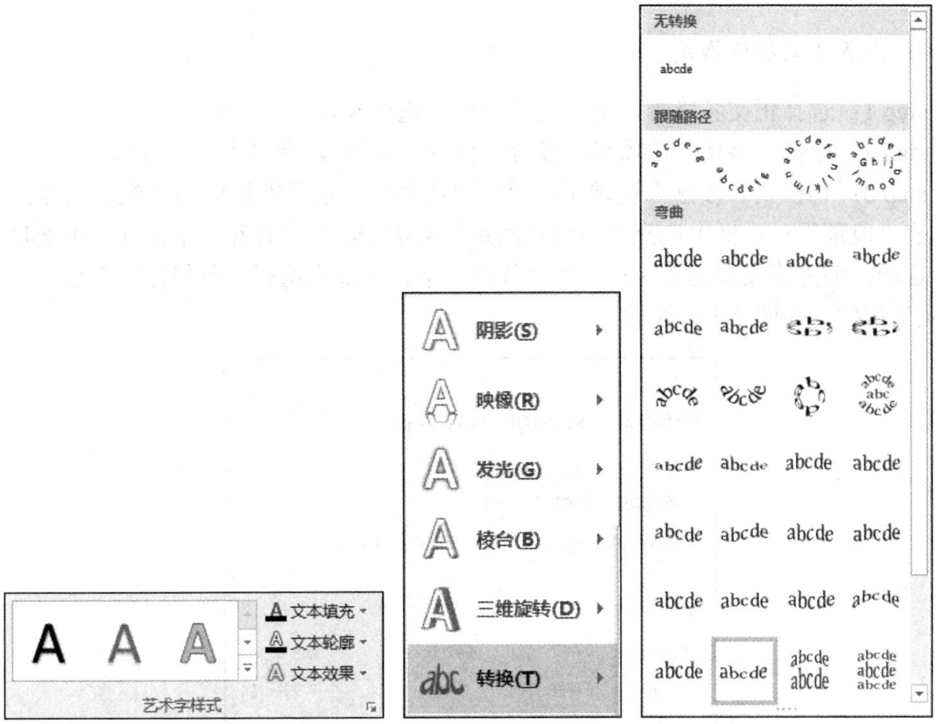

图 2-1-4　文本效果设置

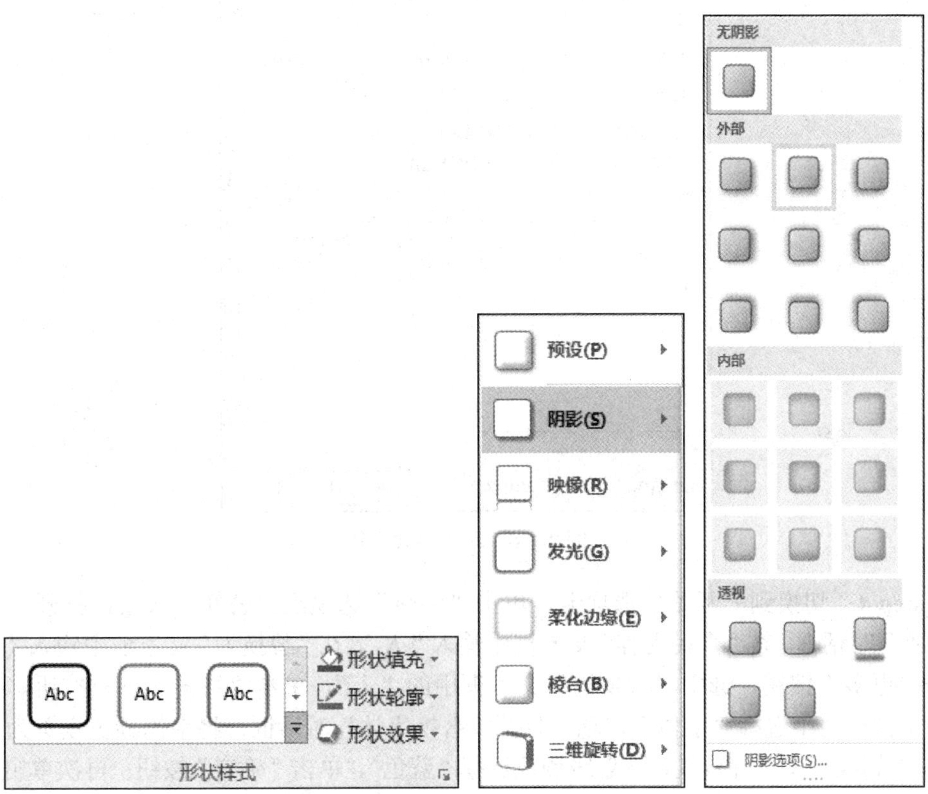

图 2-1-5　形状效果设置

3. 设置正文各段格式

step 1：选择正文各段落，切换到“开始”选项卡。

step 2：选择“字体”选项组，设置字体为“宋体”，字号为“五号”。

step 3：切换到“段落”选项组，单击“段落”选项组右侧的对话框启动器按钮，在弹出“段落”对话框中选择“缩进和间距”选项卡，在“特殊”下拉列表中选择“首行”选项，缩进值设置为2字符；在“行距”下拉列表中选择“单倍行距”选项，单击“确定”按钮，如图2-1-6所示。

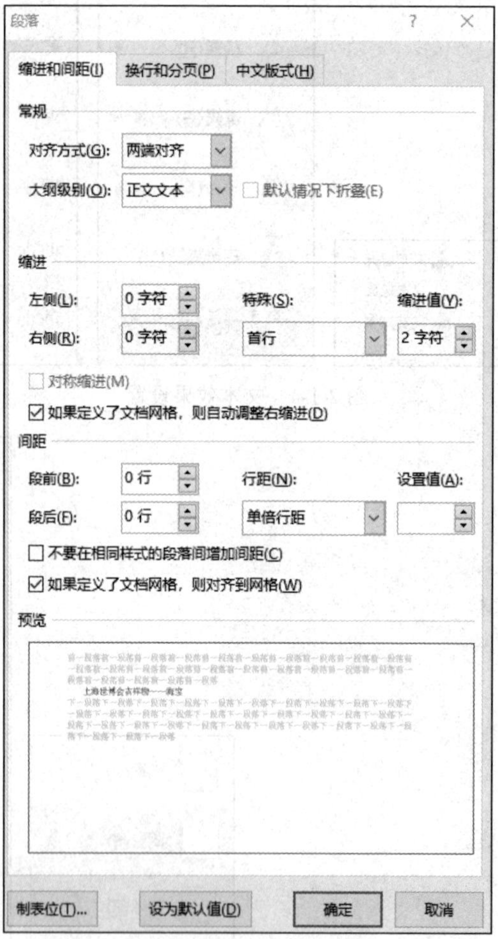

图 2-1-6　段落格式设置

step 4：切换到“开始”选项卡，单击“编辑”选项组“替换”按钮，打开“查找和替换”对话框，在“查找内容”文本框中输入“人”，在“替换为”文本框中输入“人”，单击“更多”按钮，选中“替换为”文本框中的“人”，单击“格式”下拉按钮，在弹出的下拉列表中选择“字体”选项，打开“替换字体”对话框，将字体颜色设置为“红色”，下划线线型选择双线，下划线颜色选择“蓝色”，单击“确定”按钮；再次单击“格式”下拉按钮，在弹出的下拉列表中选择“突出显示”选项，单击“全部替换”按钮，完成文字内容的替换操作，如图 2-1-7 所示。

图 2-1-7　“查找和替换”对话框

4. 设置分栏及首字下沉

step 1：选择最后一段文字，切换到“布局”选项卡，单击“页面设置”选项组，“栏”下拉按钮，在弹出的下拉列表中选择“更多栏”选项，打开“栏”对话框。在“预设”选项组中选择“两栏”，选中“分隔线”复选按钮，单击“确定”按钮，完成分栏设置，如图 2-1-8 所示。

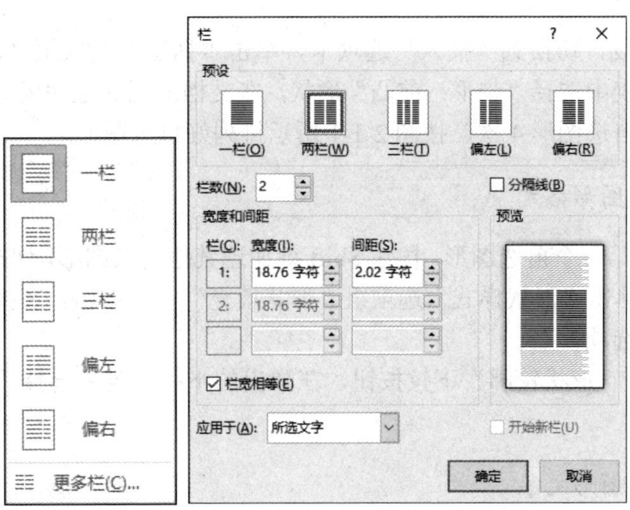

图 2-1-8　段落分栏设置

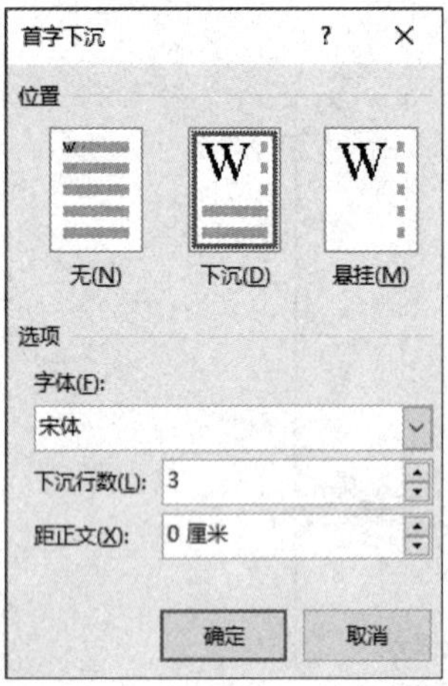

图 2-1-9　段落首字下沉设置

step 2：选择最后一段文字，切换到“插入”选项卡，单击“文本”选项组“首字下沉”下拉按钮，在弹出的下拉列表中选择“首字下沉选项”选项，打开“首字下沉”对话框。在“位置”选项组单击“下沉”按钮，在“字体”下拉列表中选择“宋体”，下沉行数设置为“3”，单击“确定”按钮，完成首字下沉的设置，如图 2-1-9 所示。

5. 插入图片

单击第一段任意位置，切换到“插入”选项卡，单击“插图”选项组“图片”按钮，打开“插入图片”对话框，选择示例图片库中的企鹅，单击“确定”按钮，完成图片的插入。

6. 设置图片格式

step 1：选择图片，切换到“图片工具｜格式”选项卡，在“大小”选项组“高度”文本框中输入 3 厘米，完成图片大小的设置。

step 2：选择“排列”选项组，单击“环绕文字”下拉按钮，在弹出的下拉列表中选择“四周型”环绕方式，完成文字环绕方式的设置。

step 3：选择“图片样式”选项组，单击“图片边框”下拉按钮，在弹出的下拉列表中选择“虚线”→“其他线条”选项，打开“设置图片格式”对话框（图 2-1-10）。选择“填充与线条”标签，选择“线条”中的“实线”，在“宽度”文本框中输入 0.25 磅，在“复合类型”下拉列表中选择“双线”选项，将“颜色”设置为“红色”，单击“关闭”按钮，完成图片边框的设置，并将图片移动至图 2-1-1 所示的位置。

7. 插入自选图形

单击最后一段，切换到“插入”选项卡，单击“插图”选项组“形状”下拉按钮，在弹出的下拉列表中选择“带形：前凸”形状，在文档末尾处拖动鼠标绘制适当大小的自选图形，复制自选图形 4 次，按图 2-1-1 所示排列好自选图形。

8. 设置自选图形格式

step 1：选择第一个自选图形，按住 Shift 键加选其他自选图形，切换到“绘图工具｜格式”选项卡，单击“形状样式”选项组“形状填充”下拉按钮，在弹出的下拉列表中选择“无填充”选项。

step 2：单击“形状轮廓”下拉按钮，在弹出的下拉列表中选择“粗细”选项，选择“0.25 磅”。

9. 添加自选图形文字

step 1：选择第一个自选图形，单击“形状样式”选项组右侧的对话框启动器按钮，打开“设置形状格式”对话框。选择“布局属性”标签，选中“根据文字调整形状大小”复选框，如图 2-1-11 所示。

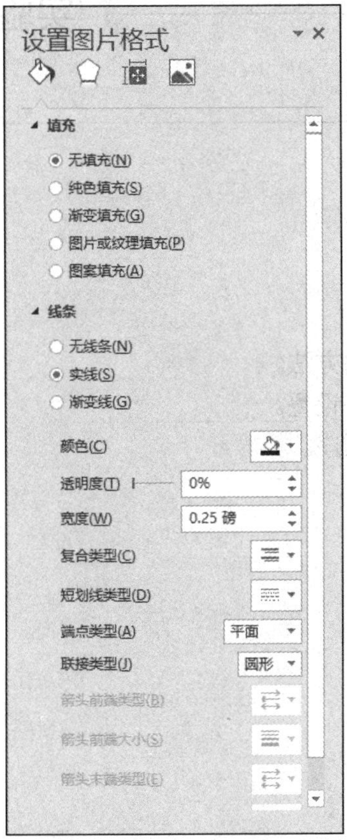

图 2-1-10　“设置图片格式”对话框

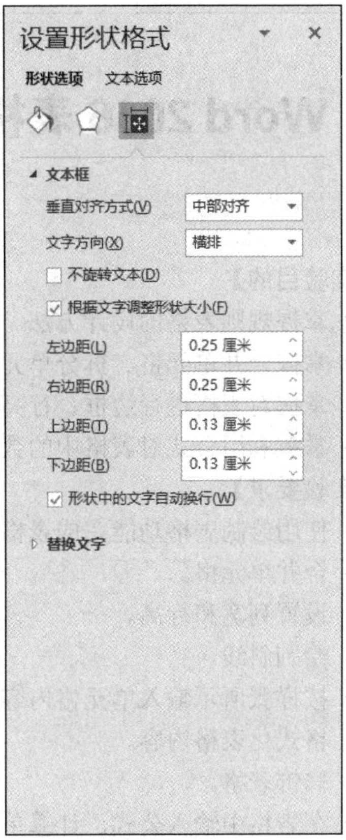

图 2-1-11　根据文字调整形状大小设置

step 2：选取第一个自选图形，右击，在弹出的快捷菜单中选择“添加文字”命令，输入文字内容；然后选取输入的文字，设置字体格式为“四号、宋体、加粗、居中、蓝色”，完成文字的添加和格式设置。

step 3：按 step 2 添加其他自选图形的文字。

10. 组合自选图形和版式设置

step 1：选取所有的自选图形，右击，在弹出的快捷菜单中选择“组合”→“组合”命令，即可将所有的自选图形组合成一个对象。

step 2：选中自选图形，右击，在弹出的快捷菜单中选择“环绕文字”→“嵌入型”命令。

实验 2

Word 2016 表格操作

【实验目的】

1）掌握规则表格的设计方法。

2）掌握合并单元格、拆分单元格、拆分表格的方法。

3）掌握对表格进行边框、行高、列宽、线型等设置。

4）掌握利用公式对表格中的数据进行计算和排序。

【实验要求】

1）使用绘制表格功能完成表格的制作。

2）合并单元格。

3）设置列宽和行高。

4）绘制斜线。

5）按样张所示输入单元格内容。

6）格式化表格内容。

7）修饰表格。

8）在表格中输入公式，计算单元格。

按上述要求操作，最后完成效果如图 2-2-1 所示。

产品销售情况表					
日期 产品名	2007 年		2008 年		2009 年
	上半年	下半年	上半年	下半年	上半年
电视机	300	345	212	196	350
洗衣机	212	489	135	234	256
电冰箱	156	126	256	198	211
总计	668	960	603	628	817

图 2-2-1　表格操作效果样张

【实验内容】

启动 Word 2016，并在此基础上进行如下操作。

1. 绘制表格

将插入点置于文档中，切换到“插入”选项卡，单击“表格”选项组“表格”下拉按钮，在弹出的下拉列表中选择“插入表格”选项，打开“插入表格”对话框（图 2-2-2），输入绘制表格的列数 6 和行数 7，单击“确定”按钮，即可将一个规则的 7 行 6 列的表格插入到文档中。

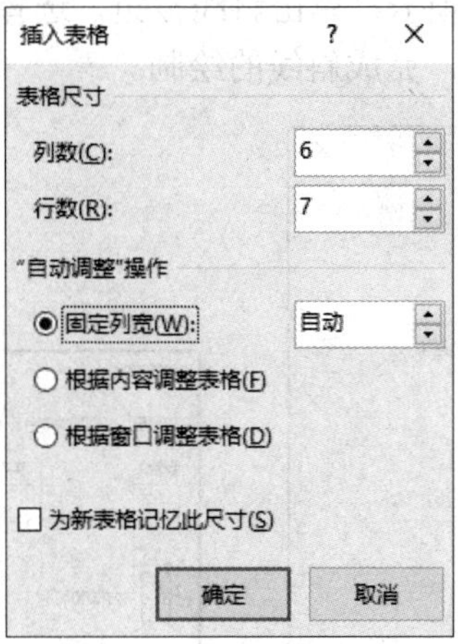

图 2-2-2　“插入表格”对话框

2. 合并单元格

step 1：选取表格第 1 行，切换到“表格工具 | 布局”选项卡，单击“合并”选项组（图 2-2-3）“合并单元格”按钮，即可将第 1 行合并为一个单元格。

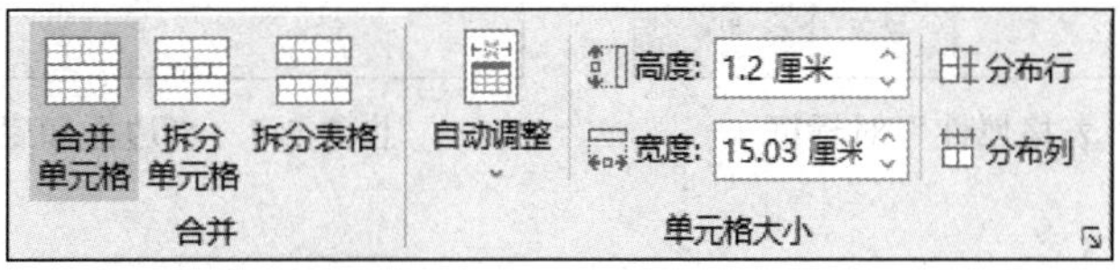

图 2-2-3　“合并”及“单元格大小”选项组

step 2：按照上一步操作完成其他相应单元格的合并，第 1 列第 2 行和第 3 行合并，第 2 行第 2 列和第 3 列合并，第 2 行第 4 列和第 5 列合并。

3. 设置列宽和行高

step 1：选择表格第 1 行，在“单元格大小”选项组（图 2-2-3）“高度”文本框中输入“1.2 厘米”。在第 2 行左边选定区拖动鼠标左键到最后一行右边。在选择“单元格大小”选项组“高度”文本框中输入“0.7 厘米”，完成表格行高的设置。

step 2：将鼠标指向表格左上角的十字交叉标记，选中表格，右击，在弹出的快捷菜单中选择“表格属性”选项，打开“表格属性”对话框（图 2-2-4）。切换到“列”选项卡，单击“后一列”按钮，选中表格第 1 列，选中“指定宽度”复选框，并在其后文本框中输入“4 厘米”；单击“后一列”按钮，选中表格第 2 列，选中“指定宽度”复选框，并在其后文本框中输入“2 厘米”。用同样方法将其他列宽设置为“2 厘米”，单击“确定”按钮，完成列宽的设置。

4. 绘制斜线

选择要绘制斜线的单元格，选择“表格工具 | 设计”选项卡，单击“边框”选项

组“边框”下拉按钮，在弹出的下拉列表中选择“边框和底纹”选项，打开“边框和底纹”对话框。选择“边框”选项卡，单击斜线按钮，选择应用于“单元格”，如图 2-2-5 所示，然后单击“确定”按钮，完成斜线的绘制。

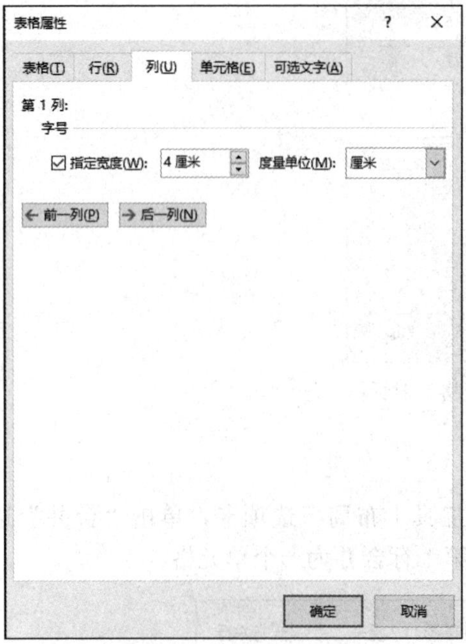

图 2-2-4 “表格属性”对话框

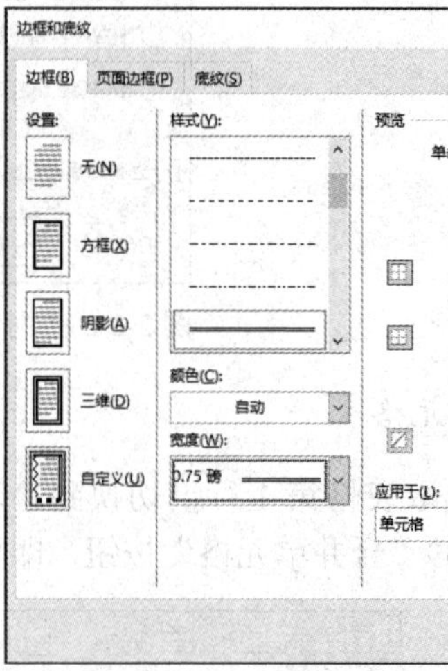

图 2-2-5 “边框和底纹”对话框

5. 输入表格内容

按图 2-2-1 所示输入除了最后一行外的单元格内容。

6. 格式化表格内容

step 1：选择表格第 1 行，选择“开始”选项卡，在“字体”选项组中将字体设置楷体、加粗、三号，完成对第 1 行单元格内容的字体设置。

step 2：选择表格第 1 行，选择“开始”选项卡，单击“段落”选项组“居中”按钮。

step 3：选择表格第 1 行，右击，在弹出的快捷菜单中选择“表格属性”命令。在打开的“表格属性”对话框中选择“单元格”选项卡，将“垂直对齐方式”设置为“居中”，完成第 1 行单元格对齐方式的设置。

step 4：按照以上三步操作，完成对其他单元格内容的相应格式设置，第 1 列“日期”右对齐，“产品名”左对齐并取消首行缩进，第 1 列其余单元格对齐方式设为两端对齐，楷体、五号字；第 2 行第 2 列至第 3 行第 6 列的单元格对齐方式设为水平居中，楷体、五号字；第 4 行第 2 列至第 7 行第 6 列的单元格对齐方式设为中部右对齐，楷体、五号字。

7. 修饰表格

step 1：选择表格第 1 行，选择“表格工具 | 设计”选项卡，单击“边框”选项组

“边框”下拉按钮，在弹出的下拉列表中选择“边框和底纹”选项，打开“边框和底纹”对话框（图 2-2-6）。选择“边框”选项卡，单击“方框”按钮，在“样式”选项区中选择“双线”，在“颜色”下拉列表中选择“深红色”，在“宽度”下拉列表中选择“0.75 磅”；切换到“底纹”选项卡，在“填充”下拉列表中选择“黄色”，单击“确定”按钮，完成第 1 行边框的设置。

图 2-2-6　表格边框设置

step 2：选择表格第 7 行，选择“表格工具 | 设计”选项卡，单击“边框”选项组“边框”下拉按钮，在弹出的下拉列表中选择“边框和底纹”选项，打开“边框和底纹”对话框（图 2-2-7）。选择“底纹”选项卡，在“填充”下拉列表中选择“白色，背景 1，

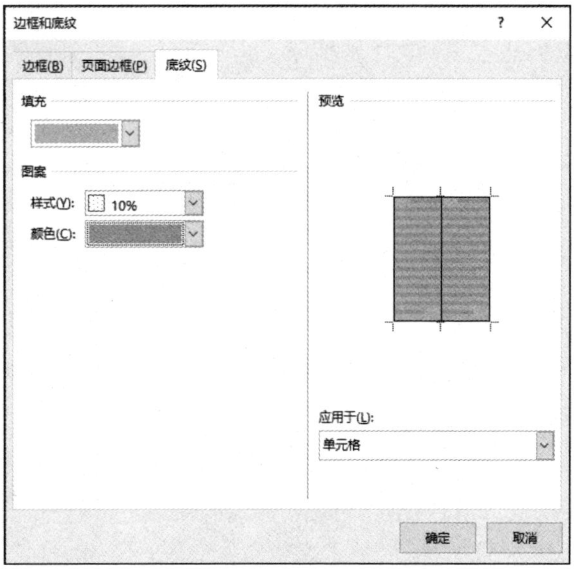

图 2-2-7　表格底纹设置

深色 25%”，在样式下拉列表中选择“10%”，将颜色设置为“橙色”，单击“确定”按钮，完成第 7 行底纹的设置。

8. 输入公式计算单元格

step 1：将插入点置于第 7 行第 2 列，选择“表格工具 | 布局”选项卡，单击“数据”选项组“公式”按钮，打开“公式”对话框，单击“确定”按钮，上面单元格数据的和显示在该单元格中，因此计算得到上方单元格数据之和。

step 2：将插入点置于第 7 行第 3 列，按 F4 键，上面单元格数据的和显示在该单元格中。

step 3：第 7 行的 4～6 列的单元格，均可按 step 2 操作方法将相应单元格上面数据的和显示在对应单元格中。

实验 3

Excel 2016 基本操作

【实验目的】

1）掌握 Excel 2016 工作簿和工作表的创建与管理。

2）掌握 Excel 2016 基本的数据输入方法。

3）熟练掌握单元格的格式设置方法。

【实验要求】

1）创建 Excel 2016 工作簿和工作表。

2）基本的数据输入。

3）工作表重命名、复制等操作。

4）工作表行和列的选定及行高和列宽的调整等操作。

5）单元格数字有效性设置。

6）单元格的数字和格式设置。

【实验内容】

1. 工作表的创建

创建一个名为“Excel 练习”的 Excel 工作簿，并将其第一个工作表命名为“文化水平统计表”，删除其他 2 个工作表。

操作方法及主要步骤如下。

step 1：打开相应的文件夹。

step 2：右击空白处，在弹出的快捷菜单中选择“新建”命令，选择“Microsoft Excel 工作表”选项，就可在文件夹中创建一个名为“新建 Microsoft Excel 工作表”的 Excel 文件，直接输入名字（或重命名为）“Excel 练习”。

step 3：打开“Excel 练习”文件，双击表标签“Sheet1”（或右击，在弹出的快捷菜单中选择“重命名”命令），将“Sheet1”修改为“文化水平统计表”。

step 4：右击表标签“Sheet2”，在弹出的快捷菜单中选择“删除”命令；用同样的方法删除“Sheet3”。

step 5：按 Ctrl+S 组合键保存文件。

2. 工作表的数据编辑

在“文化水平统计表”中输入如图 2-3-1 所示的内容。

	A	B	C	D	E	F	G
1		某企业职工文化水平统计表					
2		学历	人数		占全部职工的百分比		
3			小计	其中：30岁以下	小计	其中：30岁以下	
4		博士	282	82			
5		硕士	530	256			
6		本科	1170	553			
7		大专	948	381			
8		中专	295	52			
9		合计					

图 2-3-1　文化水平统计表

操作方法及主要步骤如下。

step 1：在单元格 B1、B2、C2、E2 中分别输入“某企业职工文化水平统计表”“学历”“人数”“占全部职工的百分比（%）”。

step 2：其他内容在对应单元格输入（其中单元格区域 E3:F3 的内容可从单元格区域 C3:D3 中复制得到），最后按 Ctrl+S 组合键保存文件。

3. 工作表的复制与重命名

将“文化水平统计表”复制后放到同一工作簿中，命名为“文化水平统计表-格式化”。

操作方法及主要步骤如下。

step 1：右击表标签“文化水平统计表”，在弹出的快捷菜单中选择“移动或复制”命令，再在弹出的“移动或复制工作表”对话框中选中“建立副本”复选框，单击“确定”按钮，这时，工作簿中插入了一个工作表“文化水平统计表（2）”。

step 2：双击新插入的工作表标签，将表名“文化水平统计表（2）”修改为“文化水平统计表-格式化”，单击快速访问工具栏中的“保存”按钮。

4. 工作表的单元格格式设置

对工作表“文化水平统计表”进行格式化操作（格式要求见操作步骤中），格式化后的表格如图 2-3-2 所示。

某企业职工文化水平统计表

学历	人数		占全部职工的百分比（%）	
	小计	其中：30岁以下	小计	其中：30岁以下
博士	282	82		
硕士	530	256		
本科	1170	553		
大专	948	381		
中专	295	52		
合计				

图 2-3-2　格式化后的“文化水平统计表”

实验后续计算要求：用公式计算出所有空白单元格中的数据，使得计算结果能随原始数据的修改而自动更新。计算百分比的基数都是总人数，百分比的数据后不带百分号。

操作方法及主要步骤如下。

step 1：边框设置。选择 B2:F9 区域，右击，在弹出的快捷菜单中选择“设置单元格格式”命令，打开“设置单元格格式”对话框。选择“边框”选项卡，在“直线”的“样式”列表中，选择最粗的实线，单击“外边框”按钮；再选择较粗的实线，单击“内部”按钮，如图 2-3-3 所示，单击“确定”按钮。

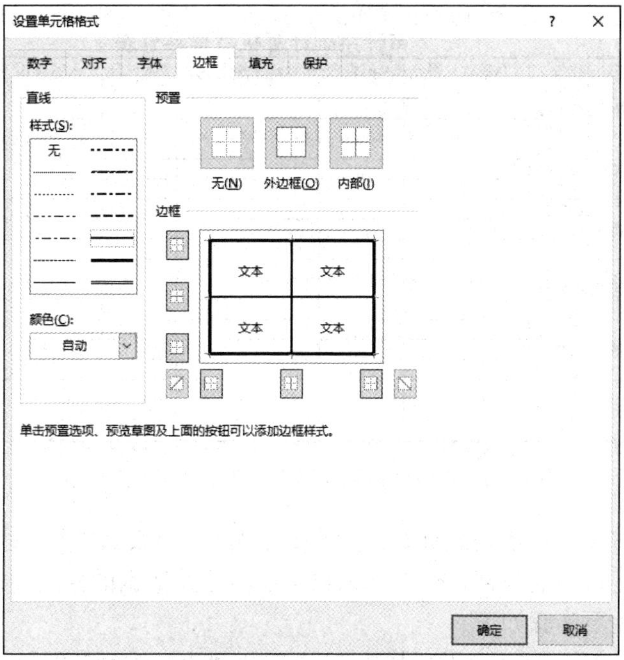

图 2-3-3　边框设置

step 2：合并单元格设置。选择 B1:F1 区域，单击“开始”选项卡“对齐方式”选项组中的“合并后居中”按钮；以同样的方式对 B2:B3、C2:D2 和 E2:F2 区域进行操作。

step 3：字体和字号设置。选择 B1:F1 区域，在“开始”选项卡“字体”选项组中设置字体为“黑体”、字号为“22”、加粗（或按 Ctrl+B 组合键）；再选择 B2:F9 区域，同样设置字体为“黑体”、字号为“18”、加粗。

step 4：文本居中设置。选择 B4:B9 区域，单击“开始”选项卡“对齐方式”选项组中的“居中”按钮；同样选择 B2:F3 区域，单击“开始”选项卡“对齐方式”选项组中的“垂直居中”按钮。

step 5：行高和列宽设置。选择 1～3 行，右击，在弹出的快捷菜单中选择“行高”命令，在弹出的对话框中输入 60；同样，设置 4～9 行的行高为 30；选择 B～F 列（鼠标指向列标 B，按下左键并拖动至列标 F），右击，在弹出的快捷菜单中选择“列宽”命令，在弹出的对话框中输入 14。

step 6：单元格内换行设置。双击单元格 D3（“其中：30 岁以下”），置插入光标于

“:”后，按 Alt+Enter 组合键，使之分成两行；选择 E2:F2［“占全部职工的百分比（%）”］，单击“开始”选项卡“对齐方式”选项组中的“自动换行”按钮（也可在“设置单元格格式”对话框的“对齐”选项卡中选中“文本控制”选项组中的“自动换行”复选框来完成设置）。

5. 单元格格式及数据有效性设置

在“Excel 练习”工作簿增加一个名为“审计系列计算机竞赛评分表”的工作表，输入内容并进行初步格式化，并设置三项得分只能输入 0～100 的数，如图 2-3-4 所示。

	A	B	C	D	E	F	G	H	I	J
1		审计系列计算机竞赛评分表								
2		单位	姓名	计算机理论得分	Excel得分	审计软件操作得分	个人总分	个人名次	团体总分	团体名次
3		朝阳区	选手01							
4			选手02							
5			选手03							
6		南关区	选手04							
7			选手05							
8			选手06							
9		二道区	选手07							
10			选手08							
11			选手09							
12		绿园区	选手10							
13			选手11							
14			选手12							
15		宽城区	选手13							
16			选手14							
17			选手15							
18		经开区	选手16							
19			选手17							
20			选手18							

图 2-3-4 “审计系列计算机竞赛评分表”工作表

实验后续计算要求：用公式计算出“个人总分”“个人名次”“团体总分”“团体名次”所有空白单元格中的数据，使得计算结果能随原始数据的修改而自动更新。

操作方法及主要步骤如下。

step 1：将 B1:J1 区域“合并后居中”，并输入“审计系列计算机竞赛评分表”。

step 2：选择 B2:J20 区域，选择“开始”选项卡“字体”选项组中“边框”下拉列表中的“所有框线”选项；选择 B2:J20 区域，右击，在弹出的快捷菜单中选择“设置单元格格式”命令，打开“设置单元格格式”对话框。切换到“边框”选项卡，在“直线”选项区“样式”列表框中选择最粗的实线，单击“外边框”按钮。

step 3：合并 B3:B5 区域，并将其向下填充至 B20（选择 B3:B5，鼠标移至其右下角出现填充柄，鼠标左键按住填充柄向下拖动）。

step 4：选择 B3:B20 区域，执行复制操作（按 Ctrl+C 组合键），然后选择 I3 单元格，执行粘贴操作（按 Ctrl+V 组合键），再选择 J3，执行粘贴操作（按 Ctrl+V 组合键）。

step 5：在 C3 单元格中输入“选手 01”，并从 C3 单元格向下填充至 C20。

step 6：选择 D3:G20 区域，右击，在弹出的快捷菜单中选择“设置单元格格式”选项，打开“设置单元格格式”对话框，在“数字”选项卡中设置“数值”类型且设小数位数为 1。

step 7：选择 D3:F20 区域，单击“数据”选项卡“数据工具”选项组中的“数据验证”下拉按钮，在弹出的下拉列表中选择“数据验证”选项，打开“数据验证”对话框，并设置有效性参数，如图 2-3-5 所示。

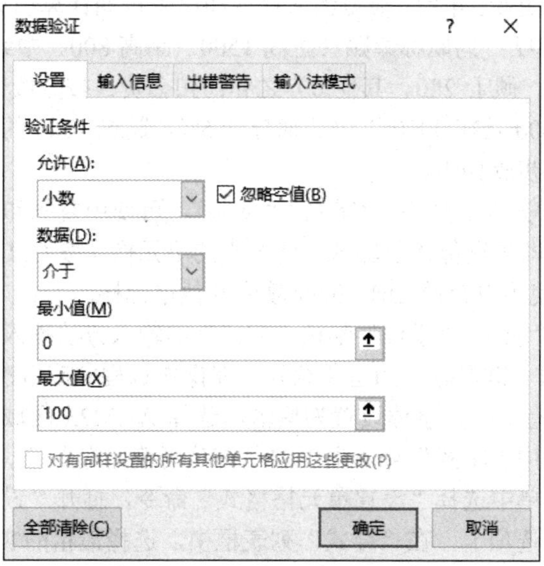

图 2-3-5　数据有效性设置

step 8：再输入其他内容，选择 B2:J20 区域，单击“开始”选项卡“单元格”选项组中的“格式”下拉按钮，在弹出的下拉列表中选择“自动调整列宽”选项；选择 B3:B20 区域，单击“开始”选项卡“对齐方式”选项组中的“垂直居中”按钮。用同样的方法，设置 I3:J20 的对齐方式为“垂直居中”，设置标题为黑体、18 号字，其他内容为黑体、12 号字，最后保存文件（按 Ctrl+S 组合键）。

6. 单元格格式及数据编辑设置

在“Excel 练习”工作簿中增加一个名为“职工工资表”的工作表，且输入部分内容，并作简单的格式化，如图 2-3-6 所示。

	A	B	C	D	E	F	G	H	I	J	K	L	M
1	职工号	部门	姓名	性别	出生日期	年龄	职称	学位	基本工资	津贴	应发工资	扣会费	实发工资
2	1368	壹系	贺桂梅	男	1984/7/11		中级	硕士					
3	1701	叁系	史平原	女	1993/5/31		初级	学士					
4	2338	贰系	袁颖凤	女	1970/10/16		副高	硕士					
5	2558	贰系	吴卫华	男	1964/7/21		正高	学士					
6	2653	叁系	梁建辉	男	1990/10/3		初级	学士					
7	2845	壹系	付锋	男	1978/3/15		中级	博士					
8	2979	壹系	罗敏	女	1983/9/21		中级	学士					
9	3113	壹系	夏湘衡	男	1973/12/1		中级	硕士					
10	3335	壹系	周志开	男	1967/4/26		副高	硕士					
11	3625	壹系	彭明蓉	女	1984/2/17		中级	硕士					
12	3725	叁系	黄国英	女	1991/8/12		初级	学士					
13	5197	壹系	贺桂花	女	1983/7/10		中级	博士					
14	5577	贰系	彭美玲	女	1971/4/21		副高	硕士					
15	5650	叁系	刘菊珍	女	1991/5/21		初级	学士					
16	5958	叁系	谢新强	女	1989/7/4		初级	硕士					
17	6172	贰系	刘立庚	女	1964/11/9		副高	博士					
18	6432	贰系	宁隆群	男	1966/3/1		正高	硕士					
19	6866	叁系	傅锋	男	1988/6/9		初级	硕士					
20	7843	贰系	杨瑶林	女	1970/7/15		副高	学士					
21	9756	壹系	梁建锋	女	1977/3/30		正高	博士					
22	总计												
23	平均												

图 2-3-6　职工工资表及人数统计

实验后续计算要求：用公式计算出所有空白单元格中的数据，使得计算结果能随原始数据的修改而自动更新。年龄：根据当前日期和出生日期计算出周岁；基本工资：1000加上年龄乘以50；津贴：为职称津贴（正高1500、副高800、中级500、其他100）和学位津贴（博士500、硕士200、其他0）之和；扣会费：按分段计算方法，3000以内的部分为0，超出3000且在4000以内的部分计5%，超过4000的部分计10%。

操作方法及主要步骤如下。

step 1："部门"分为"壹系""贰系""叁系"，可使用复制和粘贴的方法填满单元格；或分三次输入，即先选择需要输入"壹系"的单元格（按Ctrl键+鼠标单击），输入一个"壹系"，接着使用组合键Ctrl+Enter填满其他单元格。

step 2："性别""职称""学位"都按"部门"的输入方法输入，待所有数据输入完毕后，使用Ctrl+S组合键保存（为避免意外，在操作过程中应多次保存）。

step 3：选定所有文字，字体设置为黑体，选择A1:M23区域，使用"开始"选项卡"单元格"选项组中"格式"列表项中的"自动调整列宽"。选择A1:M23区域，右击，在弹出的快捷菜单中选择"设置单元格格式"命令，打开"设置单元格格式"对话框；切换到"边框"选项卡，在"样式"列表框中，选择最粗的实线，单击"外边框"按钮，再选择较粗的实线，单击"内部"按钮，最后单击"确定"按钮。

实验 4

Excel 2016 公式和函数

【实验目的】

1）熟练掌握 Excel 公式计算及常用函数的使用。

2）了解工作表的基本保护方法。

3）了解多工作表的合并计算。

【实验要求】

1）Excel 公式的计算方法。

2）常用函数的基本使用方法。

3）公式和函数中对单元格或区域的引用方法。

4）自动填充公式的方法。

5）单元格锁定选项的设置方法。

6）工作表的保护方法。

【实验内容】

1. Excel 公式的使用

计算出图 2-3-2 中工作表“文化水平统计表”的所有空白单元格的数据，最终结果如图 2-4-1 所示。

某企业职工文化水平统计表

学历	人数		占全部职工的百分比（%）	
	小计	其中：30岁以下	小计	其中：30岁以下
博士	282	82	8.744186	2.5426357
硕士	530	256	16.43411	7.9379845
本科	1170	553	36.27907	17.147287
大专	948	381	29.39535	11.813953
中专	295	52	9.147287	1.6124031
合计	3225	1324	100	41.054264

图 2-4-1 “文化水平统计表-格式化”计算结果

操作方法及主要步骤如下。

step 1：单击 C9 单元格，在“开始”选项卡“编辑”选项组中选择“自动求和”下拉列表中的“求和”选项，则 C9 单元格中会自动输入“=SUM（C4:C8）”，按 Enter 键确定，得结果 3225；再将 B9 单元格的公式向右填充到 F9 单元格，便可得到求和结果。

step 2：在 E4 单元格中输入公式“=C4/$C$9%”，再将 E4 单元格向右填充到 F4 单元格；再选择 E4:F4 区域，将其向下填充到 E8:F8 区域，最后保存文件。

说明：在公式“=C4/$C$9%”中，$C$9 是对 C9 的绝对引用，使得 E4:F8 区域所有单元格中公式的分母都是 C9 单元格，而%的作用是将前面公式的计算结果放大 100 倍。

2. 常用函数的使用（随机函数、四舍五入函数、求和函数和排位函数）

计算出“审计系列计算机竞赛评分表”（图 2-3-4）中的所有空白单元格的数据，结果如图 2-4-2 所示。

	B	C	D	E	F	G	H	I	J
1	审计系列计算机竞赛评分表								
2	单位	姓名	计算机理论得分	Excel得分	审计软件操作得分	个人总分	个人名次	团体总分	团体名次
3		选手01	96.0	59.0	68.2	223.2	9		
4	朝阳区	选手02	78.4	93.4	53.0	224.8	7	666.7	3
5		选手03	61.3	91.4	66.0	218.7	10		
6		选手04	54.8	72.1	98.7	225.6	5		
7	南关区	选手05	50.4	55.3	92.4	198.1	15	632.7	6
8		选手06	71.1	78.8	59.1	209.0	14		
9		选手07	70.0	95.2	94.8	260.0	2		
10	二道区	选手08	50.7	59.6	71.9	182.2	18	667.5	2
11		选手09	99.2	62.4	63.7	225.3	6		
12		选手10	97.4	54.8	62.2	214.4	11		
13	绿园区	选手11	81.7	79.0	89.8	250.5	4	656.5	5
14		选手12	84.3	50.3	57.0	191.6	17		
15		选手13	71.9	82.1	57.6	211.6	12		
16	宽城区	选手14	86.7	86.2	84.1	257.0	3	660.3	4
17		选手15	59.7	68.3	63.7	191.7	16		
18		选手16	97.7	79.8	86.3	263.8	1		
19	经开区	选手17	66.9	66.3	90.9	224.1	8	699.1	1
20		选手18	56.6	98.0	56.6	211.2	13		

图 2-4-2 “审计系列计算机竞赛评分表”计算结果

操作方法及主要步骤如下。

step 1：输入各项得分（为方便起见使用随机函数）。在 D3 单元格中输入公式“=ROUND(50+50*RAND(),1)”（返回 50～100 之间并且最多带一位小数的数），再将 D3 单元格向右填充到 F3 单元格，再选择 D3:F3 区域，将其向下填充到 D20:F20 区域（为使随机产生的数据不再动态变化，可选择 D20:F20 区域，复制，再选择性粘贴其值）。

说明：RAND()函数返回大于或等于 0 且小于 1 的平均分布随机数，ROUND()函数按指定的位数对数值进行四舍五入。因此，用户得到的结果也是随机产生的。

step 2：计算“个人总分”。单击 G3 单元格，在“开始”选项卡“编辑”选项组中选择“自动求和”下拉列表中的“求和”选项，则 G3 单元格中会自动输入公式“=SUM(D3:F3)”（或“=D3+E3+F3”），按 Enter 键确定，再将 G3 单元格向下填充到 G20 单元格。

step 3：计算“个人名次”。在 H3 单元格中输入公式“=RANK(G3,G$3:G$20)”，再将 H3 单元格向下填充到 H20 单元格（说明：公式中 G$3:G$20 是区域 G3:G20 的混合引用，使得公式在向下填充时行绝对引用）。

step 4：计算“团体总分”。选择“朝阳区”对应的“团体总分”单元格（名称框中显示 I3），输入公式“=SUM(G3:G5)”（或“= G3+G4+G5”），再将 I3 单元格向下填充到 I20 单元格。

step 5：计算“团体名次”。选择“朝阳区”对应的“团体名次”单元格（名称框中显示 J3），输入公式“=RANK(I3,I$3:I$20)”，再将 J3 单元格向下填充到 J20 单元格，最后保存文件。

3. 常用函数的使用（日期年差函数、当前日期函数、平均值函数、条件函数、条件计数函数、多条件计数函数）

计算出图 2-3-6 中工作表“职工工资表”的所有空白单元格的数据，结果如图 2-4-3 所示。

	A	B	C	D	E	F	G	H	I	J	K	L	M
1	职工号	部门	姓名	性别	出生日期	年龄	职称	学位	基本工资	津贴	应发工资	扣会费	实发工资
2	1368	壹系	贺桂梅	男	1984/7/11	41	中级	硕士	3050	700	3750	37.5	3712.5
3	1701	叁系	史平原	女	1993/5/31	32	初级	学士	2600	100	2700	0	2700
4	2338	贰系	袁颖凤	女	1970/10/16	55	副高	硕士	3750	1000	4750	125	4625
5	2558	贰系	吴卫华	男	1964/7/21	61	正高	学士	4050	1500	5550	205	5345
6	2653	叁系	梁建辉	男	1990/10/3	35	初级	学士	2750	100	2850	0	2850
7	2845	壹系	付锋	男	1978/3/15	47	中级	博士	3350	1000	4350	85	4265
8	2979	壹系	罗敏	女	1983/9/21	42	中级	学士	3100	500	3600	30	3570
9	3113	壹系	夏湘衡	男	1973/12/1	52	中级	硕士	3600	700	4300	80	4220
10	3335	壹系	周志开	男	1967/4/26	58	副高	硕士	3900	1000	4900	140	4760
11	3625	壹系	彭明蓉	女	1984/2/17	41	中级	硕士	3050	700	3750	37.5	3712.5
12	3725	叁系	黄国英	女	1991/8/12	34	初级	学士	2700	100	2800	0	2800
13	5197	壹系	贺桂花	女	1983/7/10	42	中级	博士	3100	1000	4100	60	4040
14	5577	贰系	彭美玲	女	1971/4/21	54	副高	硕士	3700	1000	4700	120	4580
15	5650	叁系	刘菊珍	女	1991/5/21	34	初级	学士	2700	100	2800	0	2800
16	5958	叁系	谢新强	女	1989/7/4	36	初级	硕士	2800	300	3100	5	3095
17	6172	贰系	刘立庚	女	1964/11/9	61	副高	博士	4050	1300	5350	185	5165
18	6432	贰系	宁隆群	男	1966/3/1	59	正高	硕士	3950	1700	5650	215	5435
19	6866	叁系	傅锋	男	1988/6/9	37	初级	硕士	2850	300	3150	7.5	3142.5
20	7843	贰系	杨瑶林	女	1970/7/15	55	副高	学士	3750	800	4550	105	4445
21	9756	壹系	梁建锋	女	1977/3/30	48	正高	博士	3400	2000	5400	190	5210
22	总计								66200	15900	82100	1627.5	80472.5
23	平均					46.2			3310	795	4105	81.375	4023.625

图 2-4-3　“职工工资表”计算结果

操作方法及主要步骤如下。

step 1：计算“年龄”。在 F2 单元格中输入公式“=YEAR(TODAY())−YEAR(E2)”，再将 F2 单元格向下填充到 F21 单元格（公式中 TODAY()是当前日期函数，如果计算机系统设置的日期不正确，请修改系统日期，YEAR()函数是返回日期的年份值。因此，得到的结果也是系统日期当前年的结果）。然后选中 F2:F21 区域，将“开始”选项卡“数字”选项组中的“日期”改为“常规”，即可显示出年龄的计算结果。

step 3：计算“基本工资”。在 I2 单元格中输入公式“=1000+F2*50”并按 Enter 键确定，然后填充至 I21 单元格。

step 3：计算“津贴”。在 J2 单元格中输入公式“=IF(G2="正高",1500,IF(G2="副高",800, IF(G2="中级",500,100)))+IF(H2="博士",500,IF(H2="硕士",200,0))”，再将 J2 单元格向下填充到 J21 单元格。

step 4：计算“应发工资”。在 K2 单元格中输入公式“=I2+J2”，再将 K2 单元格向下填充到K21单元格。

step 5：计算“扣会费”。在L2单元格中输入公式“=IF(K2>4000,0.1*(K2−4000)+50, IF(K2>3000,0.05*(K2−3000),0))”，再将L2单元格向下填充到L21单元格。

step 6：计算“实发工资”。在M2单元格中输入公式“=K2−L2”，再将M2单元格向下填充到M21单元格。

step 7：计算“基本工资”到“实发工资”的各项“总计”数。在I22单元格中输入公式“=SUM(I2:I21)”并按Enter键确定，再将I22单元格向右填充到M22单元格。

step 8：计算“年龄”及“基本工资”到“实发工资”的各项“平均”数。在F23单元格中输入公式“=AVERAGE(F2:F21)”并按Enter键确定；选择F23单元格，执行复制命令（按Ctrl+C组合键），再选择I23:M23区域，执行粘贴命令（按Ctrl+V组合键）；最后保存文件。

实验 5

Excel 2016 数据管理和图表

【实验目的】

1）熟练掌握数据的排序和自动筛选操作。

2）熟练掌握数据的分类汇总操作和数据透视表操作。

3）了解常见图表的创建及相关操作。

【实验要求】

1）数据的排序操作。

2）数据的自动筛选操作。

3）数据的分类汇总操作。

4）数据透视表操作。

5）创建簇状柱形图。

【实验内容】

将实验 4 中完成计算后的“职工工资表”A1:M21 区域中的数据复制到一个新的工作表 Sheet1 中。右击工作表标签“Sheet1”，在弹出的快捷菜单中选择“移动或复制”命令，再在弹出的对话框中选中“建立副本”复选框，单击“确定”按钮。这时，工作簿中插入了一个工作表“Sheet1（2)”；这样依次建立同样的 4 张工作表，并分别命名为“多字段排序表”“自动筛选表”“分类汇总表”“数据透视表”。

1. 多字段排序

对“多字段排序表”工作表进行排序，使得所有记录都按职称升序排列，并且如果职称相同按年龄升序排列。

操作方法及主要步骤如下。

step 1：单击数据区任何位置，选择“数据”选项卡“排序和筛选”选项组中的“排序”选项，打开“排序”对话框。

step 2：选择“主要关键字”为“职称”；再单击“添加条件”按钮，选择“次要关键字”为“年龄”（图 2-5-1)，单击“确定”按钮，完成排序操作，排序结果如图 2-5-2 所示。

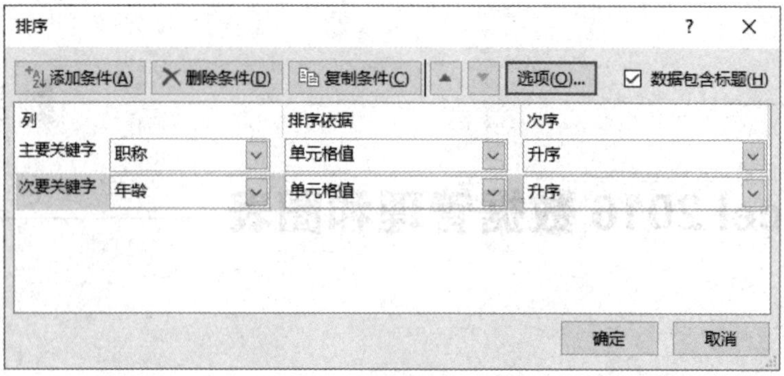

图 2-5-1 “排序”对话框

	A	B	C	D	E	F	G	H	I	J	K	L	M
1	职工号	部门	姓名	性别	出生日期	年龄	职称	学位	基本工资	津贴	应发工资	扣会费	实发工资
2	1701	叁系	史平原	女	1993/5/31	32	初级	学士	2600	100	2700	0	2700
3	3725	叁系	黄国英	女	1991/8/12	34	初级	学士	2700	100	2800	0	2800
4	5650	叁系	刘菊珍	女	1991/5/21	34	初级	学士	2700	100	2800	0	2800
5	2653	叁系	梁建辉	男	1990/10/3	35	初级	学士	2750	100	2850	0	2850
6	5958	叁系	谢新强	女	1989/7/4	36	初级	硕士	2800	300	3100	5	3095
7	6866	叁系	傅锋	男	1988/6/9	37	初级	硕士	2850	300	3150	7.5	3142.5
8	5577	贰系	彭美玲	女	1971/4/21	54	副高	硕士	3700	1000	4700	120	4580
9	2338	贰系	袁颖凤	女	1970/10/16	55	副高	硕士	3750	1000	4750	125	4625
10	7843	贰系	杨瑶林	女	1970/7/15	55	副高	学士	3750	800	4550	105	4445
11	3335	壹系	周志开	男	1967/4/26	58	副高	硕士	3900	1000	4900	140	4760
12	6172	贰系	刘立庚	女	1964/11/9	61	副高	博士	4050	1300	5350	185	5165
13	9756	壹系	梁建锋	女	1977/3/30	48	正高	博士	3400	2000	5400	190	5210
14	6432	贰系	宁隆群	男	1966/3/1	59	正高	硕士	3950	1700	5650	215	5435
15	2558	贰系	吴卫华	男	1964/7/21	61	正高	学士	4050	1500	5550	205	5345
16	1368	壹系	贺桂梅	男	1984/7/11	41	中级	硕士	3050	700	3750	37.5	3712.5
17	3625	壹系	彭明蓉	女	1984/2/17	41	中级	硕士	3050	700	3750	37.5	3712.5
18	2979	壹系	罗敏	女	1983/9/21	42	中级	学士	3100	500	3600	30	3570
19	5197	壹系	贺桂花	女	1983/7/10	42	中级	博士	3100	1000	4100	60	4040
20	2845	壹系	付锋	男	1978/3/15	47	中级	博士	3350	1000	4350	85	4265
21	3113	壹系	夏湘衡	男	1973/12/1	52	中级	硕士	3600	700	4300	80	4220

图 2-5-2 多字段排序结果

2. 自动筛选

对“自动筛选表”工作表进行自动筛选，筛选出 35 岁以下的女职工信息。

操作方法及主要步骤如下。

step 1：单击数据区任何位置，选择“数据”选项卡“排序和筛选”选项组中的“筛选”选项，这时数据表第 1 行的各字段名右边出现筛选按钮。

step 2：单击“性别”的筛选按钮，在弹出的下拉列表中，取消选中“男”复选框，并单击“确定”按钮；再单击“年龄”的筛选按钮，在弹出的下拉列表中，选择“数字筛选”的“小于”选项，在弹出的“自定义自动筛选方式”对话框中输入数值 35，并单击“确定”按钮，结果如图 2-5-3 所示。

	A	B	C	D	E	F	G	H	I	J	K	L	M
1	职工号	部门	姓名	性别	出生日期	年龄	职称	学位	基本工资	津贴	应发工资	扣会费	实发工资
2	1701	叁系	史平原	女	1993/5/31	32	初级	学士	2600	100	2700	0	2700
3	3725	叁系	黄国英	女	1991/8/12	34	初级	学士	2700	100	2800	0	2800
4	5650	叁系	刘菊珍	女	1991/5/21	34	初级	学士	2700	100	2800	0	2800

图 2-5-3 自动筛选结果

说明：若要取消筛选状态，可再次单击“数据”选项卡“排序和筛选”选项组中的“筛选”按钮。

3. 分类汇总

对“分类汇总表”工作表进行分类汇总，统计出不同学位的职工人数。

操作方法及主要步骤如下。

step 1：单击“学位”列中任意一个数据，单击“数据”选项卡“排序和筛选”选项组中的“升序”按钮。

step 2：单击“数据”选项卡“分级显示”选项组中的“分类汇总”按钮，然后在弹出的“分类汇总”对话框中进行相关设置，如图 2-5-4 所示，并单击“确定”按钮，这时可在数据表中出现分类汇总的统计结果，如图 2-5-5 所示。

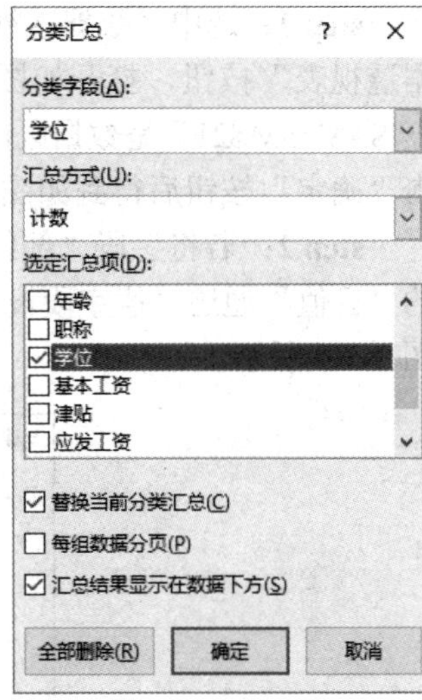

图 2-5-4　“分类汇总”对话框

	A	B	C	D	E	F	G	H	I	J	K	L	M
1	职工号	部门	姓名	性别	出生日期	年龄	职称	学位	基本工资	津贴	应发工资	扣会费	实发工资
2	2845	壹系	付锋	男	1978/3/15	47	中级	博士	3350	1000	4350	85	4265
3	5197	壹系	贺桂花	女	1983/7/10	42	中级	博士	3100	1000	4100	60	4040
4	6172	贰系	刘立庚	女	1964/11/9	61	副高	博士	4050	1300	5350	185	5165
5	9756	壹系	梁建锋	女	1977/3/30	48	正高	博士	3400	2000	5400	190	5210
6							**博士 计数**	4					
7	1368	壹系	贺桂梅	男	1984/7/11	41	中级	硕士	3050	700	3750	37.5	3712.5
8	2338	贰系	袁颖凤	女	1970/10/16	55	副高	硕士	3750	1000	4750	125	4625
9	3113	壹系	夏湘衡	男	1973/12/1	52	中级	硕士	3600	700	4300	80	4220
10	3335	壹系	周志开	男	1967/4/26	58	副高	硕士	3900	1000	4900	140	4760
11	3625	壹系	彭明蓉	女	1984/2/17	41	中级	硕士	3050	700	3750	37.5	3712.5
12	5577	贰系	彭美玲	女	1971/4/21	54	副高	硕士	3700	1000	4700	120	4580
13	5958	叁系	谢新强	女	1989/7/4	36	初级	硕士	2800	300	3100	5	3095
14	6432	贰系	宁隆群	男	1966/3/1	59	正高	硕士	3950	1700	5650	215	5435
15	6866	叁系	傅锋	男	1988/6/9	37	初级	硕士	2850	300	3150	7.5	3142.5
16							**硕士 计数**	9					
17	1701	叁系	史平原	女	1993/5/31	32	初级	学士	2600	100	2700	0	2700
18	2558	贰系	吴卫华	男	1964/7/21	61	正高	学士	4050	1500	5550	205	5345
19	2653	叁系	梁建辉	男	1990/10/3	35	初级	学士	2750	100	2850	0	2850
20	2979	壹系	罗敏	女	1983/9/21	42	中级	学士	3100	500	3600	30	3570
21	3725	叁系	黄国英	女	1991/8/12	34	初级	学士	2700	100	2800	0	2800
22	5650	叁系	刘菊珍	女	1991/5/21	34	初级	学士	2700	100	2800	0	2800
23	7843	贰系	杨瑶林	女	1970/7/15	55	副高	学士	3750	800	4550	105	4445
24							**学士 计数**	7					
25							**总计数**	20					

图 2-5-5　分类汇总结果（一）

step 3：若单击工作表左边出现的分级数字，则得到如图 2-5-6 所示的结果。

	H	I
1		学位
6	**博士 计数**	4
16	**硕士 计数**	9
24	**学士 计数**	7
25	**总计数**	20

图 2-5-6　分类汇总结果（二）

若要取消分类汇总，可重新打开“分类汇总”对话框，单击“全部删除”按钮。

4. 数据透视表

插入一个与职工工资表对应的数据透视表，并进行不同的设置，得出各部门男女人数、各部门基本工资汇总、不同职称人数、不同学位人数等结果。

操作方法及主要步骤如下。

step 1：选中“数据透视表”工作表，单击“插入”选项卡“表格”选项组中的“数据透视表”按钮，打开如图 2-5-7 所示的“创建数据透视表”对话框（注：“数据透视表!$A$1:$M$21”是数据区的绝对引用，读者自己操作时，表名称可能会有所不同），单击“确定”按钮后得到如图 2-5-8 所示的窗格。

step 2：若将字段“部门”“性别”“职工号”分别拖到“行”“列”“Σ值”，将默认的“Σ值”通过“值字段设置”由求和改为计数，则可得各部门男女人数统计结果，如图 2-5-9 所示。

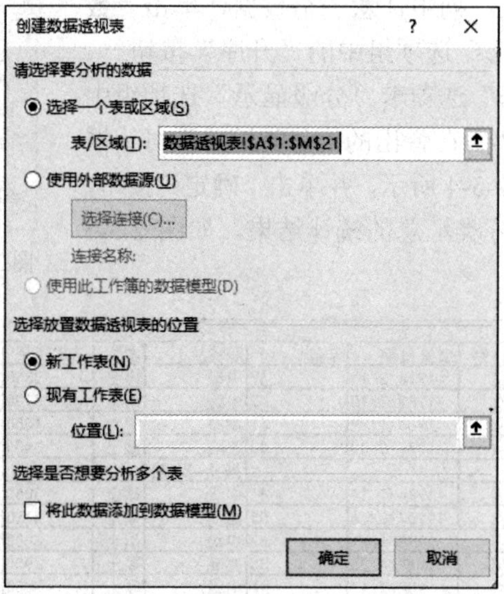

图 2-5-7 “创建数据透视表”对话框

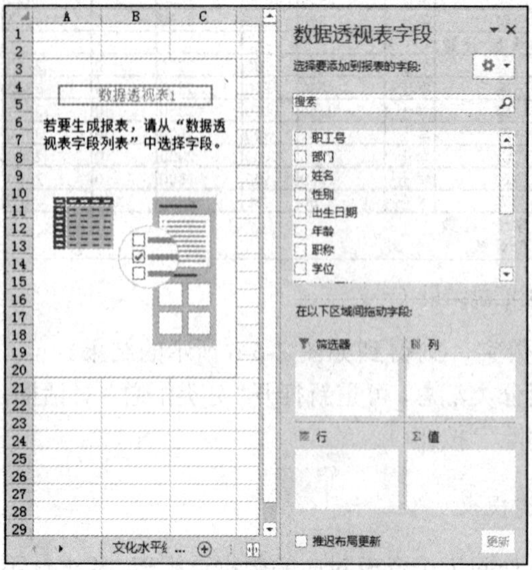

图 2-5-8 “数据透视表字段”窗格

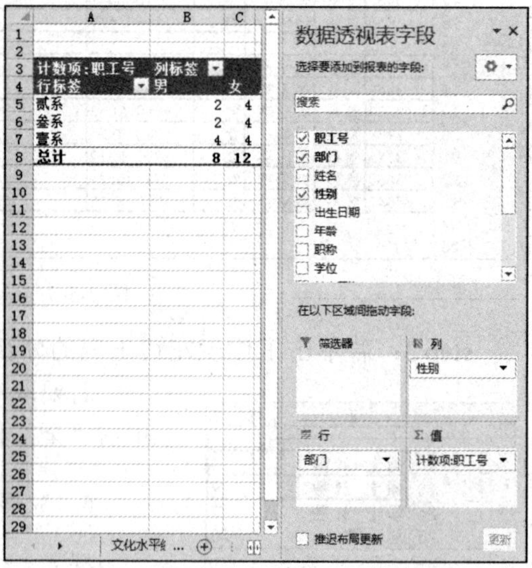

图 2-5-9 数据透视表结果——各部门男女人数

step 3：可进行不同设置来得到不同的结果。不需要的字段可以拖出来。

5. 创建簇状柱形图

插入一个与图 2-5-10 所示数据透视表结果对应的各部门男女人数的簇状柱形图。

操作方法及主要步骤如下。

step 1：选择 A5:C8 区域，单击“插入”选项卡“图表”选项组中的“插入柱形图或条形图”下拉按钮，调出各类柱形图列表。

step 2：在列表中选择“簇状柱形图”，即可得到如图 2-5-10 所示的彩色柱形图。

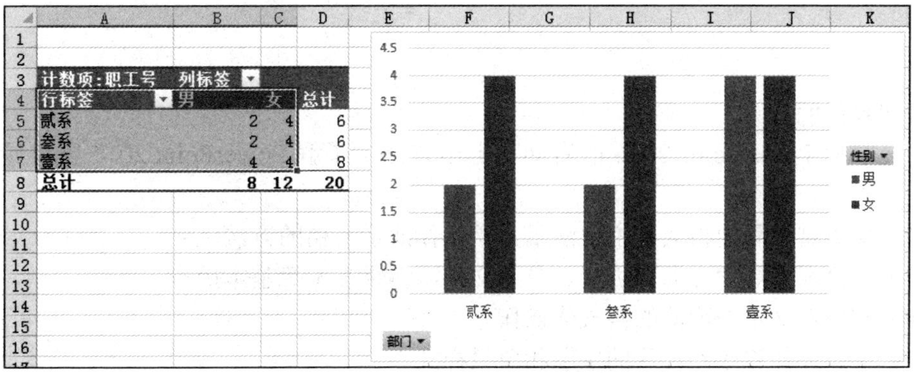

图 2-5-10　各部门男女人数的簇状柱形图

实验 6

PowerPoint 2016 基本操作

【实验目的】

1）掌握 PowerPoint 2016 的启动与退出方法，了解 PowerPoint 2016 窗口界面的组成。

2）重点掌握利用模板和空白演示文稿制作演示文稿的方法。

3）学会在幻灯片上调整版式、录入文本、编辑文本等基本操作。

4）掌握对文本与段落的格式化操作。

5）了解如何修改幻灯片的主题和背景样式。

6）掌握使用母版快速设置演示文稿的方法。

7）了解在幻灯片中使用各种绘图工具，插入图片、声音等对象的操作。

【实验要求】

1）创建空白演示文稿。

2）新建演示文稿。

3）在演示文稿中添加文本。

4）对创建的演示文稿进行保存、关闭、打开与放映等操作。

5）幻灯片的各种基本操作。

6）对幻灯片中的标题和文本进行格式化。

7）在演示文稿中插入图片和线条，并对该图片和线条进行修饰。

8）修改演示文稿背景样式及设置主题。

9）幻灯片母版的使用方法。

【实验内容】

1. 创建空白演示文稿

要创建一个空白的演示文稿，其方法有如下 2 种。

1）方法 1：在快速访问工具栏上单击“新建”按钮（或按 Ctrl+N 组合键），创建含有一张幻灯片的空白演示文稿，如图 2-6-1 所示。

2）方法 2：具体步骤如下。

step 1：单击“文件”选项卡，在弹出的菜单界面中选择“新建”选项，打开如图 2-6-2 所示的“新建”界面。

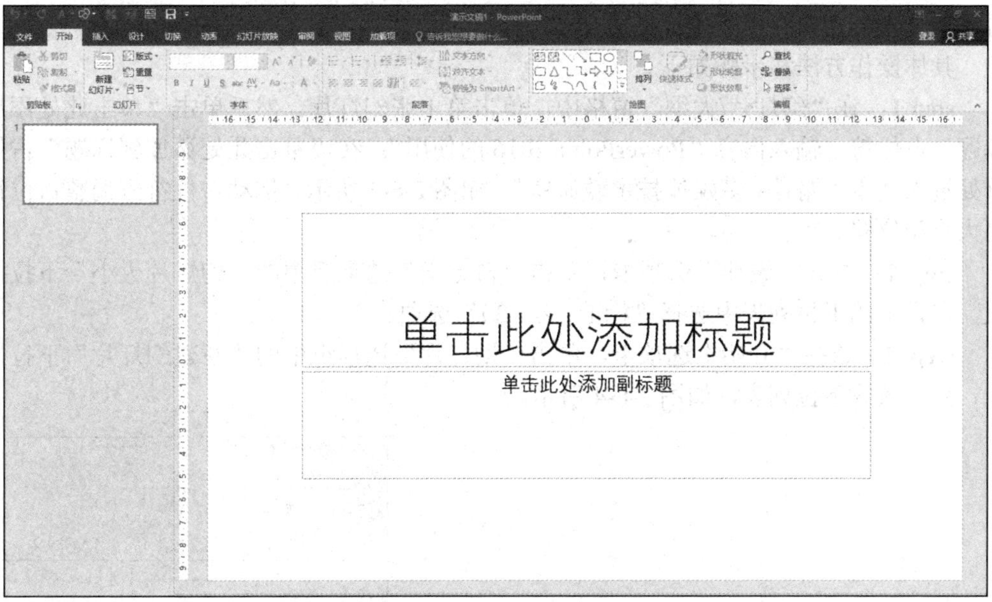

图 2-6-1　空白演示文稿

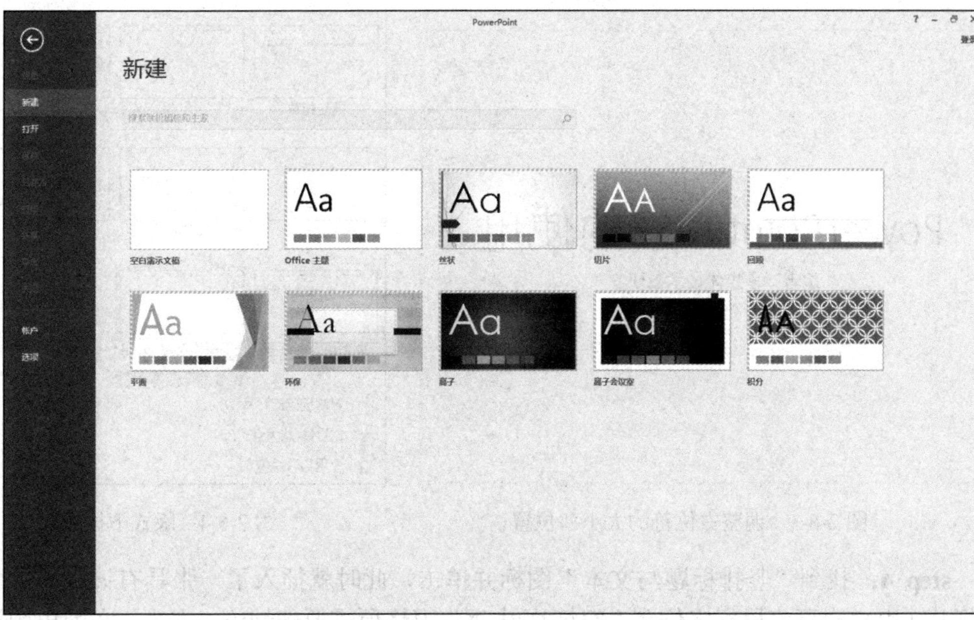

图 2-6-2　“新建”界面

step 2：单击“空白演示文稿”按钮，创建一个具有一定内容的演示文稿。

注意：如果单击其他模板，可以在弹出的界面中选择该模板的不同配色方案。

2. 新建幻灯片

新建一演示文稿，添加第 1 张幻灯片为标题幻灯片，在标题占位符中输入文本“PowerPoint 2016 的使用”，在副标题占位符中输入文本“编者：多媒体技术教研室”。

再添加 2 张分别具有“竖排标题与文本”版式和“两栏内容”版式的新幻灯片。

具体操作方法和步骤如下。

step 1：在“幻灯片/大纲”窗格中，单击第 1 张幻灯片。然后单击“单击此处添加标题”占位符，输入内容“PowerPoint 2016 的使用”；在“单击此处添加副标题”占位符处输入文本“编者：多媒体技术教研室”，如图 2-6-3 所示。拖动占位符可调整占位符的大小和位置。

step 2：打开“设计”选项卡，单击“自定义”选项组中的“幻灯片大小”下拉按钮，在弹出的下拉列表中选择“标准（4∶3）”选项。

step 3：选择“开始”选项卡，单击“幻灯片”选项组中的“新建幻灯片”下拉按钮，弹出版式下拉列表，如图 2-6-4 所示。

图 2-6-3　调整占位符的大小和位置

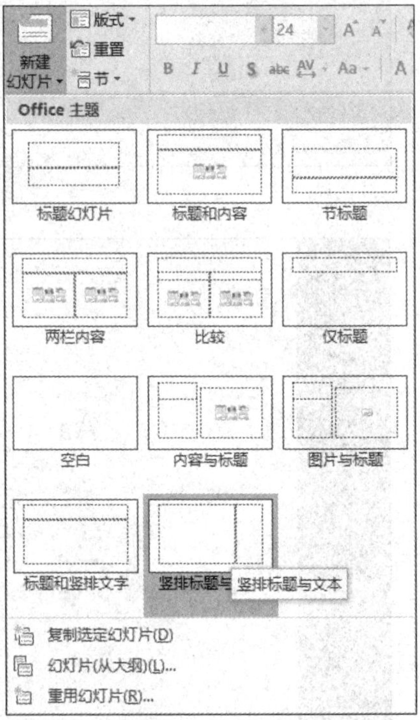

图 2-6-4　版式下拉列表

step 4：找到“竖排标题与文本”图标并单击，此时就插入了一张具有该版式的新幻灯片（用户也可将鼠标定位到“幻灯片/大纲”窗格所需要的地方，右击，在弹出的快捷菜单中选择“新建幻灯片”选项，可插入一张幻灯片，但该幻灯片的版式为空白样式，用户需要单击“开始”选项卡“幻灯片”选项组中的“版式”下拉按钮进行修改）。

step 5：用同样的方法可添加一张具有“两栏内容”版式的新幻灯片。

3. 在幻灯片上添加文本

有以下两种方法能够完成文本的添加。

1）使用占位符添加文本。在该幻灯片上，用户可看到标有“单击此处添加标题”“单击此处添加文本”等字样的占位符。要插入文本对象时，只需单击这些占位符，即可在激活的文本区域内输入文本内容。

2）使用文本框添加文本。

step 1：选择“插入”选项卡，单击“文本”选项组中的“文本框”下拉按钮，在弹出的下拉列表中选择“绘制横排文本框”或“竖排文本框”选项。

step 2：将鼠标指针移动到幻灯片上，拖动鼠标画出一个文本框，如图 2-6-5 所示。

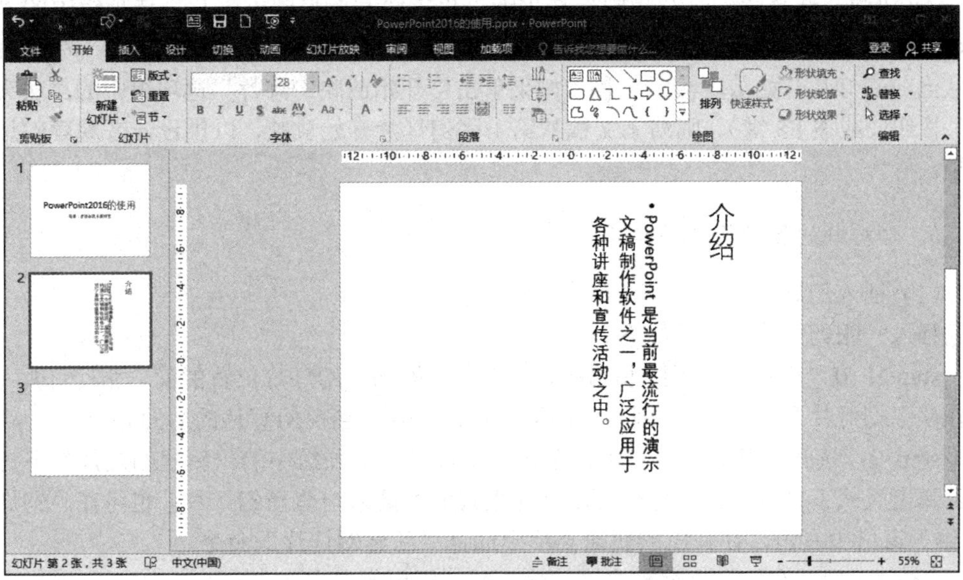

图 2-6-5　在幻灯片中插入一个文本框

step 3：当文本框出现后，用户便可在其中输入文本内容。如果文本框太小，则可单击文本框边缘，拖动四周的控制句柄到适当位置即可。

在演示文稿的第 2 张和第 3 张幻灯片的标题占位符、文本占位符分别输入如图 2-6-6 和图 2-6-7 所示的内容。

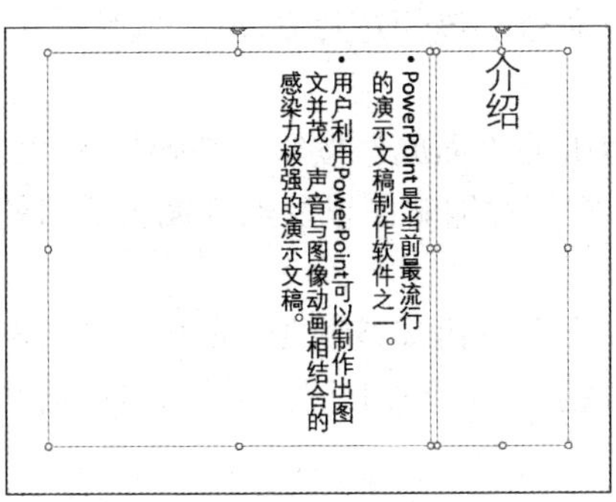

图 2-6-6　第 2 张幻灯片内容

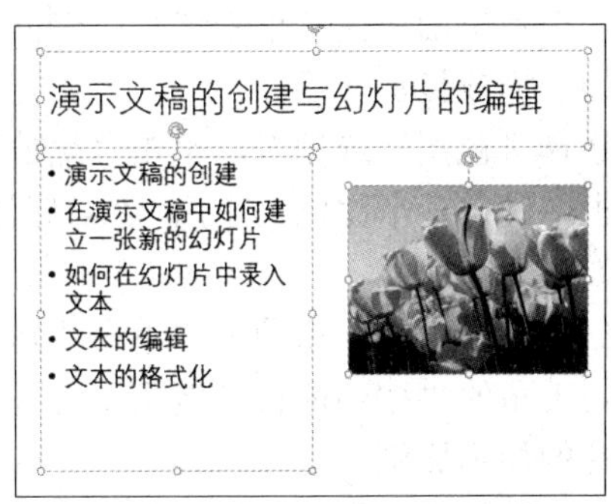

图 2-6-7　第 3 张幻灯片内容

4. 演示文稿的保存、关闭、打开与放映

① 保存。直接单击快速访问工具栏上的“保存”按钮（或按 Ctrl+S 组合键），可

对演示文稿进行保存。第一次保存时，可打开“另存为”对话框，演示文稿以文件名“PowerPoint 幻灯片的制作.pptx”存盘。

② 关闭。选择“文件”选项卡中的“关闭”选项（或按 Ctrl+W 组合键），即可关闭演示文稿文件。

③ 打开。单击快速访问工具栏上的“打开”按钮（或选择“文件”选项卡中的“打开”选项，或按 Ctrl+O 组合键），即可选择打开一个演示文稿。

④ 放映。选择“幻灯片放映”选项卡，单击“开始放映幻灯片”选项组中的“从当前幻灯片开始”按钮（或按 Shift+F5 组合键，或单击右下角的“幻灯片放映”按钮），则从当前幻灯片开始放映演示文稿。如果单击“开始放映幻灯片”选项组中的“从头开始”按钮（或按 F5 键），则演示文稿从第 1 张幻灯片开始放映，以供设计者观察幻灯片效果。

5. 幻灯片的各种基本操作

（1）插入幻灯片

插入一张幻灯片的方法如下。

step 1：在“幻灯片/大纲”窗格中，单击选择被插入幻灯片位置的前一张幻灯片（也可在两张幻灯片之间单击），因为新的幻灯片被插入在当前幻灯片的后面。

step 2：选择“开始”选项卡，单击“幻灯片”选项组中的“新建幻灯片”下拉按钮，弹出版式下拉列表，选择一种幻灯片版式即可插入一张新幻灯片；也可在“幻灯片/大纲”窗格中右击，在弹出的快捷菜单中选择“新建幻灯片”命令。

step 3：然后在幻灯片编辑窗格，输入并编辑内容。

（2）复制幻灯片

在“幻灯片/大纲”窗格中，单击被复制的幻灯片，按住 Ctrl 键的同时用鼠标拖动该幻灯片到新的位置，放开鼠标，即可把幻灯片复制到新的位置。

（3）删除幻灯片

在“幻灯片/大纲”窗格中，选中将要删除的幻灯片，按 Delete 键，或选中幻灯片右击，在弹出的快捷菜单中选择“删除幻灯片”命令，该幻灯片立即就被删除。

（4）缩放显示文稿

选择“视图”选项卡，单击“缩放”选项组中的“缩放”按钮，在弹出的“缩放”对话框中确定一个比例大小后，“幻灯片/大纲”幻灯片缩略图以及幻灯编辑窗口的界面都将发生变化。

如果在“缩放”选项组中单击“适应窗口大小”按钮或拖动 PowerPoint 2016 系统窗口右下角的“按当前窗口调整幻灯片大小”按钮，则幻灯片编辑窗口可自动调整幻灯片的显示比例。

（5）重新排列幻灯片的次序

在“幻灯片/大纲”窗格中，单击要改变次序的幻灯片，用鼠标拖动该幻灯片到新的位置，放开鼠标，就把幻灯片排到新的位置了。

6. 标题和文本的格式化

对“PowerPoint 幻灯片的制作.pptx”演示文稿中的第 2 张幻灯片中的标题和文本进行格式化，具体要求如下。

1）标题文本：字体为华文新魏；字号为 48；字形为阴影；颜色为红色；段落为左对齐。

2）项目清单：字体为华文细黑；字号为 24；首行缩进 1.5 厘米；项目符号为一张图片。

3）项目所在段落行距设置：段前与段后为 12 磅。

操作方法及主要步骤如下。

step 1：启动 PowerPoint 2016 并打开演示文稿“PowerPoint 幻灯片的制作.pptx”。

step 2：在“幻灯片/大纲”窗格中，单击第 2 张幻灯片，幻灯片编辑窗格出现第 2 张幻灯片。

step 3：选定标题占位符，按要求设置标题文本的格式。

step 4：选定正文文本占位符，按要求设置字体、字号、段落格式。

step 5：选定正文文本占位符，单击“段落”选项组中的“项目符号”下拉按钮，在弹出的下拉列表中选择“项目符号和编号”选项，打开“项目符号和编号”对话框，选择如图 2-6-8 所示的图片。

step 6：选中第 2 段，选择“开始”选项卡，再单击“段落”选项组右下角的对话框启动器按钮，打开“段落”对话框，如图 2-6-9 所示，按要求设置第 2 段的段落格式。

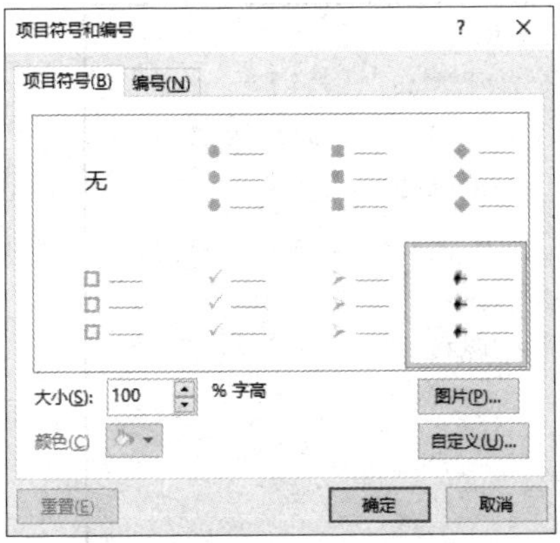

图 2-6-8　“项目符号和编号”对话框

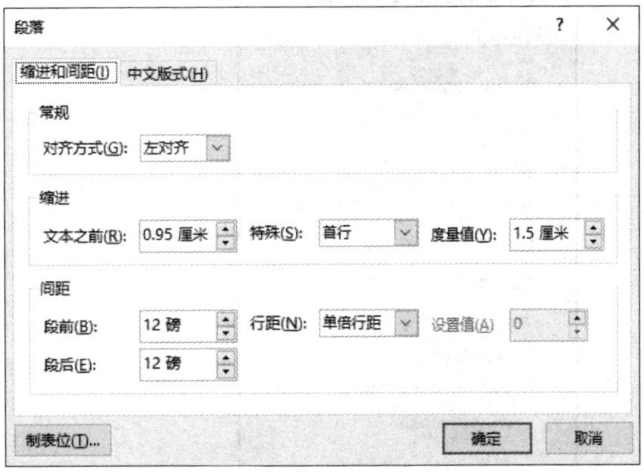

图 2-6-9　“段落”对话框

step 7：格式化后的幻灯片，如图 2-6-10 所示。最后，按 Ctrl+S 组合键对演示文稿进行保存。

7. 插入图片和线条

在“PowerPoint 幻灯片的制作.pptx”演示文稿的第 1 张幻灯片中插入一幅图片（“computers”）和一个线条，并对该图片和线条进行修饰。

操作方法及主要步骤如下。

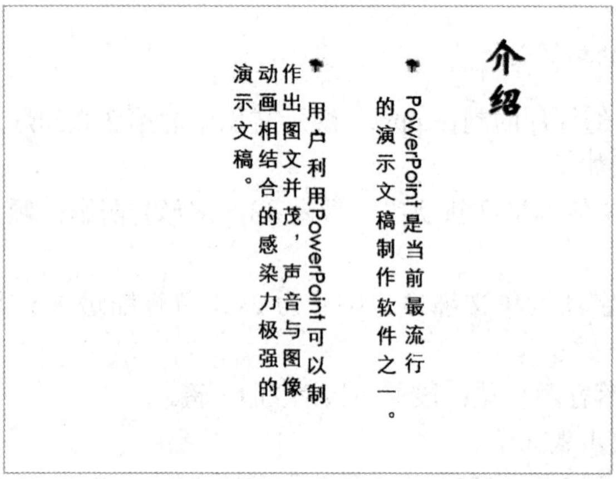

图 2-6-10　文本与段落的格式化

step 1：启动 PowerPoint 2016 并打开“PowerPoint 幻灯片的制作.pptx”演示文稿。选择该文稿中的第 1 张幻灯片为当前幻灯片。

step 2：选择“插入”选项卡，单击“图像”选项组中的“图片”下拉按钮，在弹出的下拉列表中选择“此设备”选项，打开“插入图片”对话框，搜索“computers”，选择一张并插入到幻灯片中。

step 3：根据幻灯片的布局，单击“绘图工具 | 格式”选项卡“大小”选项组右下角的对话框启动器按钮，设置该图片的大小为原图片大小的 120%，距离左上角水平位置 3 厘米，距离左上角垂直位置 9 厘米，如图 2-6-11 和图 2-6-12 所示。

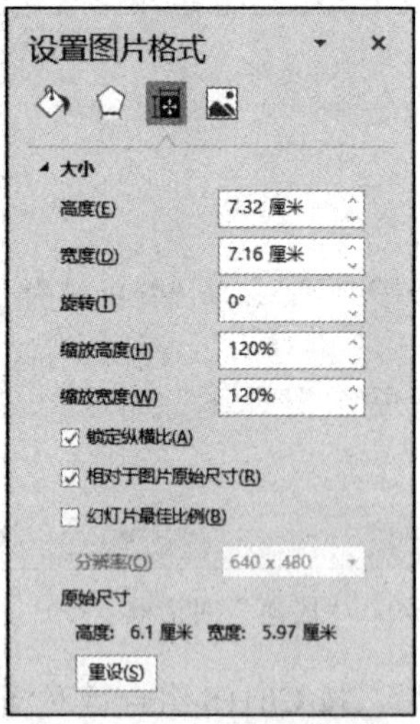

图 2-6-11　插入并调整图片的大小

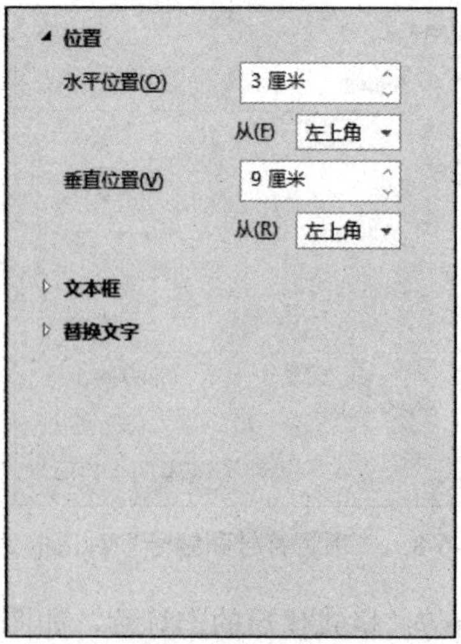

图 2-6-12　插入并调整图片的位置

step 4：插入一个高为 0.8 厘米、宽为 12 厘米的矩形（如图 2-6-13 所示，高度和宽度设置正确即可，缩放高度等设置可以不同），在“填充与线条”标签中将矩形设置为“渐变填充”，如图 2-6-14 所示。设置副标题右对齐，适当调整主标题、副标题和矩形的位置。

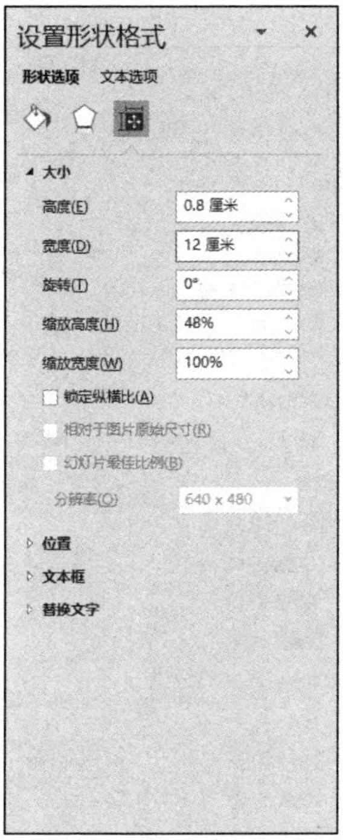

图 2-6-13 调整图片的大小

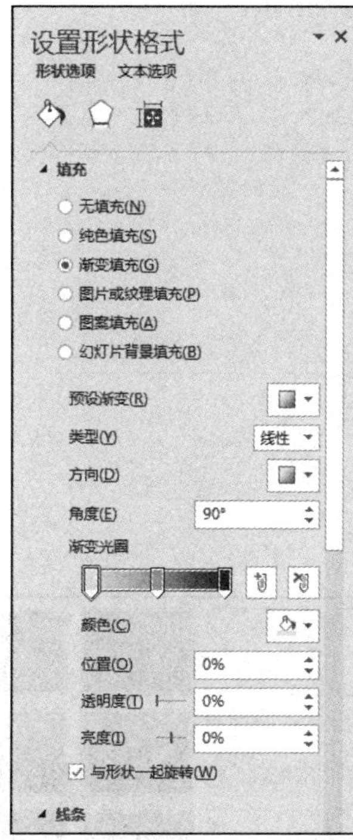

图 2-6-14 插入图片设置“渐变填充”

step 5：按下 Ctrl+S 组合键对演示文稿进行保存，效果如图 2-6-15 所示。

图 2-6-15 演示文稿制作效果

8. 修改背景样式和主题设置

操作方法及主要步骤如下。

step 1：启动 PowerPoint 2016，打开“PowerPoint 幻灯片的制作.pptx”演示文稿，并选择该文稿中的任意一张幻灯片为当前幻灯片。

step 2：在“设计”选项卡“变体”选项组中选择“背景样式”选项，在弹出的下拉列表（图 2-6-16）中，选择“设置背景格式”选项，打开“设置背景格式”窗格，如图 2-6-17 所示。

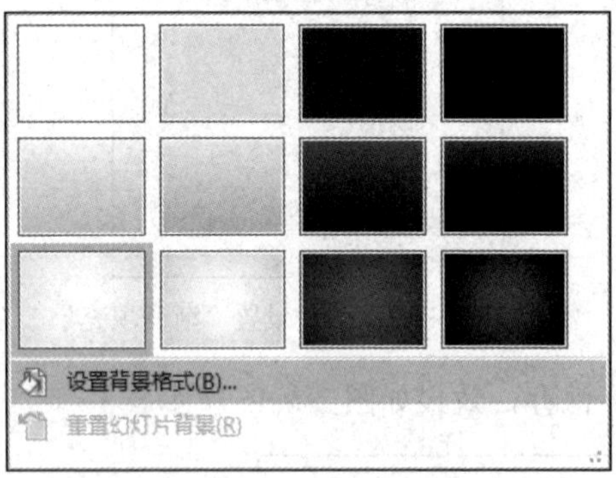

图 2-6-16 “背景样式”下拉列表

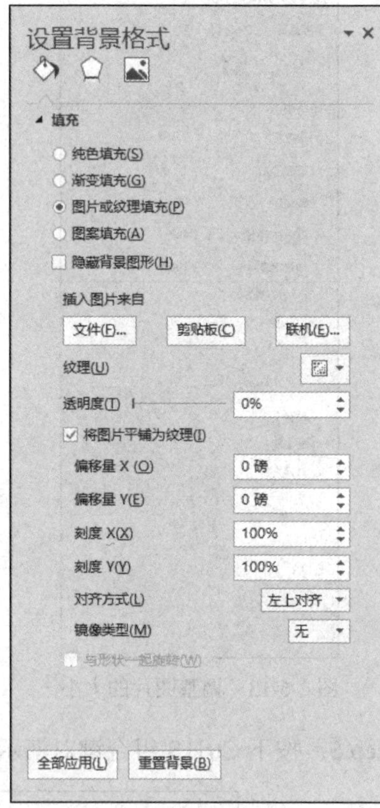

图 2-6-17 “设置背景格式”窗格

step 3：在“设置背景格式”窗格中，选中“图片或纹理填充”单选按钮，并在“纹理”下拉列表中选择一种纹理“羊皮纸”。单击“全部应用”按钮，此设置将应用于演示文稿中的全部幻灯片。

step 4：选择“设计”选项卡，在“主题”下拉列表中选择一种主题，本例选择的主题是“平面”；单击“变体”选项组中的“背景样式”按钮，在弹出的下拉列表中选择一种样式，本例选择“样式 9”。

注意：主题设置后，前面设置的背景样式不起作用，除非重新改变背景的样式。此外，主题设置后，可能会影响各幻灯片中各对象的显示效果，用户应调整。

9. 幻灯片母版的使用

使用幻灯片母版可以控制幻灯片的格式，修饰所有幻灯片，具体操作方法如下。

step 1：启动 PowerPoint 2016，打开“PowerPoint 幻灯片的制作.pptx”演示文稿。选择该演示文稿中的第 1 张幻灯片为当前幻灯片。

step 2：在幻灯片视图中选择“视图”选项卡，单击“母版视图”选项组中的“幻灯片母版”按钮，进入“幻灯片母版”视图，如图 2-6-18 所示。

step 3：在“幻灯片母版”视图的左侧窗格中，将鼠标移至某个母版时，PowerPoint 2016

系统会提示此母版是否能够使用。单击选择一种当前演示文稿使用的母版，如“标题幻灯片”的母版，即“标题幻灯片版式：由幻灯片 1 使用”，此时“幻灯片母版”视图的右侧窗格中显示出该母版的编辑窗格。

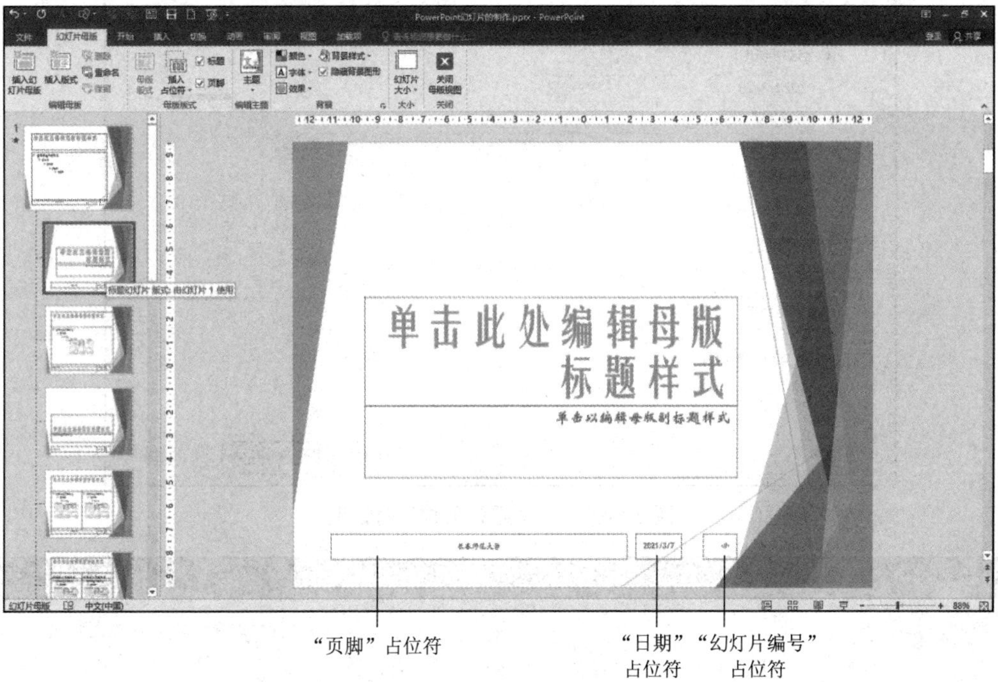

图 2-6-18　“幻灯片母版”视图

“标题幻灯片”母版的编辑窗格中有 5 个占位符，可确定幻灯片母版的版式。

step 4：更改文本格式：选择幻灯片母版中对应的占位符。例如，标题样式或文本样式等，可以设置字符格式、段落格式等。一旦母版中某一对象格式发生变化，那么它将影响标题幻灯片版式的所有幻灯片对象的格式，但其他幻灯片的版式将不受此影响。

step 5：设置页眉、页脚和幻灯片编号。选择“插入”选项卡，用户可选择“文本”选项组中的“日期和时间”和“幻灯片编号”选项，在“日期”和“幻灯片编号”占位符中插入日期和幻灯片编号。

单击“文本”选项组中的“页眉和页脚”按钮，弹出“页眉和页脚”对话框，如图 2-6-19 所示。

根据需要设置好各参数，单击“全部应用”按钮，页眉和页脚区设置完毕（直接单击“页脚”占位符，可以编辑页脚信息）。

step 6：在幻灯片母版中插入对象，可使同样版式的每一张幻灯片自动拥有该对象。同样地，修改其他版式的幻灯片母版。

step 7：单击“插入”选项卡“关闭”选项组中的“关闭母版视图”按钮，关闭幻灯母版编辑视图。使用幻灯片母版修饰幻灯片的效果如图 2-6-20 所示。

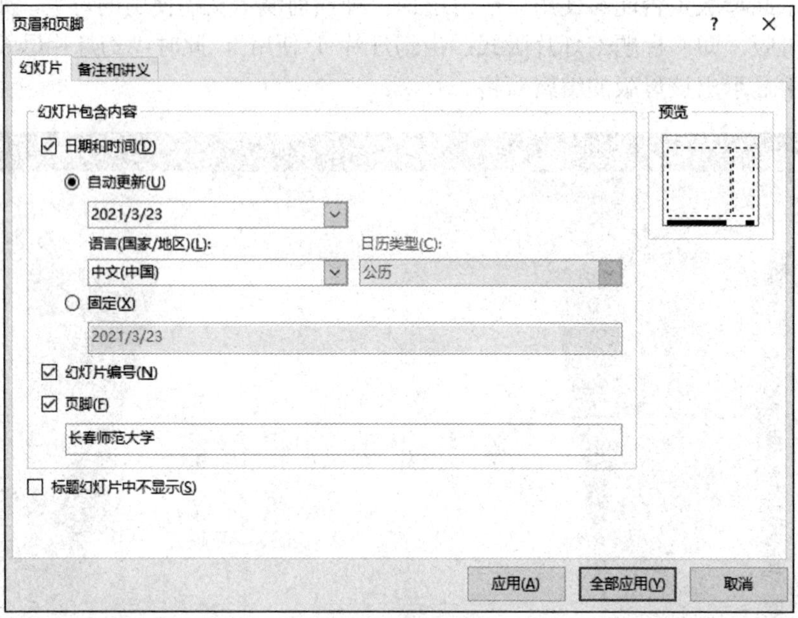

图 2-6-19 “页眉和页脚”对话框

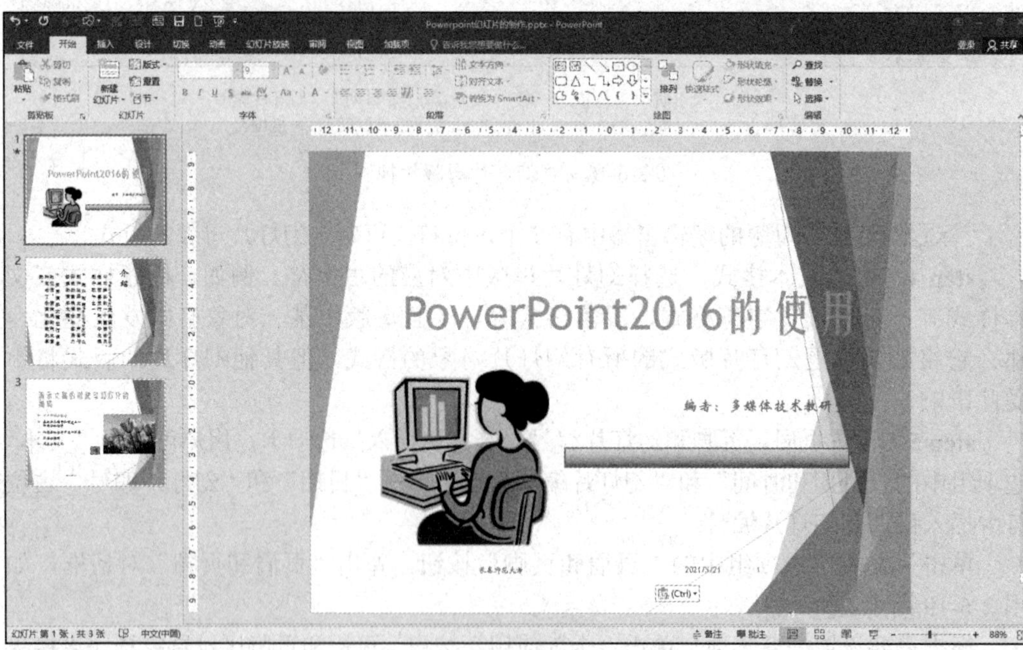

图 2-6-20 使用母版修饰幻灯片的效果

实验 7

PowerPoint 2016 动画和跳转

【实验目的】

1）掌握幻灯片切换的设置与使用。

2）了解并掌握幻灯片中动画设置技巧，学会对文字和图片元素进行动画设置。

3）了解 PowerPoint 2016 文档中各幻灯片间超链接与跳转的操作。

4）掌握建立一个较完整的 PowerPoint 2016 文档所需要的步骤与技术。

【实验要求】

1）设置幻灯片放映时的切换效果。

2）在幻灯片中设置动画效果。

3）在幻灯片间建立超链接与跳转。

【实验内容】

1. 幻灯片放映时的切换效果

操作方法及主要步骤如下。

step 1：启动 PowerPoint 2016，打开“PowerPoint 幻灯片的制作.pptx”演示文稿，并选择第 1 张幻灯片作为当前幻灯片。

step 2：选择“切换”选项卡，如图 2-7-1 所示。单击“切换到此幻灯片”下拉列表按钮，在弹出的下拉列表中选择一种合适的效果，如“涡流”。

图 2-7-1 “切换”选项卡

step 3：在单击选定某一效果的同时，用户可观察到效果的动画画面。如果再次预览效果，可单击“切换”选项卡中的“预览”按钮。

step 4：当用户满意此切换效果后，可在“切换”选项卡中，对切换效果做进一步修改，本例设置“效果选项”为“自右侧”，“声音”为“风声”。

step 5：单击“全部应用”按钮，可将此切换效果应用于全部幻灯片。

2. 幻灯片动画效果设置

操作方法及主要步骤如下。

step 1：启动 PowerPoint 2016 后，打开“PowerPoint 幻灯片的制作.pptx”演示文稿，并选择第 1 张幻灯片作为当前幻灯片。

step 2：单击或选定“标题”占位符，选择“动画”选项卡，单击“高级动画”选项组中的“动画窗格”按钮，打开“动画窗格”窗格，如图 2-7-2 所示。

图 2-7-2 “动画窗格”窗格

step 3：单击“高级动画”选项组中的“添加动画”下拉按钮，在弹出的下拉列表中选择“更多进入效果”选项，打开如图 2-7-3 所示的“添加进入效果”对话框，在“基本”选项组中选择“菱形”效果。

step 4：在“动画”选项组中的“效果选项”下拉列表中，单击“形状”选项组中的“菱形”按钮；在“方向”选项组中单击“放大”按钮，如图 2-7-4 所示。

step 5：单击“计时”选项组中的“开始”下拉按钮，在弹出的下拉列表中选择“上一动画之后”；在“持续时间”文本框中输入一个时间，如 2.00（秒）。

依次对图片、副标题和矩形条对象设置动画效果如下：

图片：飞入、自右上部、上一动画之后、持续时间为 2.25。

副标题：弹跳、上一动画之后、持续时间为 2.25。

矩形条：擦除、自右侧、上一动画之后、持续时间为 1.25。

step 6：向幻灯片添加完动画后，在“动画”选项卡“计时”选项中单击“向前移动”“向后移动”按钮可调整动画顺序，单击播放按钮，可观察动画效果。

step 7：所有对象的动画效果设置完毕后，单击 PowerPoint 2016 窗口右下角“幻灯片放映”按钮，观看设置好的动画效果。

注意：除设置动画的进入效果外，用户还可设置强调、退出、其他路径及 OLE 操作动作等效果。

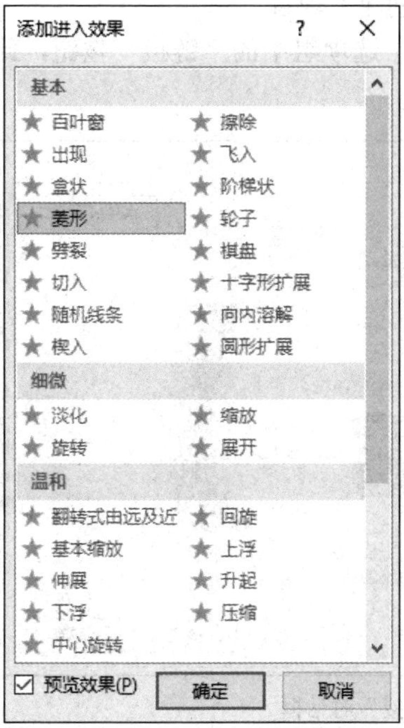

图 2-7-3　“添加进入效果”对话框

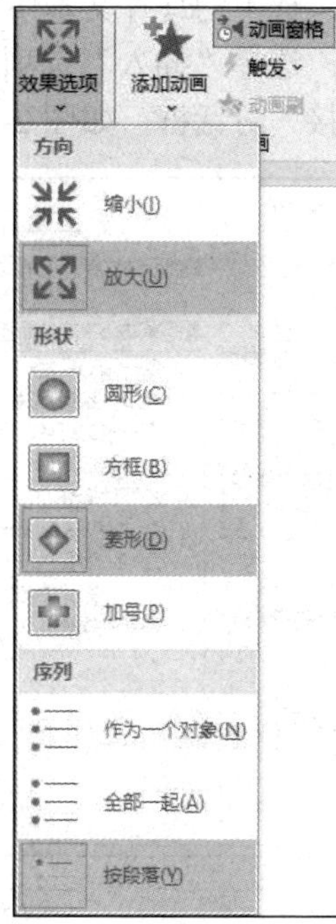

图 2-7-4　“效果选项”下拉列表

3. 超链接的建立与跳转

（1）设置超链接

设置超链接的操作方法和步骤如下。

step 1：启动 PowerPoint 2016，打开“PowerPoint 幻灯片的制作.pptx”演示文稿，并选择第 3 张幻灯片，如图 2-7-5 所示。

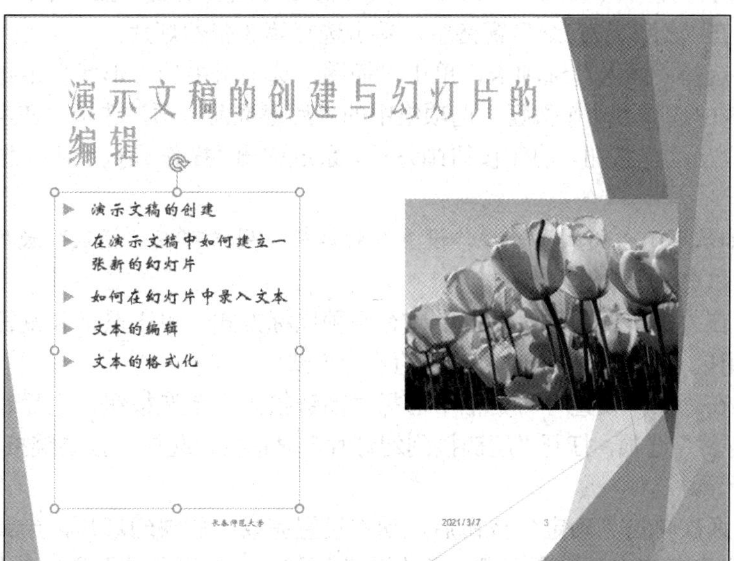

图 2-7-5　演示文稿中的第 3 张幻灯片

step 2：选中幻灯片文本中的“演示文稿的创建”项目。

step 3：选择“插入”选项卡，单击“链接”选项组中的“链接”按钮，此时弹出“插入超链接”对话框，如图 2-7-6 所示。

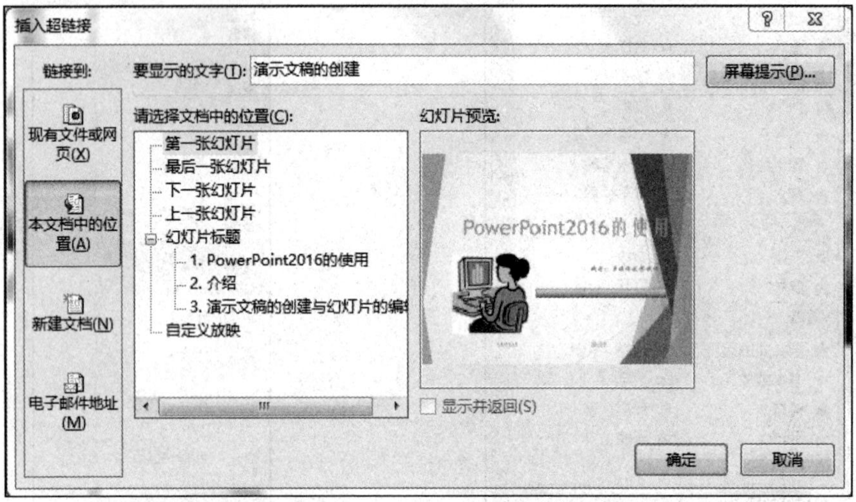

图 2-7-6 “插入超链接”对话框

step 4：在“链接到”选项组中单击“本文档中的位置”按钮，然后在“请选择文档中的位置”列表框中，单击“第一张幻灯片”。

step 5：单击“确定”按钮，超链接设置完毕。在幻灯片放映时，可单击超链接处，实现幻灯片的快速跳转切换。

（2）设置动作

上面的设置是实现快速从第 3 张幻灯片跳转到第 1 张幻灯片。下面以动作的方式实现从第 3 张幻灯片跳转到第 2 张幻灯片，具体操作方法及主要步骤如下。

step 1：在“幻灯片/大纲”窗格中，单击选择第 3 张幻灯片。

step 2：选择“插入”选项卡，单击“插图”选项组中的“形状”下拉按钮，在弹出的下拉列表中选择“动作按钮”选项组中的“后退或前一项”选项，在当前幻灯片中适当位置上画出动作按钮。动作按钮画好后，系统弹出“操作设置”对话框，如图 2-7-7 所示。

注意：如果不小心关闭了“操作设置”对话框，用户可在“插入”选项卡中，单击“链接”选项组中的“动作”按钮。

step 3：在“操作设置”对话框中，有两种鼠标方式：单击鼠标和鼠标悬停。鼠标方式是指使用鼠标的不同方法时，动作的响应方式。

step 4：在“操作设置”对话框中选择“超链接到”单选按钮，之后在其下拉列表中选择“幻灯片”选项，打开“超链接到幻灯片”对话框，选择一张要链接到的幻灯片，如图 2-7-7 所示。

step 5：两次单击“确定”按钮后，动作设置完成。放映幻灯片，当鼠标移动到项目标题处时，光标变成手形图标，单击此动作按钮，即可跳转至指定的幻灯片。

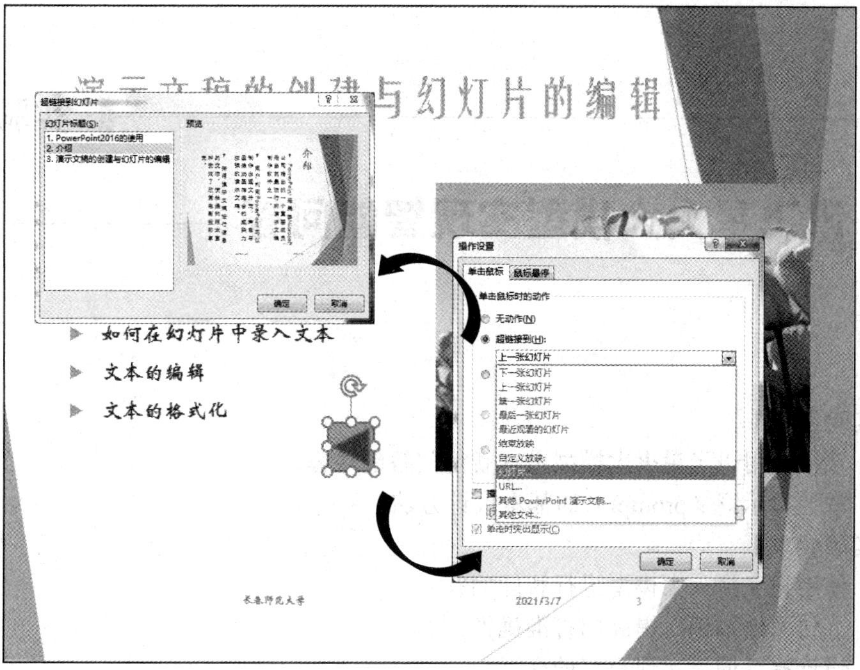

图 2-7-7　“操作设置”的步骤

实验 8

讯飞星火大模型实现智能问答

【实验目的】

1）掌握使用讯飞星火大模型进行智能问答的过程。

2）掌握提示词（prompt）的基本设计方法。

【实验要求】

1）使用讯飞星火大模型进行智能问答。

2）上传本地知识，提高问答准确性。

3）设计提示词，实现更好的交互。

【实验内容】

1. 使用讯飞星火大模型进行智能问答

使用讯飞星火大模型进行智能问答的具体操作步骤如下。

step 1：访问网站。使用计算机或移动设备打开浏览器，访问讯飞星火大模型的官方网址（https://xinghuo.xfyun.cn/spark）。

step 2：注册/登录账户。注册一个账户并登录，注意选中“未注册的手机号将自动注册”复选框，如图 2-8-1 所示。

图 2-8-1　讯飞星火大模型的注册与登录页面

step 3：选择智能问答功能。在主页会显示对话框，可在此输入问题，或者单击页面左侧的“新建对话”按钮也可以开启新的对话框，如图 2-8-2 所示。

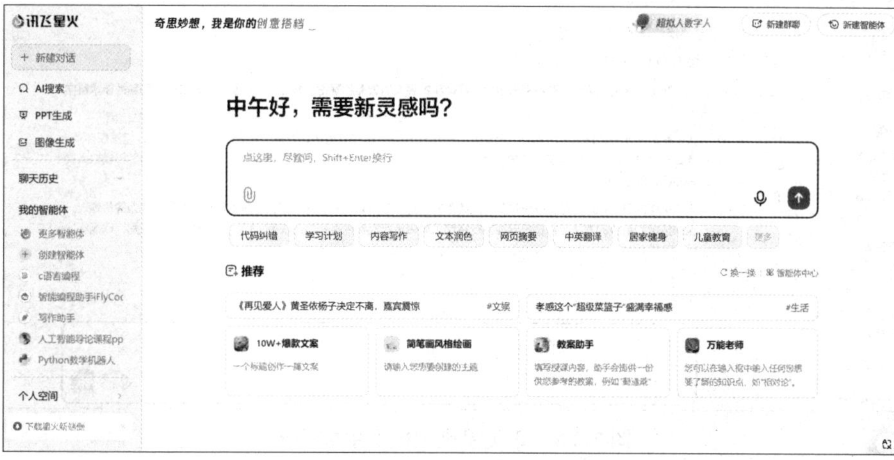

图 2-8-2　智能问答功能页面

step 4：输入问题。问题可以是科学、技术、文化、历史等任何领域的知识性或推理性问题。例如，“人工智能的定义是什么？”“计算机科学的主要研究领域有哪些？”“如何学习编程？”“已知三角形三边长 3、4、5，给出求解面积的具体步骤”等。另外，应确保问题表述清晰、准确。例如，输入“人工智能的定义是什么”，如图 2-8-3 所示。

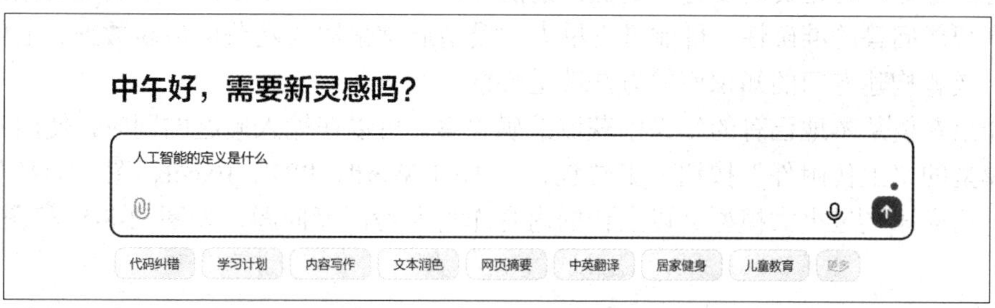

图 2-8-3　输入问题

step 5：提交问题。单击“发送”按钮或按 Enter 键，将问题发送给讯飞星火大模型。

step 6：查看答案。等待几秒钟，系统会自动分析你的问题并提供答案。答案通常会以文本形式显示在屏幕上，如图 2-8-4 所示。例如，系统可能会回答：“人工智能的定义是研究、开发用于模拟、延伸和扩展人的智能的理论、方法、技术及应用系统的一门新的技术科学……”

step 7：评估答案。阅读系统提供的答案，评估其准确性和相关性。如果答案不满足需求，可以尝试重新表述问题或单击答案下方的“重新回答”来获取新的答案。

step 8：保存或记录结果。如果需要，你可以将问题和答案保存到本地文件或云存储中，以便日后复习或分享。

step 9：退出系统。完成实验后，退出系统并关闭浏览器。

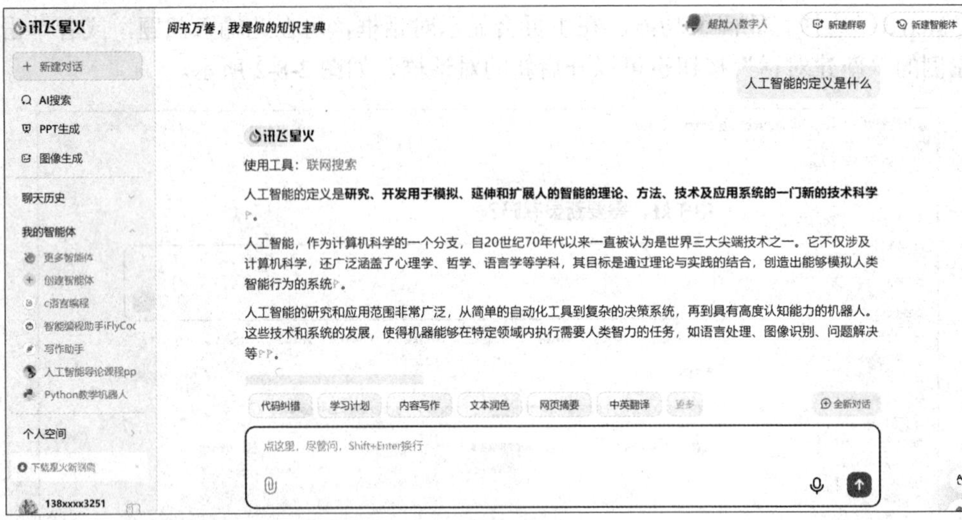

图 2-8-4　讯飞星火大模型生成答案

2. 上传本地知识，提高回答准确性

当前讯飞星火大模型是基于海量数据训练得到的语言模型，其本质上是语言的一种统计模型，即生成内容时要根据上下文内容计算输出字词的概率（也叫作 Token），所以可能会出现幻觉现象，如生成不存在的“事实”、前后矛盾的内容，或者与使用者意图不符的回复等，为此我们要有一定的甄别能力，不能一味地相信该模型回复的结果。为了提高智能问答的准确性，目前讯飞星火大模型通常采取联网获取最新数据、上传本地文档，或者构建专门的知识库等方法改进性能。

如果希望从本地已有的知识中获取准确答案，可以在输入问题的同时，使用讯飞星火大模型的“上传附件”按钮 上传包含文本的 Word、PPT、Excel、图片，甚至音视频等，这样讯飞星火大模型会以上传的内容作为参考回复问题，如图 2-8-5 和图 2-8-6 所示。

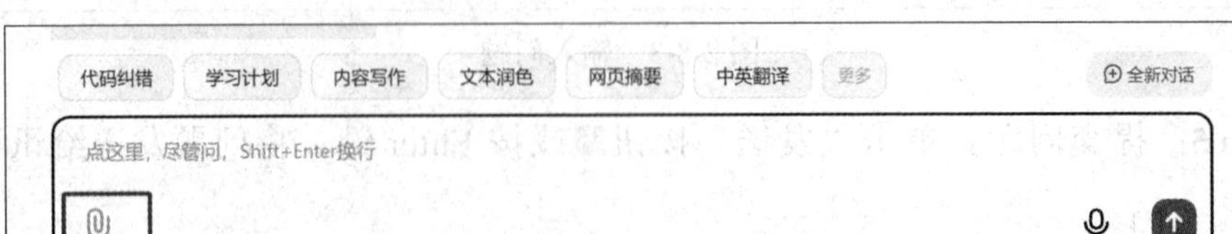

图 2-8-5　上传附件以提高回答的准确性

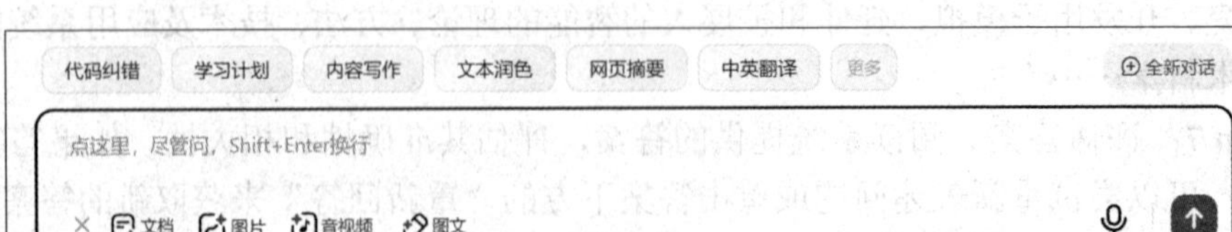

图 2-8-6　讯飞星火大模型目前支持的附件类型

例如，上传小说《三国演义》的 PDF 格式文件，然后问“诸葛亮七擒孟获是在哪

一回，给出故事情节”，这时讯飞星火大模型会自动分析上传的附件内容，并总结内容给出答案，如图 2-8-7 和图 2-8-8 所示。

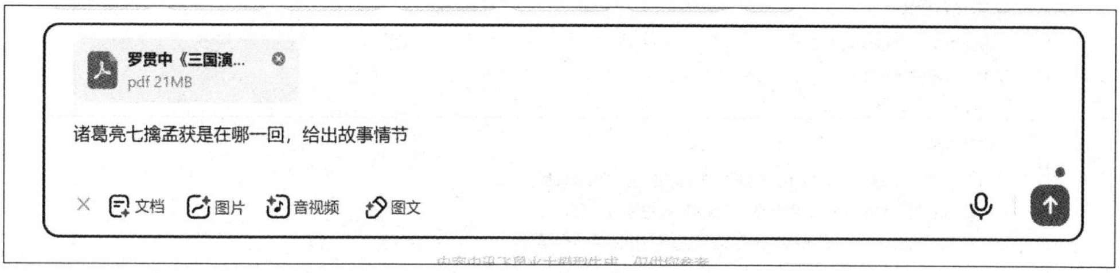

图 2-8-7　上传附件并提问

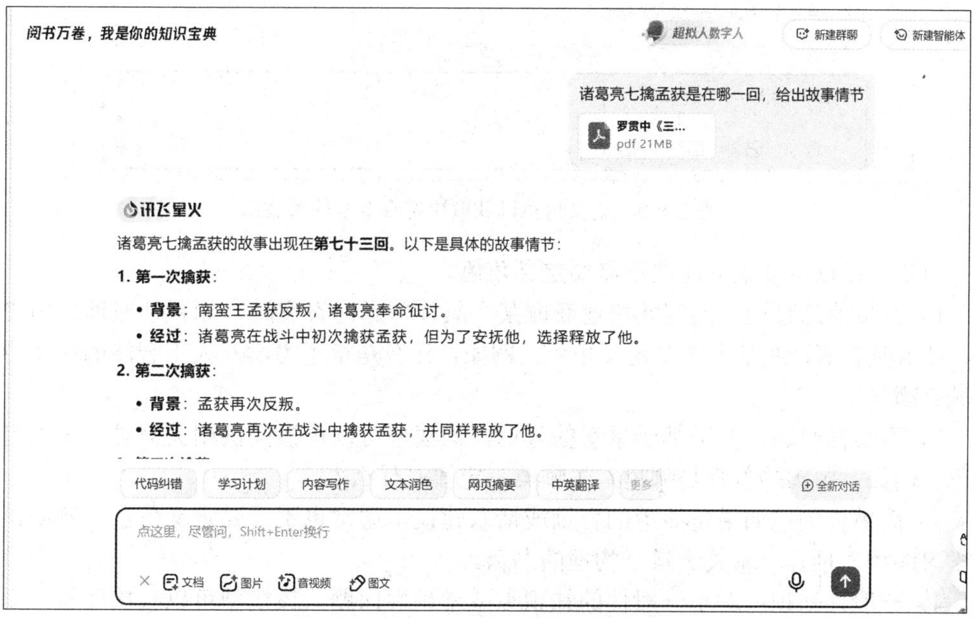

图 2-8-8　讯飞星火大模型给出与附件内容相关的答案

3. 设计提示词，实现更好的交互

使用讯飞星火大模型时，输入的内容也叫提示词，在很多时候，只需直接输入问题即可，模型通常能够根据问题的字面意义、上下文内容，以及已有的知识库提供有用的回答。但在某些需要特定风格或角度的回答时，在提示词中进行额外的角色定义往往能帮助模型领会用户意图，引导其优化生成的文本，进而得到更好的答案。

一般来说，如果问题比较复杂且针对性强，可以按照下面的方式定义提示词：

1）定义角色。

2）描述问题。

3）回复的要求。

例如，可以输入“我是一名初中语文教师，请帮我生成课文《荷塘月色》的教案，要求：1. 总时长 45 分钟；2. 融入音视频；3. 包含师生互动。”，讯飞星火大模型将会按照要求给出合理的答案，如图 2-8-9 所示。

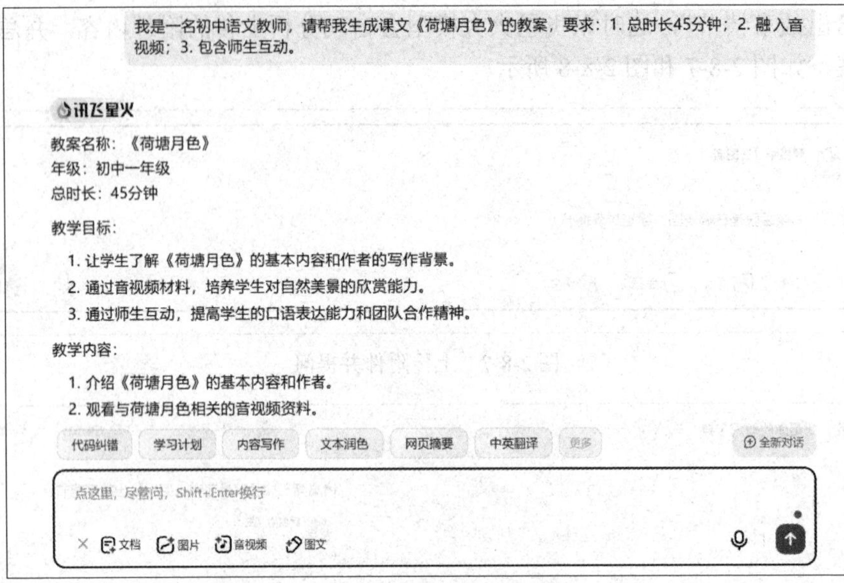

图 2-8-9　定义角色以获取更符合要求的答案

但是，在以下场景下往往不需要定义角色。

1）直接信息查询：当需要快速获取某个具体问题的答案时，如科学原理、历史事件、技术概念等，通常不需要定义角色。例如，什么是量子力学？人工智能的主要应用领域有哪些？

2）事实性问题：对于基于事实的查询，该模型可以直接提供相关信息，无须定义角色。例如，中国的首都是哪里？牛顿第三定律是什么？

3）简单咨询：如果是简单的咨询或请求建议，通常也不需要定义角色。例如，如何学习编程？推荐一本关于量子物理的书籍。

4）一般性知识：对于一般性的知识点或常识性问题，该模型可以直接回答，无须特定角色。例如，太阳系的行星有哪些？中国的春节习俗包括哪些活动？

实验 9

讯飞星火大模型实现 PPT 制作

【实验目的】

1）掌握使用讯飞星火大模型快速制作高质量 PPT 的过程。

2）掌握为 PPT 生成插图，并进行适当处理的方法。

【实验要求】

1）使用讯飞星火大模型生成 PPT。

2）复杂插图的生成与处理。

【实验内容】

1. 使用讯飞星火大模型生成 PPT

使用讯飞星火大模型生成 PPT 的具体操作步骤如下。

step 1：打开讯飞星火大模型的主页（https://xinghuo.xfyun.cn/desk），单击左侧的“PPT 生成”按钮，如图 2-9-1 所示。

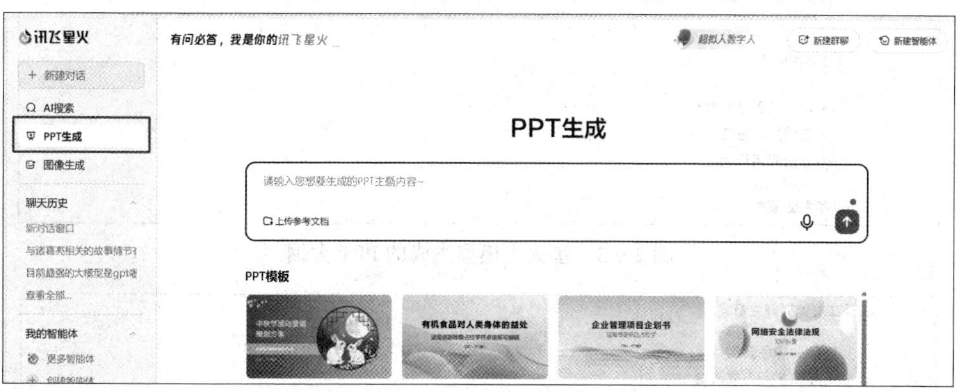

图 2-9-1　PPT 生成功能

step 2：在 PPT 生成功能页面的对话框中输入 PPT 主题（即提示词），如“人工智能在现代教育中的应用”，或者使用对话框下方的“上传参考文档”按钮上传已有的文稿。然后，选择喜欢的 PPT 模板，如图 2-9-2 所示。

step 3：讯飞星火大模型将在新的页面中显示根据 PPT 标题生成的大纲，如图 2-9-3 所示。如果不满意生成的结果，可以单击生成内容下方的“编辑”按钮（图 2-9-4），页面将会弹出如图 2-9-5 所示的“PPT 大纲编辑调整”对话框，在此可以修改 PPT 大纲内容；否则，可以单击“一键生成 PPT”按钮，讯飞星火大模型即可逐页生成 PPT，如图 2-9-6 和图 2-9-7 所示。

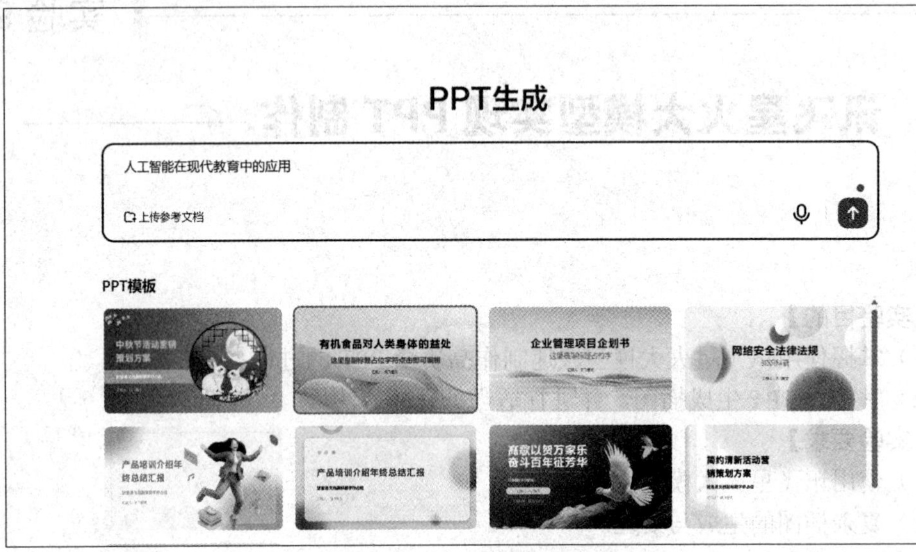

图 2-9-2 输入 PPT 主题并选择模板

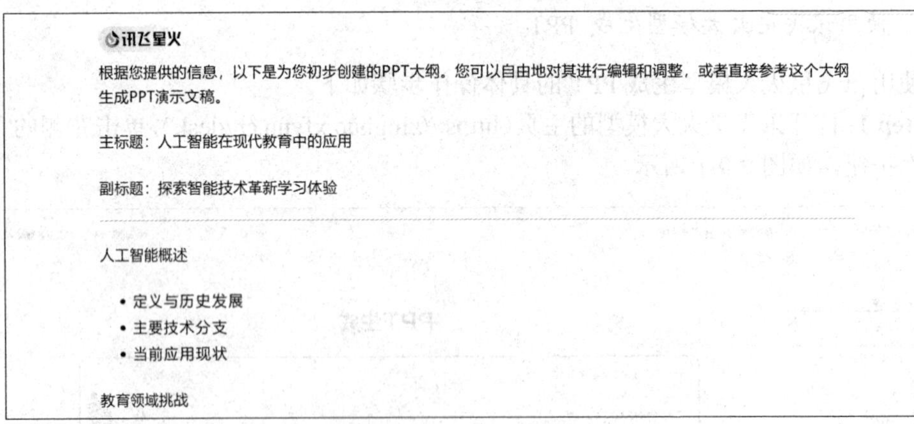

图 2-9-3 星火大模型生成的 PPT 大纲

图 2-9-4 大纲的“编辑”与“一键生成 PPT”按钮

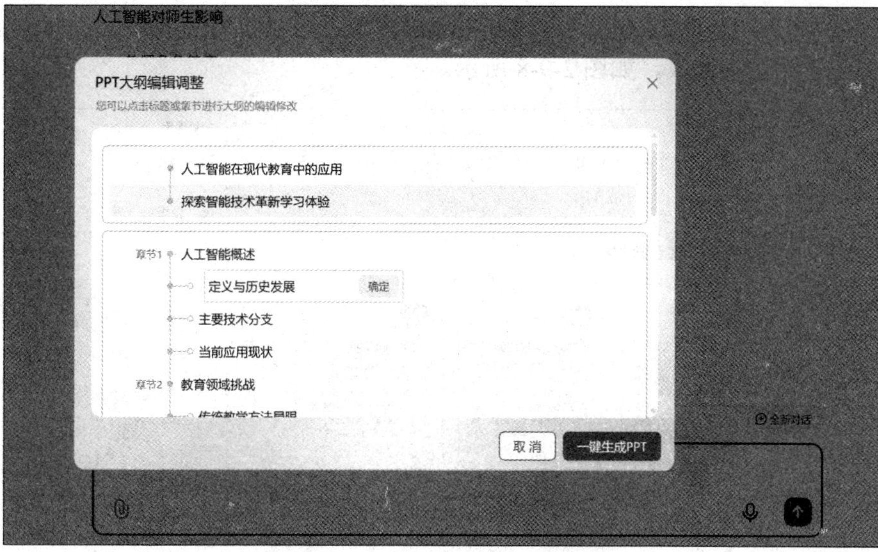

图 2-9-5　PPT 大纲编辑调整页面

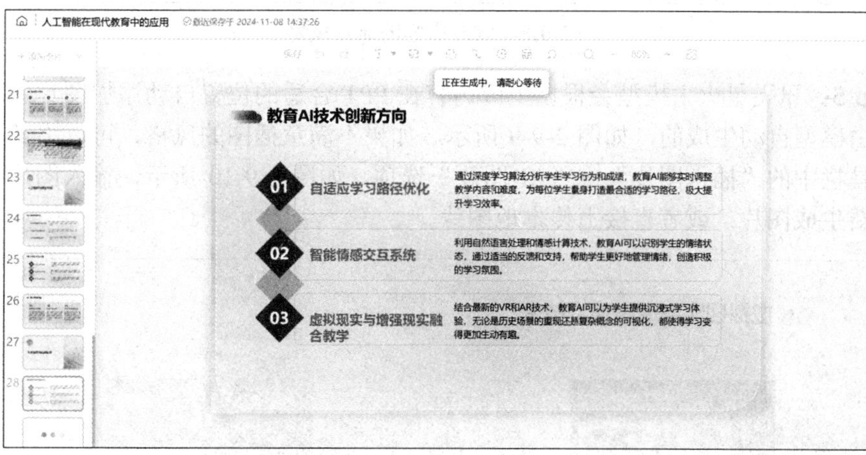

图 2-9-6　讯飞星火大模型正在生成 PPT 内容

图 2-9-7　讯飞星火大模型生成的指定模板风格的 PPT 首页

step 4：如果不喜欢讯飞星火大模型生成的内容，可以重新生成，或者使用生成页面上方的工具栏进行修改，如图 2-9-8 所示。

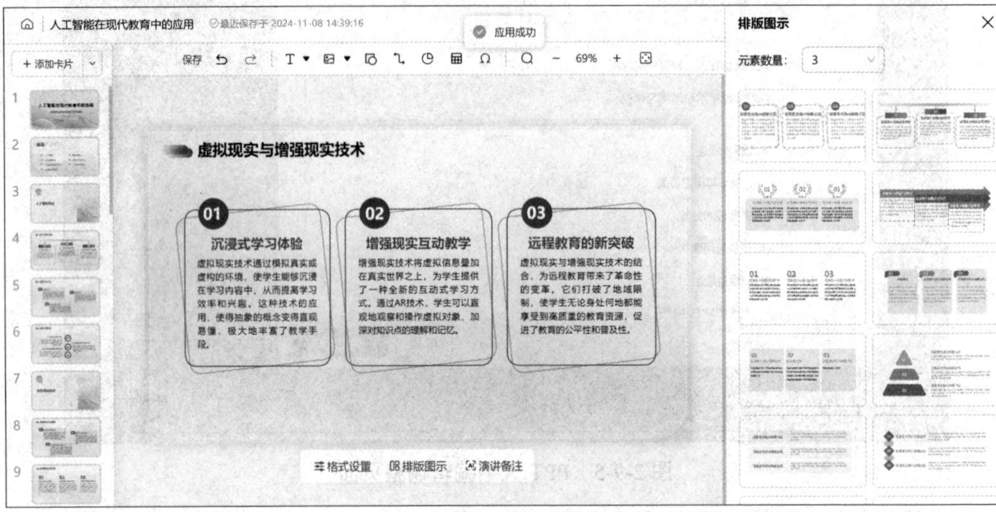

图 2-9-8　修改内容的显示风格

step 5：讯飞星火大模型会根据生成内容在 PPT 合适的位置自动添加图片，这些图片也是由模型自动生成的，如图 2-9-9 所示。如果不满意插图的风格，可以将其删除并选择工具栏中的“插入图片”→“AI 图片”选项，如图 2-9-10 所示，输入图片描述，从而重新生成图片；或者直接上传本地图片。

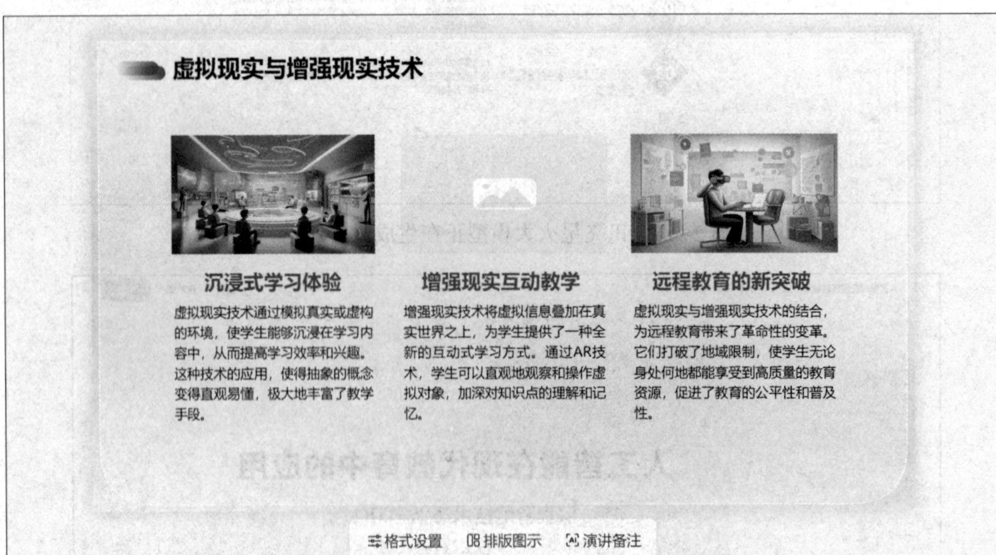

图 2-9-9　讯飞星火大模型自动为 PPT 内容生成的插图

step 6：AI 自动生成插图，在图 2-9-11 右上方的“图片描述”文本框中输入图片描述，如“一个仰望星空的机器人，卡通形象”，同时可以设置生成图片所用的模型、比例以及分辨率等，单击“一键生成”按钮，即可得到 4 张备选图片。如果觉得不满意，可以修改图片描述以重新生成；如果喜欢某个图片，可通过单击或拖动将其放在 PPT 页面的任意位置。

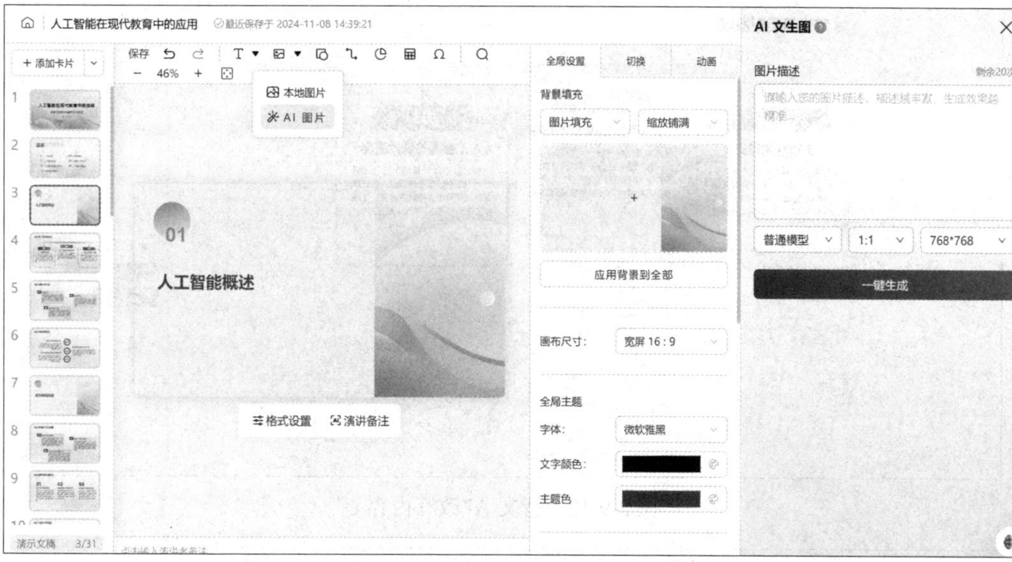

图 2-9-10　插入 AI 图片（文生图）

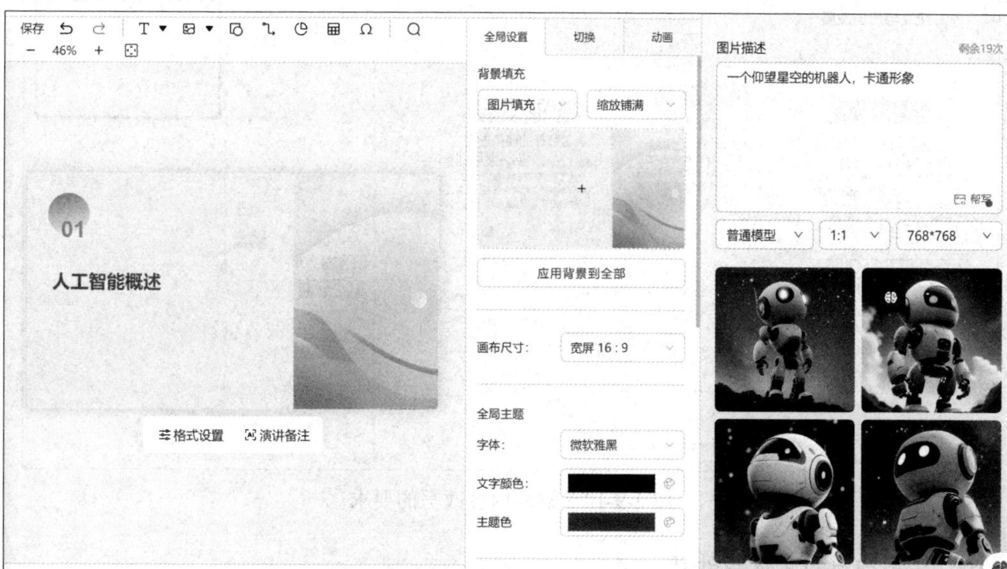

图 2-9-11　讯飞星火大模型自动生成插图

step 7：除了重新生成图片外，也可以选中 PPT 中的文字进行润色或改写。选中需要调色或改写的文字后，选择页面右上角的“智文 AI”选项，如图 2-9-12 所示，即可出现如图 2-9-13 所示的页面，在这里可以选择相应功能完成文字的改写。

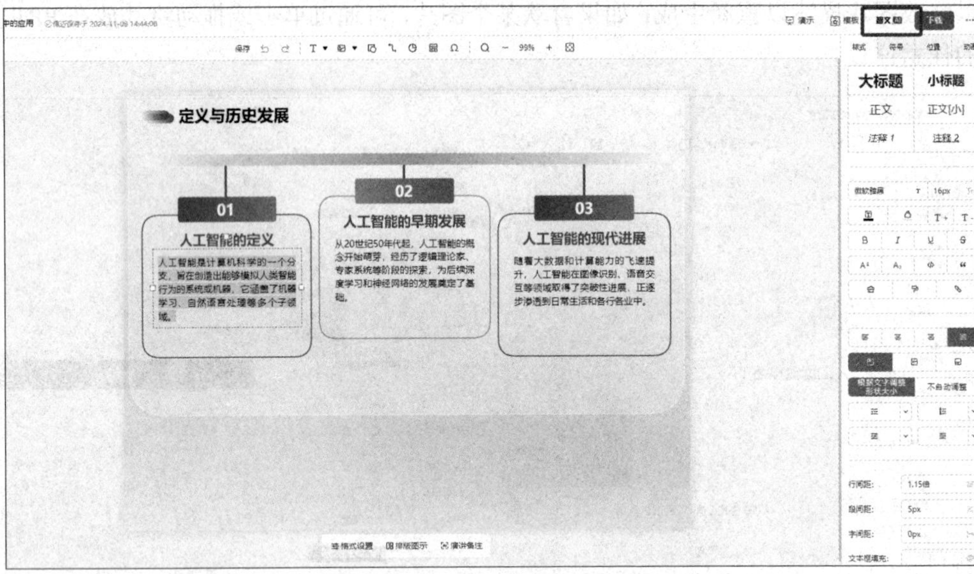

图 2-9-12　智文 AI 改写内容

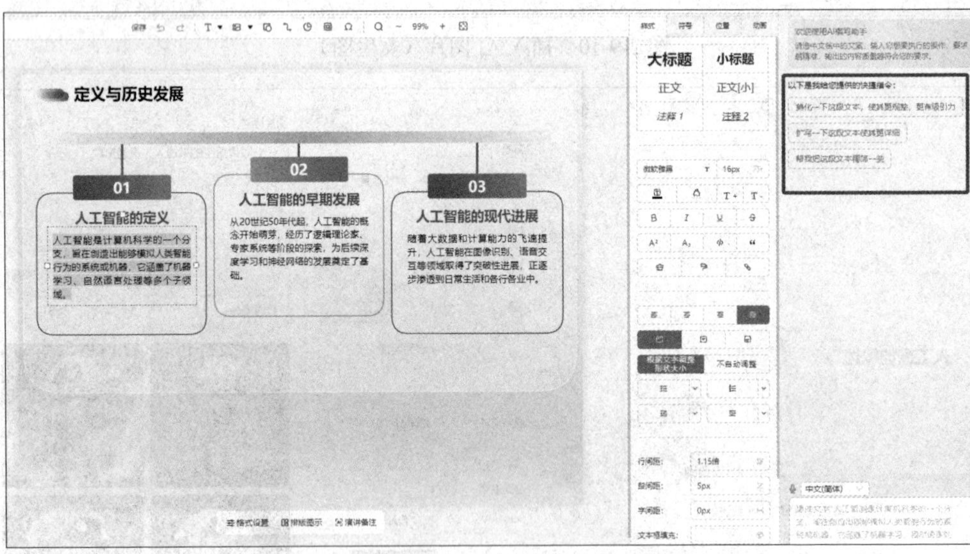

图 2-9-13　输入内容改写的要求

2. 复杂插图的生成与处理

（1）插图的生成

上述一键生成 PPT 功能生成的图片可选项较少，通常无法满足更高级的生成要求。为此，可以使用讯飞星火大模型专门的图像生成功能来生成插图。将光标定位到“图像描述”文本框内，即可出现选择背景和风格的下拉菜单，如图 2-9-14 所示。例如，当选择“夕阳”背景和“水墨画”风格，并输入图片描述“桂林山水，一个戴着蓑笠的渔夫撑着篙，站在一只竹筏上，夕阳西下，画面有些朦胧。”时，讯飞星火大模型便生成如图 2-9-15 所示的图片。

图 2-9-14　图像生成页面

图 2-9-15　讯飞星火大模型生成的图片

仔细观察，可以发现生成图片中的渔夫是外国人形象，此时在图像生成的对话框中继续输入“将渔夫的形象换成中国人”，即可重新生成图片，如图 2-9-16 所示。如果仍然不满意，还可以尝试修改图片描述来重新生成图片。

图 2-9-16 修改图片描述后生成的图片

（2）插图的处理

使用 AI 工具可以辅助处理图片。如果对生成的图片有进一步的处理需求，如添加文字、改变滤镜、抠图等，可以使用 Canva 可画或者美图秀秀等 AI 工具。

实验 10

腾讯智影制作 AI 数字人播报

【实验目的】

1）了解 AI 数字人在视频制作中的应用。

2）掌握创作 AI 数字人的基本步骤。

3）使用腾讯智影平台创建 AI 数字人播报。

【实验要求】

1）了解 AI 数字人的基本概念。

2）使用腾讯智影制作 AI 数字人播报。

【实验内容】

1. AI 虚拟数字人简介

AI 虚拟数字人是人工智能技术与计算机图形学、计算机视觉、语音合成、自然语言处理等多学科交叉融合的产物，它以数字化的形式模拟出具有人类外观、行为和智能的虚拟角色。这些虚拟角色不仅外形逼真，能够呈现出丰富的面部表情和肢体动作，还具备一定的认知、交流和学习能力，能够与人类进行互动。使用大模型工具创建 AI 数字人播报时，通常要完成脚本创作、选择模板、细节调整以及预览与合成视频等步骤。例如，图 2-10-1 所示为使用“腾讯智影”工具创建的虚拟数字人播报童话故事。

图 2-10-1　数字人播报

2. 制作 AI 虚拟数字人

（1）登录腾讯智影

登录腾讯智影的操作步骤如下。

step 1：使用浏览器打开腾讯智影的官网链接，单击右上角的“登录”按钮，使用微信或者手机号注册登录。登录后将会看到如图 2-10-2 所示的主页。

图 2-10-2　腾讯智影主页“数字人播报”功能

step 2：腾讯智影提供了很多与图像、视频相关的功能，单击主页上的“数字人播报”，即可进入 AI 数字人创作页面，如图 2-10-2 所示。

（2）创作虚拟数字人

创作虚拟数字人的具体操作步骤如下。

step 1：脚本创作。

在创作数字人播报视频之前，先要制作视频的脚本，也就是让数字人播报的内容，可以作为视频的字幕呈现给观众。我们可以自己输入，或者使用腾讯智影集成的 AI 功能创作。假设创作的主题是“介绍西湖龙井”，单击图 2-10-3 右上角 AI 脚本制作区中的

图 2-10-3　数字人播报创作界面

“创作文章”按钮，即可自动生成脚本。在这里可以重新编辑脚本，或者使用 AI“改写”、“扩写”或“缩写”功能修改脚本，如图 2-10-4 所示。

图 2-10-4　AI 自动创作视频播报脚本

step 2：选择模板。

单击左侧功能菜单中的“模板”按钮，进入模板选择页面，在这里可以选择横板或竖版类型。选择合适的模板后，直接单击并在弹窗中选择“应用”即可将其替换成预览视频的效果，包括数字人形象、背景和脚本等，如图 2-10-5 所示。

图 2-10-5　选择视频模板

step 3：字幕与配音。

制作好视频脚本并选择数字人模板后，可以设置播报的停顿、多音字和数字符号的读音，以及数字人配音的音色等，还可以设置字幕的样式，甚至能够通过上传的语音来驱动数字人进行播报，如图 2-10-6 所示。这部分的内容设置完成后，系统将会自动生成配音。

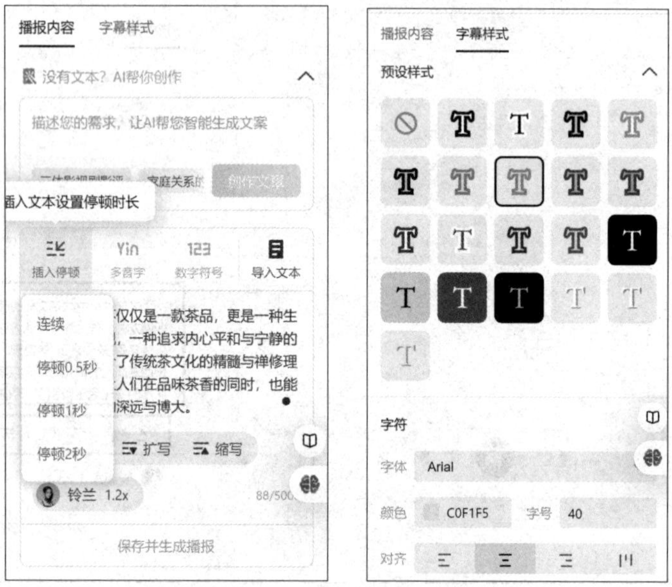

图 2-10-6　字幕与配音设置

step 4：细节调整。

完成上述步骤后，可以进行更精细的细节调整，包括视频素材、数字人形象、背景、贴纸、音乐和文字等。

1）PPT 模式。腾讯智影支持 PPT 模式，对于制作工作汇报、微课教学等非常适用。单击左侧功能菜单中的“PPT 模式”按钮即可进行切换，在这里除了使用平台自带的模板内容，也可以上传本地的 PPT 或者 PDF 作为素材，如图 2-10-7 所示。

图 2-10-7　使用 PPT 模式

2）数字人形象。如图 2-10-8 所示，单击页面左侧功能菜单中的“数字人”按钮，可以选择喜欢的数字人形象，单击预览图即可将其替换成当前视频的虚拟人物。此外，还可以通过点选数字人更换服饰或者显示形状，或者通过“画面”标签页对数字人进行放大、缩小、移动、旋转等操作。

图 2-10-8　更改数字人形象

3）背景与贴纸。单击页面左侧功能菜单中的“背景”按钮，可以选择将纯色或者自定义的背景添加到视频中，或者通过“贴纸”按钮向视频中添加贴纸效果，包括移动缩放和动画等，如图 2-10-9 所示。

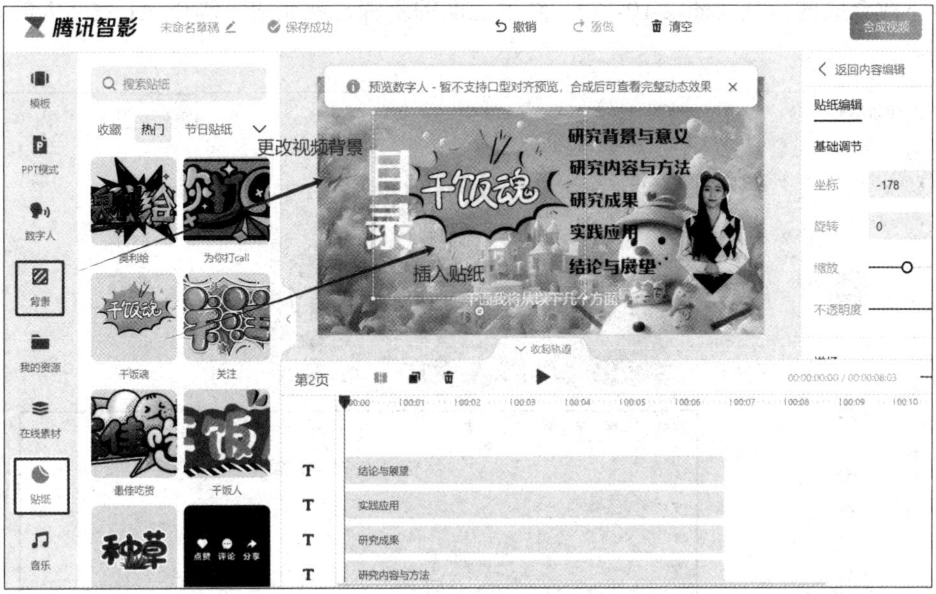

图 2-10-9　更改背景与添加贴纸

4）音乐与文字。如图 2-10-10 所示，单击页面左侧功能菜单中的“音乐”按钮，可以在音乐列表中选择音乐，单击“+”按钮将其应用到视频（当前页面或者全部页面）中作为背景音乐，而且可以设置其音量、淡入淡出的时间等。同时，选择页面左侧功能菜单中的“文字”按钮，也可以给视频添加文本，并设置效果。

图 2-10-10　设置音乐与文字

step 5：预览与合成视频。

在调整细节的过程中，可以通过轨道随时预览效果，如果效果满意，可以单击“合成视频”按钮进行合成设置，包括文件名、分辨率、视频格式等，如图 2-10-11 所示。当参数设置完成后，腾讯智影平台即可进行合成，可以在“我的资源”里查看合成进度或者下载合成的视频（图 2-10-12）。经过上面的步骤，就完成了制作 AI 数字人的整个流程。

图 2-10-11　视频预览

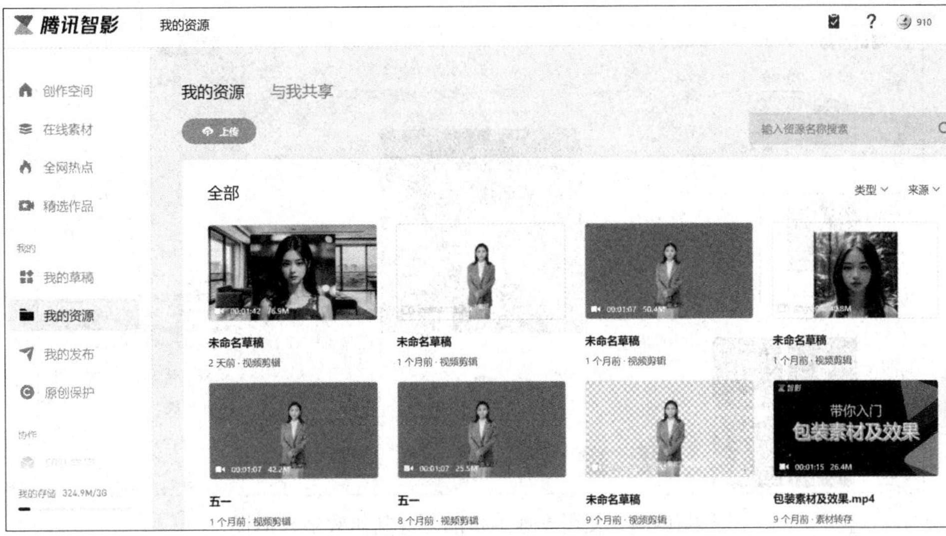

图 2-10-12　制作的视频位于“我的资源”中

（3）合成自己的数字人

除了使用系统内置的数字人形象，腾讯智影还提供了照片播报的功能，可以通过上传的照片来制作视频，具体操作步骤如下。

step 1：准备一张自己的照片，格式要求参见腾讯智影平台说明，如图 2-10-13 所示。

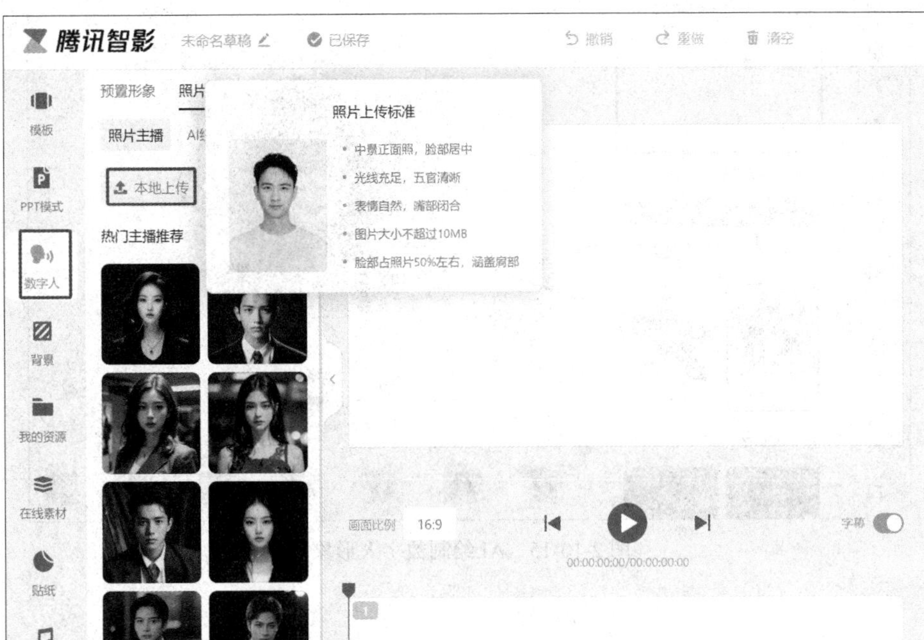

图 2-10-13　上传本地照片的要求

step 2：单击“照片播报”→“本地上传”按钮，上传照片并应用到视频中，就可以得到自己形象的数字人播报视频了，如图 2-10-14 所示。

图 2-10-14　使用本地上传的照片制作数字人播报

step 3：也可以使用腾讯智影的 AI 绘制主播功能，合成个性化的 AI 数字人视频，如图 2-10-15 所示。

图 2-10-15　AI 绘制数字人形象

第 3 部分
综 合 练 习

本部分内容包括 5 套 Word 综合练习题、5 套 Excel 综合练习题、5 套 PowerPoint 综合练习题。每套综合练习题都描述了具体的应用环境和功能要求，读者需利用所掌握的知识并加以综合运用，实现指定的功能，以提高分析问题、处理问题的综合能力。

Word 综合练习

练习 1：（练习题目所需文件在“综合练习素材/ Word 综合练习/练习 1”文件夹下）

1）将标题段文字（“应对 2020 新高考”）设置为四号、蓝色、黑体、居中；倒数第 17 行文字（“2020 中国一流大学名单”）设置为四号、居中、红色方框、黄色文字底纹。

2）为正文第一至第四段（“专家建议……新高考的脉络。”）设置项目符号“●”。

3）设置页眉为“高考时报”。

4）将最后的 16 行文字转换为一个 16 行 2 列的表格。设置表格居中，单元格对齐方式为居中（垂直、水平均居中）。

5）设置表格外框线为 1.5 磅、蓝色、双实线，内框线为 1 磅、红色、单实线。

练习 2：（练习题目所需文件在“综合练习素材/ Word 综合练习/练习 2”文件夹下）

1）将标题段文字（“学科基础必修课评定成绩”）设置为三号、黑体、红色、加粗、居中并添加蓝色文字底纹。

2）设置正文第一段（“数据结构课程……起到促进作用。”）首字下沉 2 行，距离正文 0.1 厘米；设置正文第二段（“在对……结果总结如下：”）悬挂缩进 1 字符，行距为 1.3 倍；为正文第三至第六段（“本专业……实用课程”）设置项目符号“●”。

3）在页面底端居中位置插入页码，样式为“普通数字 2”。

4）将最后六段的文字设置为小五号，并转换为一个 6 行 5 列的表格，表格居中，表格第一列的列宽为 3 厘米，其余列的列宽为 2 厘米。

5）在表格的右侧增加一列，列标题为“平均得分”，计算每一行的平均分（保留两位小数）；设置表格所有框线为 1.5 磅、蓝色、双实线。

练习 3：（练习题目所需文件在“综合练习素材/ Word 综合练习/练习 3”文件夹下）

1）将文中所有错词“小雪”替换为“小学”；设置上、下页边距各为 3 厘米。

2）将标题段文字（“全国初中招生人数已多于小学毕业人数”）设置为蓝色、三号仿宋、加粗、居中，并添加绿色方框。

3）设置正文各段落（“本报北京 3 月 7 日电……教育事业统计范围。”）左右各缩进 1 字符，首行缩进 2 字符，段前间距 0.5 行；将正文第三段（“教育部有关部门……教育事业统计范围。”）分为等宽两栏，栏间添加分隔线（分栏时，段落范围包括本段末尾的回车符）。

4）将文中后 8 行文字转换成一个 8 行 4 列的表格，设置表格居中，表格列宽为 2.5 厘米、行高为 0.7 厘米；设置表格中第一行和第一列文字水平居中，其余文字中部右对齐。

5）按“在校生人数”列（依据“数字”类型）降序排列表格内容；设置表格外框线和第一行与第二行间的内框线为 3 磅、红色、单实线，其余内框线为 1 磅、绿色（标准色）、单实线。

练习 4：（练习题目所需文件在“综合练习素材/ Word 综合练习/练习 4”文件夹下）

1）将标题段文字（“信息技术基础教学分类探讨”）设置为三号、楷体、倾斜、居中，文本效果设置为“阴影（外部、右下斜偏移）”“文本填充、纯色填充”，填充颜色为玫瑰红（红色 255、绿色 100、蓝色 100）。

2）将文中所有的“信息技术”替换为“计算机”；设置左、右页边距均为 3.5 厘米。

3）设置正文各段落（“按照教育部高教司……解决问题的能力与水平。”）左右各缩进 2 字符，首行缩进 2 字符，段前间距 0.3 行；将正文第三段（“后续课的内容……解决问题的能力与水平。”）分为等宽两栏，栏间添加分隔线（分栏时，段落范围包括本段末尾的回车符）。

4）将文中后 7 行文字转换成一个 7 行 2 列的表格，设置表格居中，表格列宽为 5 厘米、行高为 0.7 厘米；设置表格中第一行文字水平居中，其余文字中部右对齐。

5）设置表格外框线和第一行与第二行间的内框线为 3 磅、标准色（绿色）、单实线，其余内框线为 1 磅、标准色（绿色）、单实线，设置表格为浅黄色（红色 255、绿色 255、蓝色 100）底纹。

练习 5：（练习题目所需文件在“综合练习素材/ Word 综合练习/练习 5”文件夹下）

1）将标题段文字（“Web 2.0 时代”）设置为中文楷体、英文 Arial 字体、三号、红色、加删除线、加粗、居中并添加蓝色文字底纹。

2）将正文各段落（“‘Web 2.0’的概念开始于……Web 2.0 会议由此诞生。”）中的西文文字设置为小四号、Times New Roman 字体，中文文字设置为小四号、仿宋体；各段落首行缩进 2 字符，段前间距为 0.5 行。

3）设置正文第二段（“更重要的是……Web 2.0 会议由此诞生。”）行距为 1.3 倍；在页面底端中插入页码（普通数字 2）。

4）计算“季度总计”行的值；以“全年合计”列为排序依据（第一关键字），以“数字”类型降序排序表格（除“季度总计”行外）。

5）设置表格居中，表格第一列的列宽为 2.5 厘米；设置表格外框线为 1.5 磅、蓝色、单实线，内框线为 0.75 磅、红色、单实线。

综合练习 2

Excel 综合练习

练习 1：（练习题目所需文件在“综合练习素材/Excel 综合练习/练习 1”文件夹下）

在工作表 Sheet1 中完成如下操作。

1）为 E6 单元格添加批注，批注内容为“不含奖金”。

2）设置“姓名”列的列宽为“12”，表 6～23 行的行高为“18”。

3）将表中的数据以“工资”为关键字，按升序排序。

在工作表 Sheet2 中完成如下操作。

1）将“姓名”列中所有单元格的水平对齐方式设置为“居中”，并添加单下划线。

2）在表的相应行，利用公式计算“数学”“英语”“语文”“物理”的平均分（小数位数为 0）。

在工作表 Sheet3 中完成如下操作。

利用 4 种学科成绩和“姓名”列中的数据建立图表，图表标题为“成绩统计表”，图表类型为“簇状条形图”，并作为对象插入 Sheet3 中。

练习 2：（练习题目所需文件在“综合练习素材/Excel 综合练习/练习 2”文件夹下）

在工作表 Sheet1 中完成如下操作。

1）设置表 B～G 列的列宽为“12”，表 6～15 行的行高为“18”。

2）设置所有单元格的水平对齐方式为“居中”，字号为“10”。

在工作表 Sheet2 中完成如下操作。

1）将 F6 单元格添加批注，内容为“含奖金”。

2）将表格中的数据以“年龄”为关键字，按降序方式排序。

3）利用“姓名”和“年龄”列的数据创建图表，图表标题为“教师年龄曲线图”，图表类型为“堆积数据点折线图”，并作为对象插入 Sheet2 中。

在工作表 Sheet3 中完成如下操作。

利用公式计算每种图书的数量总计和总价钱，并把结果存入相应单元格中。

练习 3：（练习题目所需文件在“综合练习素材/Excel 综合练习/练习 3”文件夹下）

注意：① 按照题目要求在指定单元格位置进行相应操作。

② 数据透视表直接在指定位置建立，不能通过复制、粘贴生成。

在工作表 Sheet1 中完成如下操作。

1）利用公式计算“应发工资”“会费”“实发工资”（会费=基本工资×0.5%，计算结果均保留 2 位小数）。

2）利用函数统计实发工资高于 1 300 元的职工人数，结果写入 F11 单元格中。

3）将 A1:G1 区域的内容设置为“合并后居中”，字体为“华文行楷”，字号为“16”，下划线设置为单下划线，数字区域 C4:G9 的内容设置字体颜色为标准色蓝色，字形为“倾斜”。

4）建立堆积条形图表，比较前 3 位职工的基本工资和奖金情况，图表标题为“职工工资比较图”，图表布局选“图表布局 2”，并将图表放到工作表的下方。

5）在本工作表的 I10 单元格开始位置建立数据透视表，以“性别”为行统计职工的“基本工资”总计和“实发工资”平均值（结果均保留 2 位小数），样式设置为“淡紫，数据透视表样式浅色 12”。

6）为该工作表重命名为“工资表统计”。

练习 4：（练习题目所需文件在“综合练习素材/Excel 综合练习/练习 4”文件夹下）

注意：① 按照题目要求在指定单元格位置进行相应操作。

② 数据透视表直接在指定位置建立，不能通过复制、粘贴生成。

1）利用公式计算应缴纳的“公积金”和“实发工资”（公积金=基本工资×8%，实发工资=基本工资+奖金−公积金），均保留 2 位小数。

2）利用函数计算各项“平均值”（保留 2 位小数）。

3）将区域 A1:G1 标题单元格设置为“合并后居中”，字体设置为“楷体”，字号为“16”，区域 A3:A9 中“姓名”列的水平对齐方式为“分散对齐（缩进）”，其他内容的水平对齐方式为“居中”。

4）根据“姓名”和“奖金”绘制一个复合饼图，图表标题为“奖金分配比较图”，图例为职工姓名，选择“布局 2”，数据标志为“百分比”。图表形状填充主题颜色为“红色，个性色 2，淡色 80%”。

5）将 Sheet2 重命名为“部门工资统计”。

6）在“部门工资统计”工作表 A1 单元格位置开始建立数据透视表，以“部门”为行分别统计男女职工“实发工资”总计和“基本工资”平均值（结果保留 2 位小数），样式设置为“样式 12”。

练习 5：（练习题目所需文件在“综合练习素材/Excel 综合练习/练习 5”文件夹下）

在工作表 Sheet1 中完成如下操作。

1）将“生产/出口能力比较”所在单元格的水平对齐方式设置为“居中”。

2）设置“生产/出口能力比较”所在单元格的字体为“黑体”，字号为“14”。

3）在“合计”行，利用公式计算 2016～2017 年各列的总和，并将结果存入相应单元格中。

4）利用表中 B7:F11 区域的数据创建图表，图表标题为“产品生产情况一览表”，图表类型为“簇状柱形图”，并作为对象插入 Sheet1 中。

5）为 B9 单元格添加批注，批注内容为“所有”。

6）将 B 列的底纹颜色设置成淡蓝色。

综合练习 3

PowerPoint 综合练习

练习 1：（练习题目所需文件在“综合练习素材/PowerPoint 综合练习/练习 1”文件夹下）

1）在第 1 张幻灯片的主标题中输入“数据通信技术和网络”，字体为“隶书”，字号为默认。

2）在每张幻灯片的日期区域插入演示文稿的日期和时间，并设置为自动更新（采用默认日期格式）。

3）将第 2 张幻灯片的版式设置为“竖排标题与文本”，背景设置为“鱼类化石”纹理效果。

4）为第 3 张幻灯片的剪贴画建立超链接，链接到上一张幻灯片。

5）将演示文稿的主题设置为“环保”，应用于所有的幻灯片。

练习 2：（练习题目所需文件在“综合练习素材/PowerPoint 综合练习/练习 2”文件夹下）

1）在第 1 张幻灯片中插入标题“植物对水分的吸收和利用”。

2）为第 3 张幻灯片的图片设置超链接，链接到第 2 张幻灯片。

3）将第 1 张幻灯片的版式设置为“标题幻灯片”。

4）在第 4 张幻灯片的日期区域中插入自动更新的日期和时间（采用默认日期格式）。

5）为第 2 张幻灯片中的文本设置进入动画效果，设置为“飞入”。

练习 3：（练习题目所需文件在“综合练习素材/PowerPoint 综合练习/练习 3”文件夹下）

1）隐藏最后一张幻灯片（“The End”）。

2）将第 1 张幻灯片的背景设置为渐变填充，颜色预设为“顶部聚光灯-个性色 6”。

3）删除第 2 张幻灯片中所有一级文本的项目符号。

4）将第 3 张幻灯片的切换效果设置为“随机线条”，将动画效果设置为“垂直”。

5）为第 4 张幻灯片中插入的剪贴画设置进入动画效果，设置为自顶部“飞入”。

练习 4：（练习题目所需文件在“综合练习素材/PowerPoint 综合练习/练习 4”文件夹下）

1）将演示文稿的主题设置为“回顾”。

2）将第 2 张幻灯片的标题“棋魂”的字体设置为“隶书”。

3）将第 4 张幻灯片的版式设置为“仅标题”。

4）为第 1 张幻灯片的艺术字“动画片”设置进入动画效果，设置为“基本旋转”。

5）将演示文稿的幻灯片高度设置为“20.4 厘米（8.5 英寸）”。

练习 5:（练习题目所需文件在“综合练习素材/PowerPoint 综合练习/练习 5”文件夹下）

1）将第 1 张幻灯片的主标题“枸杞”的字体设置为“华文彩云”，字号为“60”。
2）为第 2 张幻灯片中的图片设置进入动画效果，设置为“盒状”。
3）给第 4 张幻灯片的“其他”建立超链接，链接到地址：http://www.163.com。
4）将第 3 张幻灯片的切换效果设置为“立方体”，效果设置为“自左侧”。
5）将演示文稿的主题设置为“离子会议室”。

参考文献

李暾，毛晓光，刘万伟，等，2023．大学计算机基础[M]．4版．北京：清华大学出版社．

刘光洁，2021．计算思维与大学计算机基础教程[M]．北京：科学出版社．

骆斯文，2018．大学计算机基础实验教程[M]．北京：科学出版社．

万征，2018．面向计算思维的大学计算机基础[M]．北京：科学出版社．

王移芝，桂小林，王万良，等，2022．大学计算机[M]．7版．北京：高等教育出版社．

姚亦飞，2021．计算思维与大学计算机基础教程实验指导[M]．北京：科学出版社．

张彦，2023．全国计算机等级考试一级教程：计算机基础及 MS Office 应用[M]．北京：高等教育出版社．